青海省科学技术学术著作出版资金出版

青海高原
气候变化影响及应对

李红梅　主编

气象出版社
China Meteorological Press

内 容 简 介

本书内容在揭示青海高原近60年来气候变化特征以及未来可能变化趋势的基础上,详细分析了不同季节、不同生态功能区气候变化特征及其影响。针对草地植被和水资源两大主要生态系统进行了重点评估,提出了适应气候变化的对策建议。基于不同类型土地覆盖特征,分析了城市热岛、青海湖湖泊、植被覆盖变化等所产生的气候效应。紧密围绕防灾减灾需求,阐述了青海高原极端气候指数和雪灾、干旱等气象灾害的变化特征及其风险分布特征。

本书为青海各级决策部门开展应对气候变化和防灾减灾等工作提供决策参考,同时可供气候、气候变化、生态、水文等领域的科研与教学人员参考使用。

图书在版编目(CIP)数据

青海高原气候变化影响及应对 / 李红梅主编. —
北京:气象出版社,2020.4
ISBN 978-7-5029-6984-4

Ⅰ.①青… Ⅱ.①李… Ⅲ.①高原-气候变化-研究
-青海 Ⅳ.①P467

中国版本图书馆 CIP 数据核字(2019)第 122087 号

出版发行:气象出版社

地　　址:	北京市海淀区中关村南大街 46 号	邮政编码:	100081
电　　话:	010-68407112(总编室)　010-68408042(发行部)		
网　　址:	http://www.qxcbs.com	E-mail:	qxcbs@cma.gov.cn
责任编辑:	吴晓鹏　黄红丽	终　　审:	苒学东
特邀编辑:	周黎明	责任技编:	赵相宁
责任校对:	王丽梅		
封面设计:	楠竹文化		
印　　刷:	北京建宏印刷有限公司		
开　　本:	787 mm×1092 mm　1/16	印　　张:	12.5
字　　数:	318 千字		
版　　次:	2020 年 4 月第 1 版	印　　次:	2020 年 4 月第 1 次印刷
定　　价:	125.00 元		

本书如存在文字不清、漏印以及缺页、倒页、脱页等,请与本社发行部联系调换。

编写人员名单

主　编：李红梅

撰稿人（按姓氏拼音顺序排列）：

白文蓉　白彦芳　戴　升　冯晓莉　李　林　李万志

林春英　刘彩红　刘德梅　刘义花　权　晨　申红艳

汪青春　温婷婷　杨昭明　余　迪　张金旭　周秉荣

周华坤　朱宝文　朱西德

前　言

在全球气候变暖背景下,对气候变化的研究已是国内外科研攻关的重点和热点科学问题,青海作为青藏高原的主体部分,具有独特的气候特征,也是全国气候变化的敏感区。近年来该区域气候条件发生了显著的变化,并且气候变化所带来的影响日益凸显。为科学合理地利用青海高原气候资源,趋利避害,提高应对气候变化的能力,为青海高原生态文明建设提供科技支撑,作者在多年从事高原气候变化、气候变化影响与应对、气候效应等研究的基础上,编写了《青海高原气候变化影响及应对》一书。

本书内容是在揭示青海高原最新气候变化特征以及未来可能变化趋势的基础上,详细分析了青海高原三江源区、青海湖流域、柴达木盆地、东部农业区等典型生态功能区气候变化特征及其影响,并重点评估了对草地植被和水资源的影响,根据不同区域未来发展规划,提出了适应气候变化的对策建议。青海高原下垫面复杂多样,基于不同类型土地覆盖特征,分析了城市热岛、青海湖湖泊、植被覆盖变化等所产生的气候效应。围绕防灾减灾需求,阐述了青海高原极端气候指数和雪灾、干旱等气象灾害的变化特征及其风险分布特征。

本书共分为七章。各章编写人员如下:第一章青海高原气候变化事实,由李红梅、白文蓉、余迪、温婷婷编写;第二章2℃全球变暖背景下高原气候变化预估,由李红梅、李林、刘德梅、白彦芳编写;第三章典型生态功能区气候变化影响及应对,由李红梅、刘彩红、申红艳、汪青春、白文蓉编写;第四章气候变化对青海高原植被的影响,由李红梅、周华坤、张金旭、冯晓莉编写;第五章气候变化对三江源水资源影响及应对,由周秉荣、权晨、戴升、张金旭、朱西德编写;第六章青海高原土地利用/覆盖的气候效应分析,由李红梅、李林、刘德梅、林春英、朱宝文编写;第七章青海高原极端气候事件及气象灾害,由李红梅、杨昭明、李万志、刘义花编写。

本书出版得到青海省科学技术学术著作出版资金、青海重大气象灾害智能格点化防控技术提升与示范(2018-SF-142)、国家重点研发计划"退化高寒湿地近自然恢复及生态功能提升技术与示范"(2016YFC0501903)、青海省创新平台建设项目(2017-ZJ-Y20)、青海省防灾减灾重点实验室、青海省寒区恢复生态学重点实验室共同资助。

由于作者水平有限,书中难免有错误之处,希望读者批评指正。

李红梅

2019 年 3 月 2 日

目　录

第一章　青海高原气候变化事实

第一节　青海高原气候变化的基本特征

一、全球、亚洲和中国气温变化特征

根据世界气象组织发布的《2017 年全球气候状况声明》，2017 年全球年平均气温为
14.3 ℃，较 1981—2010 年平均值高出 0.46 ℃，比工业化前水平（1850—1900 年平均值）高出
约 1.1 ℃，位列 2016 年之后，为完整气象观测记录以来的第二暖年份。但 2016 年受到超强厄
尔尼诺事件影响，为此 2017 年也可视为有完整气象观测记录以来最暖的非厄尔尼诺年份。过
去五年（2013—2017 年）的全球年平均气温较 1981—2010 年平均值高出 0.40 ℃，比工业化前
水平高出 1.0 ℃，是有完整气象观测记录以来最暖的五年期，在有现代气象观测记录以来的
10 个最暖年份中，除 1998 年外，其他 9 个最暖年份均出现于 2005 年之后。长序列观测资料
分析表明，全球变暖趋势仍在进一步持续。

1901—2017 年，亚洲陆地年平均气温总体呈明显上升趋势，20 世纪 60 年代末以来，升温
趋势尤其显著。1901—2017 年，亚洲陆地年平均气温上升了 1.59 ℃。1951—2017 年，亚洲陆
地年平均气温呈显著上升趋势，升温速率为 0.23 ℃/10a。2017 年，亚洲陆地年平均气温比常
年值偏高 0.74 ℃，是 1901 年以来的第三高值年份。

1901—2017 年中国地表年平均气温呈显著上升趋势，并伴随明显的年代际波动，期间中
国年平均气温上升了 1.21 ℃。1951—2017 年，中国地表年平均气温呈显著上升趋势，增温速
率为 0.24 ℃/10a。近 20 年是 20 世纪初以来的最暖时期，2017 年属异常偏暖年份，中国地表
年平均气温接近历史最高年份。

二、青海高原气象要素变化特征

1. 气温

1961—2017 年，青海省年平均气温呈升高趋势，升温率为 0.38 ℃/10a（图 1.1a），比亚洲
及全国气温升温率偏高。年平均气温的阶段性变化明显，20 世纪 60 年代至 80 年代中期为冷
期，80 年代后期至 21 世纪 20 年代中期为暖期，20 世纪 90 年代末期以来增温尤为明显。从空
间分布来看，各地升温率在 −0.11~0.82 ℃/10a 之间，其中除河南地区升温速率为负值外，其
余地区均为正，东部农业区及柴达木盆地升温最为明显，茫崖是青海省年平均气温升温率最高
的地区（图 1.1b）。从季节变化来看，近 56 a 青海省四季平均气温也表现为一致的升高趋势，
增温幅度最明显的季节是冬季，升温率为 0.52 ℃/10a。2017 年全省平均气温为 3.43 ℃，与

1981—2010 年平均气温相比偏高 1.10 ℃,偏高的程度相对于全球、亚洲及全国 2017 年平均气温与 1981—2010 年平均气温的相差值均较高。

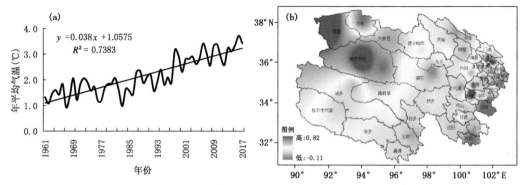

图 1.1　1961—2017 年青海省年平均气温变化(a)、空间变率分布(b)(单位:℃,℃/10a)

1961—2017 年,青海省年平均最高、最低气温均显著升高,平均每 10 年分别上升 0.34 ℃、0.50 ℃(图 1.2a、图 1.2c),年平均最低气温的升温幅度明显高于年平均最高气温和年平均气温的升温幅度。从空间分布来看,各地年平均最高气温均以升高趋势为主,幅度介于 0.18～0.90 ℃/10a 之间(图 1.2b),东部农业区及柴达木盆地西部升温幅度最明显,其中互助是青海省年平均最高气温升温率最高的地区,平均每 10 年升高 0.90 ℃。各地年平均最低气温呈一致的升高趋势,介于 0.09～1.09 ℃/10a 之间(图 1.2d),其中同德年平均最低气温的升温率为 1.09 ℃/10a,是青海省年平均最低气温升高幅度最高的地区。

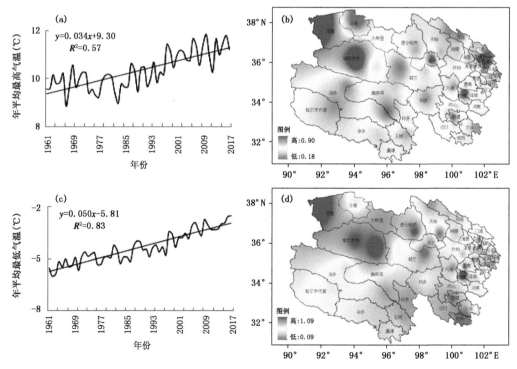

图 1.2　1961—2017 年青海省年平均最高气温变化(a)及空间变率分布(b)、年平均最低气温变化(c)
及空间变率分布(d)(单位:℃,℃/10a,℃,℃/10a)

2. 降水

1961—2017 年,青海省年平均降水量呈现出微弱增加趋势,增幅为 6.45 mm/10a(图 1.3a)。年平均降水量的阶段性变化明显,20 世纪 60 年代至 70 年代初为少雨期,70 年代中期至 80 年代末期为多雨期,90 年代明显偏少,进入 21 世纪以来有所增加。从空间分布来看,各地区降水量变化率在−13.68～22.22 mm/10a 之间,各地区降水量变化趋势略有差异,柴达木盆地东部、三江源区中部及环青海湖地区增加趋势明显,其中德令哈市增幅最大,东部农业区及三江源区东部降水量变化率为负,其中互助减幅最大(图 1.3b)。从季节变化来看,青海省年平均降雨量均呈增加趋势,春、夏季降水量增幅较为明显,增加率分别为 2.63 mm/10a 和 2.32 mm/10a,秋、冬季降水略有增加,但不明显。

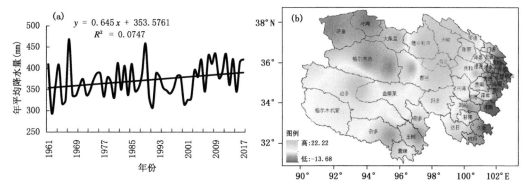

图 1.3 1961—2017 年青海省年降水量变化(a)、空间变率分布(b)(单位:mm,mm/10a)

3. 日照

1961—2017 年,青海省年平均日照时数显著减少,减少率为 17.90 h/10a(图 1.4a)。从空间分布来看,三江源地区年平均日照时数变化呈微弱增加趋势,其中玛多增加率最大,为 22.26 h/10a,东部农业区及柴达木盆地年平均日照时数减幅尤为显著,其中冷湖减少率最大,为 64.44 h/10a(图 1.4b)。从季节变化来看,除春季呈微弱增加的趋势外,夏、秋、冬均呈现为减少的趋势,其中夏季减少率最大,为 7.83 h/10a,其次为秋季,减少率为 4.41 h/10a,冬季减少率最低。2017 年全省年平均日照时数为 2608.49 h,与 1981—2010 年平均日照时数相比偏低 143.57 h(5.22%)。

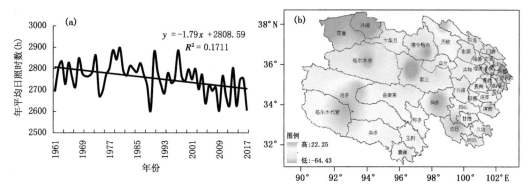

图 1.4 1961—2017 年青海省年日照时数变化(a)、空间变率分布(b)(单位:h,h/10a)

4. 蒸发

1961—2017 年青海省年平均蒸发整体呈微弱的增加趋势,平均每 10 a 增加 3.55 mm。1969—1989 年蒸发呈减少趋势,2006 年以来蒸发量增加幅度较大(图 1.5a)。从空间变率来看,柴达木盆地东部蒸发量减少最大,最大减少率可达 59.08 mm/10a;其余地区蒸发量增加趋势明显,最大增加率可达 43.47 mm/10a(图 1.5b)。2017 年全省年蒸发量为 1005.3 mm,基本与 1981—2010 年平均值 996.5 mm 持平。

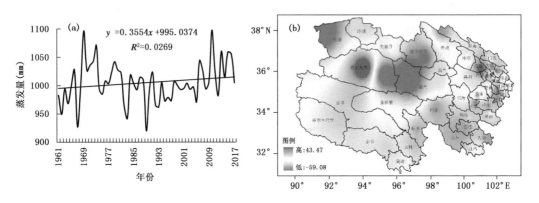

图 1.5　1961—2017 年青海省年蒸发量变化(a)、空间变率分布(b)(单位:mm,mm/10a)

5. 风速

1969—2017 年全省年平均风速呈减小趋势,平均每 10 a 减小 0.18 m/s,其中 1969—1997 年减少最大,2003 年以来风速略有增加(图 1.6a)。从空间变率来看,青海中西部地区风速减小明显,东部大部分地区呈微弱增大趋势(图 1.6b)。2017 年全省平均风速为 2.1 m/s,比 1981—2010 年平均值偏小 0.1 m/s。

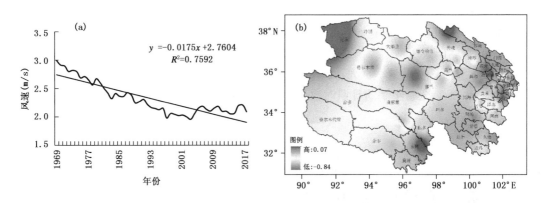

图 1.6　1961—2017 年青海省年平均风速变化(a)、空间变率分布(b)(单位:m/s,m/(s·10a))

6. 地温

1981—2017 年,青海省年平均地表温度呈快速升高趋势,升温速率为 0.72 ℃/10a(图 1.7a)。从空间分布来看,柴达木盆地的大柴旦、茫崖和三江源区的称多、同德等地升温幅度较大(图 1.7b)。2017 年青海省年平均地温为 7.0 ℃,与历年同期相比偏高 1.3 ℃。

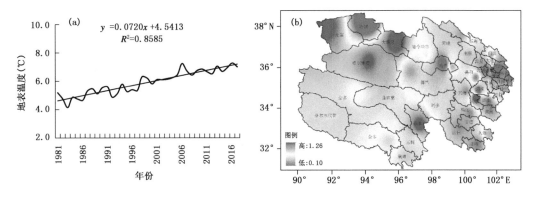

图 1.7 1981—2017 年青海省年平均地表温度变化(a)、空间变率分布(b)(单位：℃，℃/10a)

三、青海高原天气气候事件变化特征

1. 极端指数

1961—2017 年青海暖昼日数呈明显增多趋势，平均每 10 a 增多 2.81 d，1994 年以前暖昼日数变化较为平稳，1994 年以后暖昼日数迅速增加(图 1.8a)。各地变化趋势为：茫崖、大通、互助、乐都、甘德、同德等地暖昼日数增加明显，超过 7.0 d/10a，其余地区变化相对较小(图 1.8b)。

1961—2017 年青海冷夜日数呈明显减少趋势，平均每 10 a 减少 5.8 d(图 1.8c)。其中柴达木盆地的格尔木、德令哈、天峻等地减少幅度较大，平均每 10 a 减少幅度达 10 d，只有乌兰、河南冷夜日数增加明显，平均每 10 a 分别增加 0.6 d 和 3.6 d，(图 1.8d)。

1961—2017 年青海降水强度呈微弱减少趋势，降水强度每 10 a 约减少 0.38 mm/d(图 1.8e)。降水强度在柴达木盆地的东部和环湖区一带增加明显，而柴达木盆地的西部、三江源地区大部降水强度变化趋势不明显(图 1.8f)。

1961—2017 年青海省强降水量平均值为 128 mm/a，呈现出减少趋势，减少率为 7.3 mm/10a(图 1.8g)。强降水量主要在海西东部、海北州及环湖地区增加明显，其中乌兰、都兰、天峻、德令哈强降水量增加在 10 mm/10a 以上(图 1.8h)。

2. 雪灾

1961—2017 年青海省雪灾出现站次整体变化趋势不明显，具有阶段性变化特征，1961—1993 年呈较强的升高趋势，1994—2017 年呈减少趋势(图 1.9a)。从空间变率来看，青南牧区的玉树、果洛、黄南南部及海西东部等地区极易出现雪灾且呈增多趋势(图 1.9b)。

3. 雷暴

1961—2013 年青海省雷暴日数呈明显减少趋势(图 1.10a)，减幅为 3.0 d/10a，从空间变率来看，东部农业区雷暴次数减少率为 3.6 次/10a；作为雷暴高发区的三江源东南部减少率为 4.5 次/10a(图 1.10b)。

4. 冰雹

1961—2017 年，青海省年平均冰雹日数呈显著减少趋势，减少率为 1.05 d/10a(图

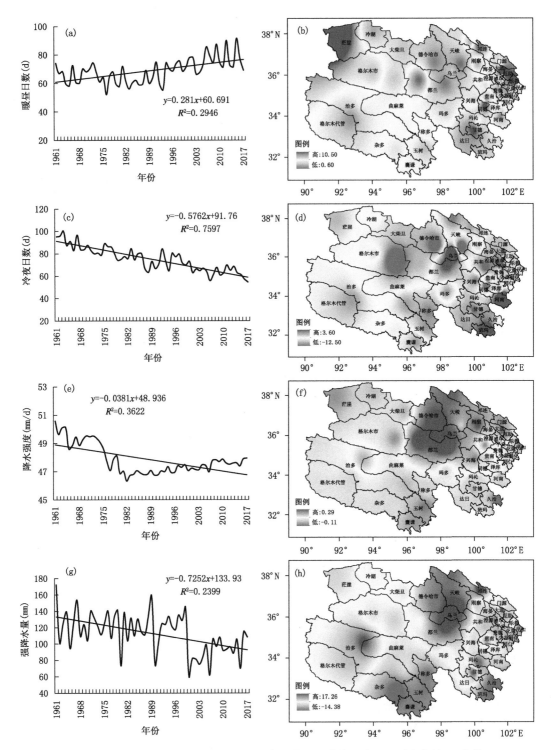

图 1.8　1961—2017 年暖昼日数(a)、冷夜日数(c)、降水强度(e)、强降水量(g)变化
及空间变率分布图(b、d、f、h)(单位:d,d/10a,d,d/10a,mm/d,mm/(d·10a),mm,mm/10a)

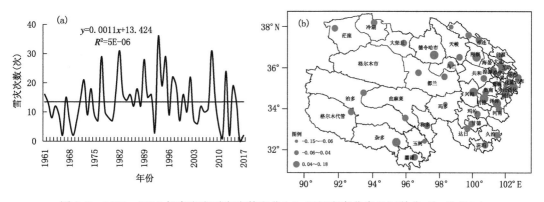

图 1.9　1961—2017 年青海省雪灾次数变化(a)、空间变率分布(b)(单位:次,次/10a)

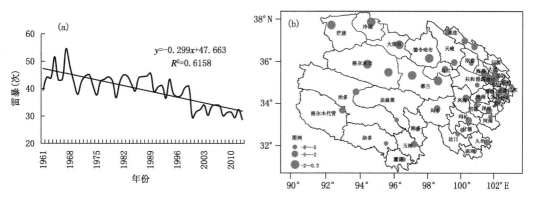

图 1.10　1961—2017 年青海省雷暴次数变化(a)、空间变率分布(b)(单位:次,次/10a)

1.11a)。青海省年平均冰雹日数伴随有明显的年代际特征,20 世纪 90 年代以前年平均冰雹日数较多,至 90 年代后年平均冰雹日数急剧下降,呈减少趋势。从各地年平均冰雹日数变化率空间分布来看,除乌兰、兴海地区年平均冰雹日数呈增加趋势外,其余地区的年平均冰雹日数均呈减少趋势,尤其是三江源地区及东部农业区部分地区减少明显,乌兰、清水河分别是青海省年平均冰雹日数变化率最高、最低的区域,变化率分别为 0.51 d/10a、−4.41 d/10a(图 1.11b)。2017 年青海省年平均冰雹日数为 3.30 d,较 1981—2010 年平均冰雹日数减少 3.25 d。

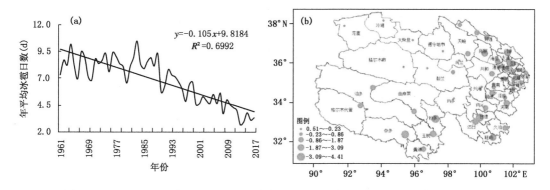

图 1.11　1961—2017 年青海省年冰雹日数变化(a)、空间变率分布(b)(单位:d,d/10a)

5. 沙尘暴

1961—2017 年,青海省年平均沙尘暴日数呈显著减少趋势,减少率为 0.95 d/10a(图 1.12a)。青海省年平均沙尘暴日数的阶段性变化明显,20 世纪 90 年代以前年平均沙尘暴日数偏多,至 90 年代后年平均沙尘暴日数较少,呈减少趋势。从年平均沙尘暴日数变化率空间分布来看,各地变化趋势存在差异,除冷湖地区呈明显的增加趋势,其余地区年平均沙尘暴变化率均为负,三江源西部、柴达木盆地中部及环青海湖地区减少趋势较为显著,其中曲麻莱为年平均沙尘暴日数减少最多的地区,减少率为 3.81 d/10a(图 1.12b)。2017 年青海省年平均沙尘暴日数为 0.45 d,较 1981—2010 年平均沙尘暴日数减少 2.33 d。

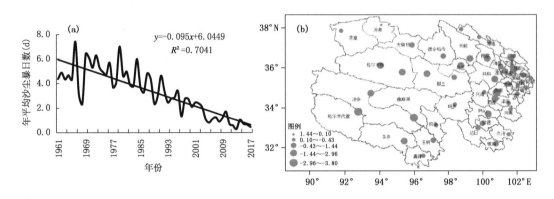

图 1.12　1961—2017 年青海省年平均沙尘暴日数变化趋势 a、年平均沙尘暴日数变化率(b)(单位:d,d/10a)

6. 干旱

1961—2017 年,青海省年平均干旱日数呈显著减少趋势,减少率为 5.02 d/10a(图 1.13a)。青海省年平均干旱日数有明显的年际变化,21 世纪后年平均干旱日数明显减少,并呈减少趋势。从年平均干旱日数变化率空间分布来看,干旱在部分区域呈增多趋势,尤其是东部农业区及三江源区中东部,而三江源区西部变化率呈显著减少趋势,其中祁连、门源为年平均干旱日数变化率分别为最高、最低的地区,变化率分别为 6.06 d/10a、-12.93 d/10a(图 1.13b)。2017 年青海省年平均干旱日数为 36.76 d,较 1981—2010 年平均干旱日数减少 13.50 d。

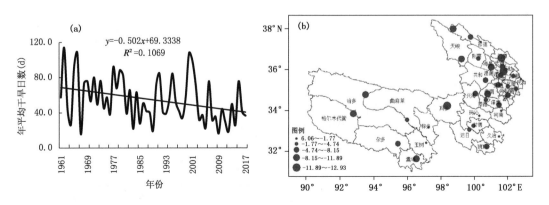

图 1.13　1961—2017 年青海省年平均干旱日数变化趋势(a)、年平均干旱日数变化率(b)(单位:d,d/10a)

7. 暴雨

1961—2017 年,青海省年暴雨日数呈微弱增加的趋势,增加率为 1.46 d/10a(图 1.14a)。青海省年暴雨日数有明显的年代际特征,20 世纪 90 年代以前年暴雨日数偏少,至 90 年代后年暴雨日数增多,呈微弱增加趋势。从年暴雨日数变化率空间分布来看,柴达木盆地东部及环青海湖地区增加趋势明显,而柴达木盆地中西部、东部农业区及三江源区呈减少趋势,其中刚察、久治分别是青海省年暴雨日数变化率最高、最低的区域,变化率分别为 0.25 d/10a、−0.22 d/10a(图 1.14b)。2017 年青海省年暴雨日数为 51 d,较 1981—2010 年暴雨日数增多 16.13 d。

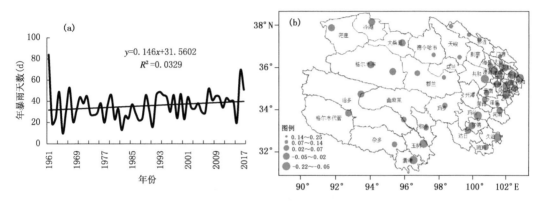

图 1.14　1961—2017 年青海省年暴雨日数变化趋势(a)、年暴雨日数变化率(b)(单位:d,d/10a)

第二节　青海高原春季干旱变化特征及影响

一、春季气候变化特征

1961—2016 年青海东部农业区、环青海湖区和三江源区春季气温均呈显著上升趋势,平均每 10 a 分别上升 0.32 ℃、0.26 ℃和 0.27 ℃。自 1997 年以来春季气温迅速上升,东部农业区、环青海湖区和三江源区 1997—2016 年平均气温比 1961—1996 年平均气温分别偏高 1.3 ℃、1.0 ℃和 0.9 ℃(图 1.15a)。

1961—2016 年青海东部农业区、环青海湖区春季降水变化趋势不明显,呈略微增多趋势。三江源区 2009 年以前变化趋势不明显,2009 年以来降水增加较多,2009—2016 年春季降水较 1961—2008 年偏多 22.0 mm(图 1.15b)。

1961—2016 年青海东部农业区和环青海湖区春季潜在蒸散量呈增加趋势,尤其是东部农业区 2006 年以来潜在蒸散量增加明显。1961—2016 年三江源区春季潜在蒸散量基本无变化,呈略微减少趋势(图 1.15c)。

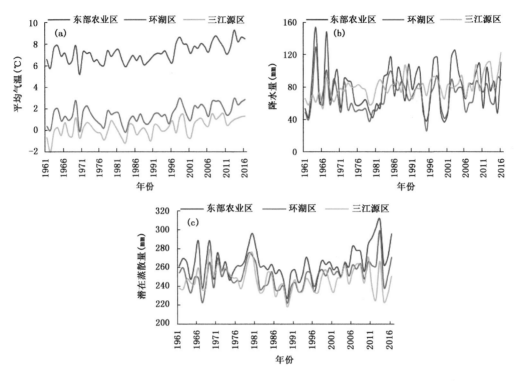

图 1.15　1961—2016 年青海省春季平均气温(a)、春季降水(b)和潜在蒸散量(c)变化曲线

二、春季干旱变化特征

春季干旱是青海高原主要自然灾害之一,几乎每年都有不同程度的干旱发生,3—5 月正值农作物播种、牧草返青等关键时期,干旱极易给农牧业生产造成较大影响。近 56 年来,青海气温不断升高,降水和潜在蒸散量总体呈略微增加趋势,但局地差异明显。近十几年来东部农业区最长连续无降水日数明显延长,大气干旱有加重的趋势;环湖区大气干旱变化平稳,而三江源区自 2009 年以来大气干旱明显减轻。建议相关部门提前做好春耕期农事活动安排,防范春旱造成的不利影响。

1.最长连续无降水日数变化特征

1961—2016 年青海省东部农业区春季最长连续无降水日数阶段性变化明显,其中 2011 年以来最长连续无降水日数增加明显,2011—2016 年与 1961—2010 年平均天数相差 6 d(图 1.16a)。环青海湖地区 2000 年以前最长连续无降水日数变化幅度较大,2000 年以来变化平稳(图 1.16b),而三江源地区自 2005 年以来最长连续无降水日数呈减少趋势(图 1.16c)。

2.大气干旱监测指标变化特征

1961—2016 年青海省东部农业区春季大气干旱呈阶段性变化,1961—1982 年春季大气干旱明显加重,1983—2003 年基本无变化,2004 年以来受气温升高、潜在蒸散量增加等因素的影响,干旱监测指数减小,春季大气干旱呈加重趋势(图 1.17a)。1961—1995 年环青海湖地区大气干旱监测指数振幅较大,1996 年以来该地区干旱监测指数接近历史平均值,春季大气干旱变化较为平稳(图 1.17b)。1961—2016 年三江源区春季大气干旱呈减轻趋势,且自 2009 年以来表现尤为明显(图 1.17c)。

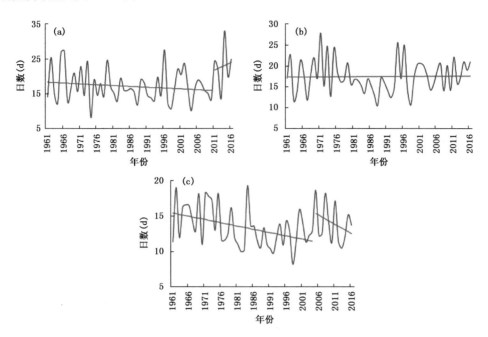

图 1.16　1961—2016 年青海省东部农业区(a)、环青海湖区(b)和三江源区(c)
春季最长连续无降水日数变化曲线

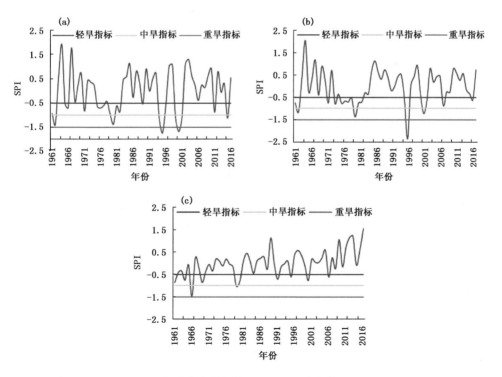

图 1.17　1961—2016 年青海省东部农业区(a)、环青海湖区(b)和三江源区(c)
春季干旱监测指标(SPI)变化曲线

3.大气干旱发生概率空间分布特征

将干旱发生年数与总分析年数的比值定义干旱发生的概率。1961—2016 年青海省春季大气干旱在东部农业区发生概率最高,大部分地区在 30％以上,其中互助发生概率最大为44％。三江源的西部地区春季大气干旱发生概率相对较小在 25％以下(图 1.18a)。

1961—2016 年青海省春季大气轻度干旱在东部农业区的门源、互助、乐都和三江源区的达日、甘德一带发生概率较大为 20％～29％(图 1.18b);大气中度干旱在青海东部地区发生概率相对较高为 13％～20％(图 1.18c);大气重度干旱和特旱发生概率均在 10％以下,其中互助、门源、祁连、玉树、玛多等地发生重度干旱的概率相对较高,称多、杂多、玛沁等地发生大气特旱的概率相对较高(图 1.18d、e)。

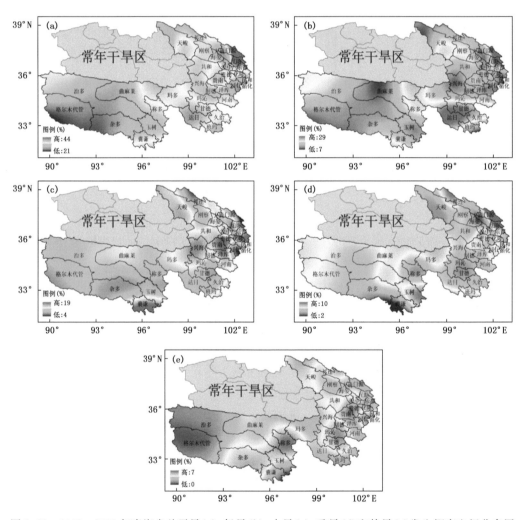

图 1.18　1961—2016 年青海省总干旱(a)、轻旱(b)、中旱(c)、重旱(d)和特旱(e)发生概率空间分布图

三、对策建议

从以上分析可以看出春季东部农业区大气干旱有增加的趋势,环青海湖区基本无变化,而

三江源区大气干旱趋缓,因此,建议东部农业区春季重点做好以下抗旱工作。

1. 保障农田灌溉基本用水

加强水利基础设施建设,加快灌溉区续建配套与节水改造、老化失修农灌工程维修改造和小型农田水利工程建设。开源节流,发展节水农业新技术,提高水资源的利用效率。

2. 适时做好人工增雨作业

不断提高人工增雨的技术水平,提高作业的科学性。抓住有利时机,做好春季人工增雨作业,最大限度利用空中水资源,确保该区春耕生产工作的顺利实施。

3. 坚持自然降水与人工灌溉互补利用

科学合理利用自然降水,扩大补水灌溉面积。根据土壤水分状况确定农作物的植物品种、种植密度、播种方式、经济施肥量及产量指标等,综合考虑作物发育阶段需水情况和干旱程度,及时补水灌溉。适时适当深度中耕,蓄秋季降水以备春用。

4. 加快旱作农业技术的推广工作

大力推广使用覆膜、拌种技术,可在很大程度上减轻因土壤缺水所造成的影响,提高农作物出苗率,同时抗旱剂等能减缓土壤水分消耗,从而增强作物的抗旱能力。

5. 增加化肥和农家肥的投入

多施有机肥,以肥调水,使水肥协调,提高水分利用率,提高农作物自身的抗旱能力。

第三节　青海高原夏季强降水变化特征

1981—2017年青海夏季降水量呈增多趋势,其中环湖区增加趋势最明显,平均每10 a增加8.1 mm,柴达木盆地次之,平均每10 a增加6.6 mm,东部农业区和三江源区变化趋势不明显。1981—2017年不同量级降水量变化趋势差异较大,小雨量级降水量呈减少趋势,中雨量级降水量呈略微增加趋势,大雨及以上降水量呈明显增多趋势,同时日最大降水量和强降水量均呈增加趋势。为减轻强降水造成的影响,在做好强降水监测、预警工作的基础上,建议相关部门根据强降水变化规律加强工程性防御和宣传教育工作,以防范和应对强降水引发的次生灾害。

一、夏季不同量级降水变化

1. 夏季总降水量呈增加趋势

1981—2017年青海省49个气象站平均降水量呈增加趋势,平均每10 a增加2.6 mm。与1981—2010年基准气候值相比,近7 a平均降水量增加3.5%(图1.19a)。从空间变率来看,天峻、乌兰等地夏季降水增加明显,而玉树、囊谦、班玛等地呈减少趋势(图1.19b)。

2. 小雨量级降水呈减少趋势

1981—2017年1.0～4.9 mm、5.0～9.9 mm量级的降水量呈略微减少趋势,与1981—2010年基准气候值相比,近7a平均降水量分别减少0.4%和1.6%(图1.20a、1.20c)。青海各地1.0～4.9 mm量级降水以减少为主,仅在五道梁、沱沱河、茫崖一带呈微弱增加趋势(图1.20b)。5.0～9.9 mm量级降水量在青海西部和中东部地区呈增加趋势(图1.20d)。

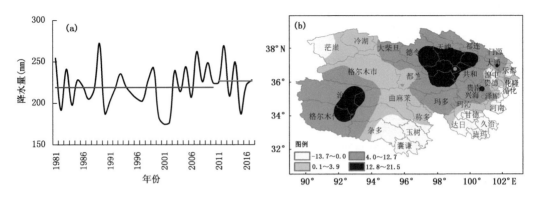

图 1.19　1981—2017 年青海省夏季总降水量变化(a)、空间变率分布图(b)
(单位：mm，mm/10a)

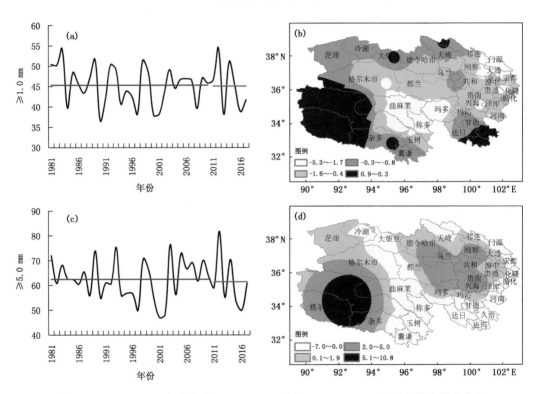

图 1.20　1981—2017 年青海省 1.0～4.9 mm(a)、5.0～9.9 mm(c)量级降水量变化和
1.0～4.9 mm(b)、5.0～9.9 mm(d)量级降水量空间变率分布图
(单位：mm，mm/10a，mm，mm/10a)

3. 中雨量级降水呈略微增加趋势

由图 1.21a、1.21c 可以看出，1981—2017 年 10.0～14.9 mm、15.0～19.9 mm 量级降水量呈略微增加趋势，与 1981—2010 年基准气候值相比，近 7 a 平均降水量分别增加 1.5% 和 3.4%；20.0～24.9 mm 量级降水增加幅度较大，与 1981—2010 年基准气候值相比，近 7 a 平均降水量增加 12.3%(图 1.21e)。10.0～14.9 mm 量级的降水在环湖区增加明显，而在东部

农业区呈减少趋势(图 1.21b)。15.0～19.9 mm 量级的降水在祁连、门源等地呈增加趋势,在乐都、天峻、玛多、杂多等地呈减少趋势(图 1.21d)。20.0～24.9 mm 量级降水在天峻、乌兰、共和等地增加趋势明显,在河南、班玛等地呈减少趋势(图 1.21f)。

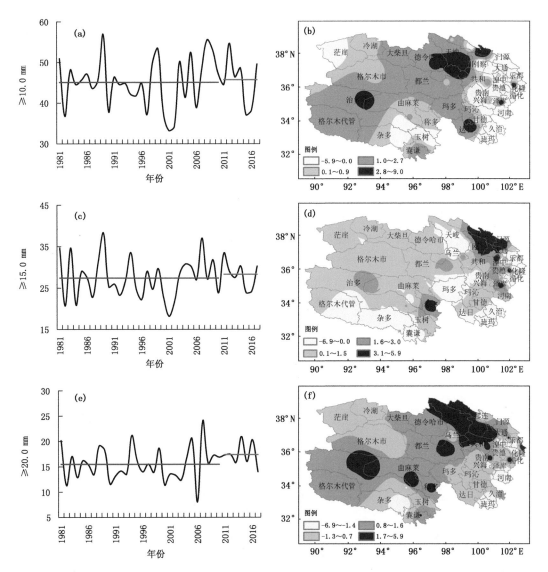

图 1.21　1981—2017 年青海省 10.0～14.9 mm(a)、15.0～19.9 mm(c)、20.0～24.9 mm(e)量级降水量
变化和 10.0～14.9 mm(b)、15.0～19.9 mm(d)、20.0～24.9 mm(f)量级降水量空间变率分布图
(单位:mm,mm/10a,mm,mm/10a,mm,mm/10a)

4. 大雨及以上量级降水增加趋势明显

1981—2017 年≥25.0 mm 量级降水量增加幅度较为明显,与 1981—2010 年基准气候值相比,近 7 a 平均降水量增加 34.5%(图 1.22a)。全省大部分地区≥25.0 mm 量级降水呈增加趋势,其中在天峻、刚察、共和等地增加最明显,而在玉树、囊谦、杂多呈减少趋势(图 1.22b)。

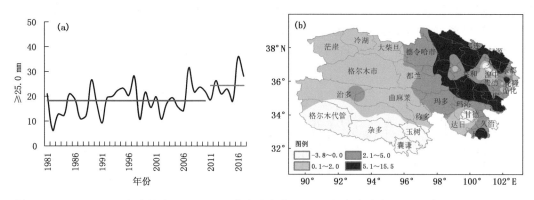

图 1.22　1981—2017 年青海省≥25.0 mm 降水量变化(a)及空间变率分布图(b)(单位:mm,mm/10a)

二、极端降水指数变化

1.日最大降水量呈增加趋势

从图 1.23a 可以看出,1981—2017 年日最大降水量呈增加趋势,2011—2017 年平均值比 1981—2010 年平均增加 10.5%。全省大部分地区日最大降水量呈增多趋势,其中在大通、乌兰、贵南等地增加趋势明显,平均每 10 a 增加 3.0%~4.5%,而在柴达木盆地的西部和三江源区的南部日最大降水量呈减小趋势(图 1.23b)。

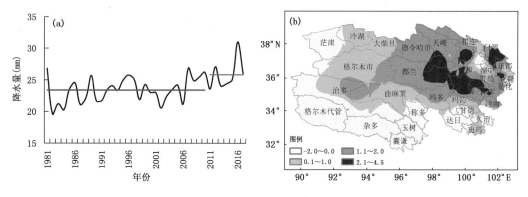

图 1.23　1981—2017 青海省平均最大 1 日降水量变化(a)及空间变率分布图(b)(单位:mm,mm/10a)

2.强降水量呈增多趋势

将大于 95%分位的降水量定义为强降水量。从图 1.24a 可以看出,青海平均强降水量呈明显增多趋势,与 1981—2010 年平均值相比,2011—2017 年平均值增加 8.6%。在刚察、五道梁、乌兰、大通等地增加幅度最大,平均每 10 a 增加 14.8%以上,而在茫崖及三江源的南部呈减少趋势(图 1.24b)。

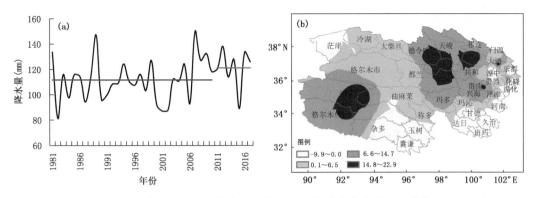

图 1.24　1981—2017 青海省平均强降水量变化(a)及空间变率分布图(b)(单位:mm,mm/10a)

三、对策建议

近 30 多年来青海强降水量和极端降水指数呈增加趋势,建议相关部门做好以下工作,以提高适应气候变化的能力。

1.加强极端降水监测、预警工作

加强气候变暖背景下极端降水事件发生频次、强度和空间分布特征等基础研究工作,提高极端降水预测、预报和预警能力,建立快速准确的发布系统,全面提高极端强降水防御能力。

2.做好极端强降水工程性防御工作

在城市重大基础设施建设、重点工程建设和城乡规划中,应充分考虑强降水可能造成的影响,做好极端降水风险评估,增强防灾减灾的针对性,最大程度减小强降水所引发的山洪、泥石流、城市内涝等造成的危害。

3.加大极端强降水宣传教育力度,提高防灾减灾能力

通过宣传教育,使民众了解极端强降水的成因及防御办法、措施。熟悉预警信号和应急处理办法,使灾害易发区、重发区群众增强防御和自救意识,尽可能降低强降水对国民经济和生命财产造成的影响。

第四节　青海高原秋季连阴雨变化特征与适应对策

秋季连阴雨是青海省秋季农业主要气象灾害之一,其降水量的大小和持续时间的长短直接影响农作物的收割、打碾,易造成粮食发芽、霉烂从而影响到其品质和产量。另外,秋季连阴雨亦决定着来年春季土壤底墒和抵御春旱的能力,对农牧业生产有着直接的影响。近年来,受大气环流特征变化的影响,青海秋季连阴雨降水量和持续天数呈阶段性变化,降水强度有所增加,尤其是 2000 年以来秋季连阴雨呈明显增加趋势,给各地秋收工作的及时开展、土壤封冻前的蓄墒以及泥石流、滑坡等地质灾害的发生带来一定的影响。为此,应积极适应连阴雨这一气候变化趋势,有效避免不利影响,确保粮食生产安全。

一、秋季连阴雨气候变化特征

1961—2012年青海秋季连阴雨降水量呈减少趋势,各地平均每10 a减少0.41 mm。秋季连阴雨降水量各地变化趋势不尽相同,其中三江源区和东部农业区呈减少趋势,变化率分别为每10 a减少1.33 mm和0.62 mm;柴达木盆地和环湖区各地平均呈增多趋势,变化率分别为每10 a增加0.21 mm和0.11 mm(图1.25a)。

1961—2012年青海各地秋季连阴雨出现天数呈减少趋势,各地平均每10 a减少0.18 d。秋季连阴雨出现天数各地变化趋势不同,其中柴达木盆地呈略微增加趋势,平均每10 a增加0.05 d;东部农业区、三江源和环湖区呈减少趋势,各地平均每10 a分别减少0.33 d、0.25 d和0.17 d(图1.25b)。

1961—2012年青海各地秋季连阴雨期间降水强度呈不明显增加趋势,各地平均每10 a增加0.09 mm/d。各地变化趋势不尽相同,其中环湖区和柴达木盆地呈增加趋势,平均每10 a增加0.11 mm/d,东部农业区和三江源区呈减少趋势,各地平均每10 a分别减少0.04 mm/d和0.01 mm/d(图1.25c)。

综合1961—2012年青海秋季连阴雨降水量、降水天数的阶段性变化来看,1961—1987年秋季连阴雨降水量和降水天数总体变化趋势不明显;1988—2000年秋季连阴雨降水量和降水天数为一个低值期;2000年以来,秋季连阴雨降水量和降水天数保持在一个较高的水平。从各地历年秋季连阴雨降水量和降水天数来看,久治、班玛、河南和达日秋季连阴雨降水量较大,出现天数较多;而茫崖、冷湖和诺木洪自1961年以来没有出现过连阴雨。受1961—2012年秋季连阴雨降水量和降水天数的影响,秋季连阴雨期间降水强度在波动中呈增加趋势。

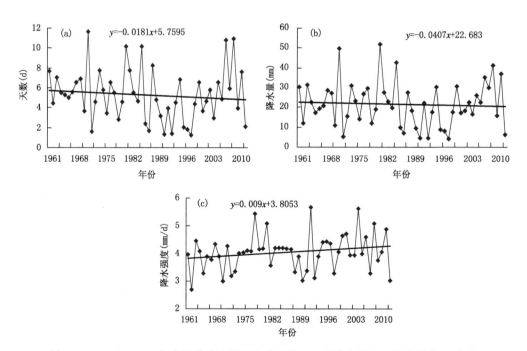

图1.25 1961—2012年青海秋季连阴雨出现天数(a)、总降水量(b)、降水强度(c)变化

二、秋季连阴雨影响评估

(1)秋季是青海大多数农作物成熟、收获的季节,这个时期出现连阴雨易造成持续低温和寡照天气,使农作物不能成熟或发芽霉变,影响作物的品质和产量。对成熟作物不能及时进行收割、打碾和晾晒等农事活动,使农业丰产而不能丰收。尤其是2000年以来,秋季连阴雨降水和天数明显增多,给农作物的后期生长和秋收等带来一定的影响。

(2)秋季连阴雨增多,水分充足,使牧草黄枯期推迟,有利于延长牧草的青草期,但由于连阴雨后天气放晴易形成霜冻,造成牧草青枯而死。同时,秋季连阴雨往往延误家畜转场,使转场时间推迟或延长,影响家畜膘情。

(3)秋季连阴雨有利于增加土壤底墒,使土壤底墒充足,为冬小麦播种提供有利条件。秋季降水量的多少还决定着来年春季土壤底墒和抵御春旱的能力,对来年农牧业生产有着直接的影响。

三、秋季连阴雨成因分析

1. 印缅槽与西太平洋副高对秋季水汽输送的影响

影响降水的最直接因素是大气环流,进入秋季后大气环流开始调整,副热带系统开始减弱,西风带系统开始增强。1961—1987年和2000—2012年期间秋季印缅槽较深(图1.26a),西太平洋副热带高压偏弱(图1.26b),位置偏东(图1.26c),孟加拉湾是青海降水的主要水汽源地之一,深厚的印缅槽将孟加拉湾地区的水汽源源不断输送到青海上空,同时秋季冷空气活动较为频繁,在这两个因素影响下,秋季连阴雨期间降水量较多。1988—2000年大气环流形式相反,降水为偏少期。

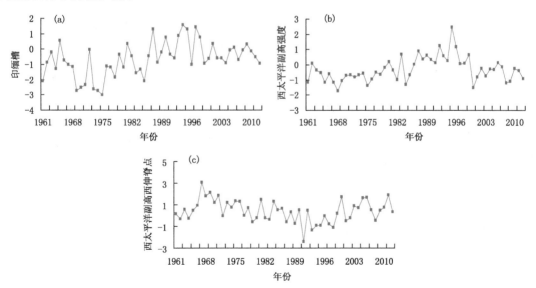

图1.26　1961—2012年秋季印缅槽(a)、西太平洋副高强度(b)和西太平洋副高西伸脊点(c)变化曲线

2. 北极涛动与东亚大槽对秋季高原季风的影响

北极涛动(简称AO)和东亚槽对秋季降水有着十分重要的作用,1961—1987年和2000—

2012 年期间秋季 AO 偏强(图 1.27a),东亚大槽强度减弱(图 1.27b),西伯利亚高压偏弱,有利于高原季风偏强,从而使来自印度洋、孟加拉湾的西南暖湿气流相对偏强,高原秋季降水量增加;1988—2000 年 AO 偏弱,东亚大槽偏强,西伯利亚高压偏强,高原季风偏弱,则西南暖湿气流相对偏弱,高原降水量偏少。

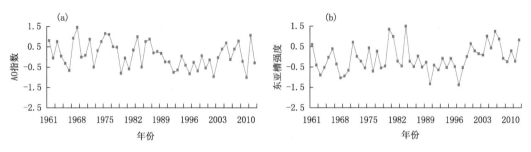

图 1.27　1961—2012 年秋季 AO(a)、东亚槽指数(b)变化曲线

四、适应对策

(1)加强灾害性天气预测预报,建立气象灾害防御机制,充分发挥雷达、卫星、自动气象站等现代化装备作用,严密监视天气变化,切实加强强降水天气过程监测、预报预警服务工作。

(2)做好农田水利基本建设,加快实施引水、节水工程,沟渠配套,保证排水畅通。低洼地区做好水资源的整治工作,提高水资源的利用效率,及时将多余水分引流到干旱地区。提高栽培技术,改良土壤,推行中耕,充分利用水资源。

(3)关注天气预测预报,抓住有利时机及时收割、打碾,晾晒入库。充分利用有利的土壤墒情,及时播种冬小麦。

第五节　青海高原雨季变化及对农业的影响

青海高原受季风气候影响,干、湿季变化明显,降水主要集中在 5—9 月,大部分地区雨季降水占全年的 80% 以上。雨季不仅降水集中,而且温度条件适宜,是农作物生长发育的最佳时期。青海地处干旱、半干旱区,雨季来临的早晚及其降水量等是影响农牧业生产的关键气象条件。近 55 年来,青海省雨季提前,期间的降水量总体增多,降水量级呈增强趋势。因此建议相关部门根据雨季开始及降水量变化趋势,做好农牧业活动安排,加强暴雨洪涝等灾害的防御工作。

一、雨季变化特征

将第一次出现连续两旬的降水量超过多年平均旬降水量定义为雨季开始,最后一次出现连续两旬的降水量超过多年平均旬降水量定义为雨季结束。

1. 雨季开始日期提前、结束日期无明显变化

1961—2015 年青海省雨季开始日期呈提前趋势,平均每 10 a 提前 3.3 d(图 1.28a)。各区域雨季开始日期均呈提前趋势,东部农业区、环湖区、三江源区和柴达木盆地分别每 10 a 提前 4.3 d、3.7 d、3.5 d 和 1.7 d。德令哈一带雨季开始日期提前较为明显,平均每 10 a 提前在

6 d 以上,而格尔木、冷湖、诺木洪等地雨季开始日期呈推迟趋势(图 1.28b)。

　　1961—2015 年青海省雨季结束日期总体变化较为平稳,无明显变化趋势(图 1a),但区域变化差异显著,青海中部地区以及柴达木盆地的大部分地区雨季结束日期呈推迟趋势,而东部农业区、环湖区和三江源的大部分地区呈略微提前趋势(图 1.28c)。

　　受雨季开始日期提前影响,1961—2015 年青海省雨季持续天数呈延长趋势,平均每 10 a延长 4.0 d(图 1a)。青海中部地区尤其是柴达木盆地的德令哈、乌兰和都兰一带延长天数较为明显,平均每 10 a 延长日数在 5 d 以上,其余地区延长时间在 5 d 以内(图 1.28d)。

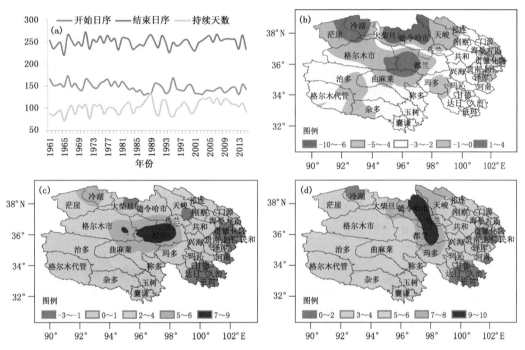

图 1.28　1961—2015 年青海省雨季日序变化曲线(a)及开始期(b)、结束期(c)、
持续天数(d)空间变化分布图(单位:d,d/10a,d/10a,d/10a)

2. 雨季降水量增多、量级趋强

　　1961—2015 年青海省雨季降水量总体呈增多趋势,平均每 10 a 增多 6.5 mm。从图1.29a 可以看出,进入 2000 年以来,雨季降水量增加趋势明显,平均每 10 a 增多达 39.3 mm。雨季降水量各地变化趋势不尽相同,其中柴达木盆地的东北部增加明显,而三江源的久治、河南以及东部农业区的民和、同仁等地降水量呈减少趋势(图 1.29b)。

　　1961—2015 年青海省雨季≥5 mm、≥10 mm、≥15 mm 和≥20 mm 降水量均呈增加趋势,平均每 10 a 分别增加 0.6 mm、2.0 mm、1.9 mm 和 4.3 mm。从图 1.30a 可以看出 2005年以来,≥15 mm 和≥20 mm 降水量增加趋势明显。青海各量级降水量空间变化趋势基本相似,在柴达木盆地的东北部和环湖区增加趋势较为明显,青海西南部和东南部地区增加趋势不明显。

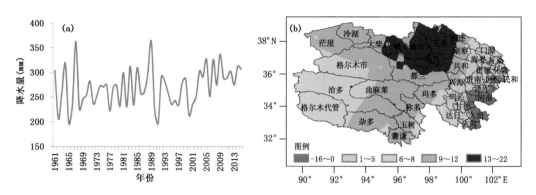

图 1.29　1961—2015 年青海省雨季降水量变化及空间变率分布图（单位：mm,mm/10a）

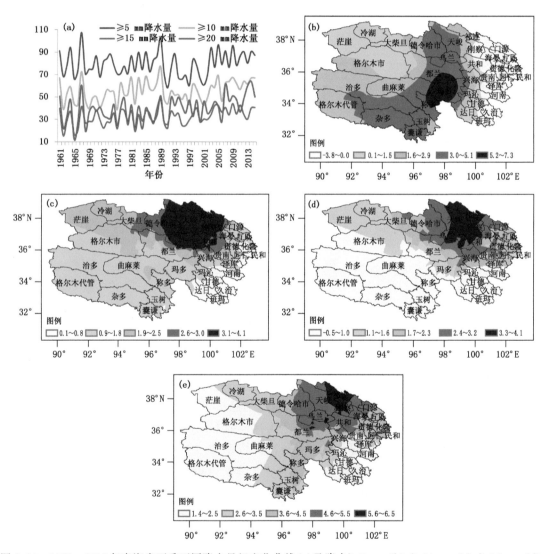

图 1.30　1961—2015 年青海省雨季不同降水量级变化曲线（a）及降水≥5 mm（b）、≥10 mm（c）、≥15 mm（d）、
　　　　　≥20 mm（e）空间变率分布图（单位：mm,mm/10a,mm/10a,mm/10a,mm/10a）

二、雨季对农牧业的影响

1.有利影响

青海省东部农业区极易发生春旱,雨季提前、雨季降水量增多可以在很大程度上缓解春季干旱对农作物造成的影响,有利于作物的生长发育。同时,雨季提前有利于天然牧草的顺利返青,且为牧草返青后的生长提供良好的水分条件。

2.不利影响

雨季降水强度增大,容易引发暴雨洪涝等山洪地质灾害,造成生命财产损失;短时强降水极易导致农田被毁,农作物受损;对排水不畅的城市,易形成城市内涝,影响交通安全;在牧业区,降水强度过大容易产生径流,不利于草原储存水分。

三、对策措施

1.积极开展农牧事活动

由于雨季提前,有利于农作物的前期生长和天然牧草的返青,因此,应抓住有利时机,在农区合理安排农事活动,在牧区要注意牧草返青期的休牧,给后期天然牧草的生长发育提供条件。

2.加强暴雨洪涝预防工作

根据不同区域地形地貌、强降水易发程度等相关特征,做好暴雨洪涝风险评估及区划工作,根据风险评估及区划结果,加强山洪地质灾害、城市内涝等防御工作,减少灾害带来的损失。

第二章 2℃全球变暖背景下
高原气候变化预估

第一节 青海高原气候变化预估

为有效减缓和应对气候变暖趋势、控制温室气体排放,包括欧盟成员国在内的一百多个国家和众多国际组织已经将避免2℃全球变暖(相对于工业化革命前期)作为温室气体减排的目标,并认为一旦达到此升温阈值,气候变化将会对冰川、人体健康、陆地生态系统等多个方面产生深刻的影响。青海高原是全球气候变化的敏感区和生态系统的脆弱区,气候的微小变化将会造成处于临界阈值状态的生态平衡发生一系列变化。

2℃全球变暖背景下,青海高原平均气温升高幅度远大于此阈值,极端天气气候事件发生显著变化,且这一现象在柴达木盆地表现尤为突出,因此相关部门应重视未来气候变化趋势,合理利用气候资源,趋利避害,科学适应和应对气候变化。

一、2℃全球变暖发生时间

采用国际上推荐的处理方法,将工业化革命前期定为1890—1900年。选取RCP2.6、RCP4.5和RCP8.5三种排放情景,分别代表低、中、高排放情景。将各模式预估结果进行集合平均,集合平均值作为各排放情景下未来气候变化趋势,同时为了有效消除模式资料中年际尺度上短期气候变率的影响,将预估结果进行了9 a滑动平均处理。

从图2.1可以看出,相对1890—1900年,2010—2096年RCP2.6、RCP4.5、RCP8.5三种排放情景下气温均呈上升趋势,升温率分别为0.11℃/10a、0.23℃/10a和0.46℃/10a,均通过显著性水平0.01的检验。RCP2.6、RCP4.5、RCP8.5三种排放情景下2℃全球变暖发生时间分别为:2063年、2040年和2036年(如图1中黑实线)。

二、2℃全球变暖背景下青海基本气候变化特征

1.青海平均升温幅度明显高于2℃

与1890—1900年相比,2℃全球变暖背景下,青海各地平均气温明显高于2.0℃,RCP2.6、RCP4.5和RCP8.5情景下全省平均气温分别为2.7℃、3.2℃和3.4℃。

RCP2.6、RCP4.5和RCP8.5三种排放情景下青海各地平均气温变化趋势基本相同,其中柴达木盆地的德令哈、冷湖、茫崖等地气温上升幅度较大,升温范围在3.0℃~3.7℃之间;而东部农业区和三江源的大部分地区气温上升幅度较小,在2.6℃~3.1℃之间(图2.2)。

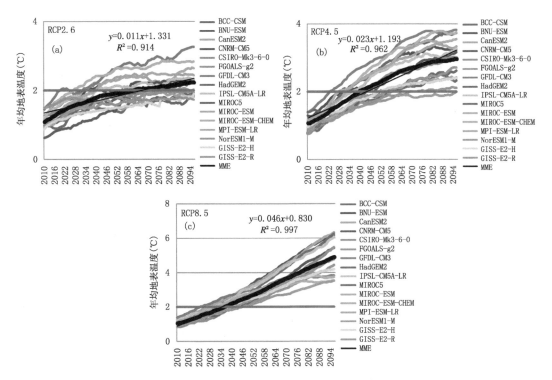

图 2.1　RCP2.6(a)、RCP4.5(b)、RCP8.5(c)排放情景下,相对于各自 1890—1900 年基准气候
16 个模式及其集合平均(MME)结果全球年均地表温度距平变化(单位:℃)

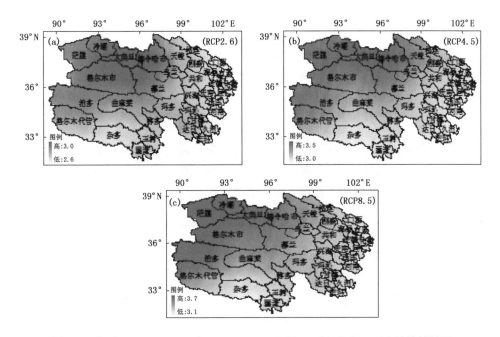

图 2.2　相对于 1890—1900 年,RCP2.6(a)、RCP4.5(b)、RCP8.5(c)排放情景下
2 ℃全球变暖时青海年平均地表温度变化(单位:℃)

2.青海年降水量呈增多趋势

与1890—1900年相比,2 ℃全球变暖背景下,全省平均降水量呈增多趋势,RCP2.6、RCP4.5、RCP8.5情景下全省平均降水量分别增多8.4%、8.1%和7.6%。

三种排放情景下,降水量增多趋势呈带状分布,在青海西南部的五道梁、沱沱河、治多、杂多等地降水量增加较为明显,增多幅度在11.6%～14.2%之间;青海东部农业区以及柴达木盆地的大柴旦、冷湖、德令哈等地增加幅度较小,在2.3%～5.4%之间(图2.3)。

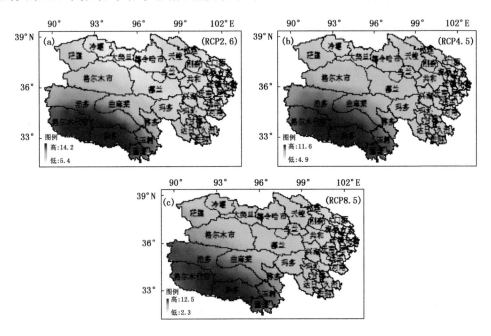

图2.3　相对于1890—1900年,RCP2.6(a)、RCP4.5(b)、RCP8.5(c)排放情景下
2 ℃全球变暖时青海年降水量变化(单位:%)

三、2 ℃全球变暖背景下青海极端天气气候事件变化特征

采用WMO气候委员会等组织联合成立的气候变化监测和指标专家组定义的极端天气气候指数标准,分析中等排放情景下霜冻日数、冰封日数、暖夜日数、中雨日数、持续干期和降水强度分布特征,各极端指数定义见表2.1和表2.2。

表2.1　极端气温指数定义

分类	代码	名称	意义
日最高、最低气温的月极值	TX_x	月最高气温极大值	每月中日最高气温的最大值
	TN_x	月最低气温极大值	每月中日最低气温的最大值
	TX_a	月最高气温极小值	每月中日最高气温的最小值
	TN_a	月最低气温极小值	每月中日最低气温的最小值
绝对阈值	FD	霜冻日数	一年中日最低气温小于0 ℃的天数
	SU	夏季日数	一年中日最高气温大于25 ℃的天数
	ID	冰封日数	一年中日最高气温小于0 ℃的天数
	TR	热夜日数	一年中日最低气温大于20 ℃的天数

分类	代码	名称	意义
	GSL	生长期	北半球从 1 月 1 日(南半球为 7 月 1 日)开始,连续 6 天日平均气温大于 5 ℃的日期为初日,7 月 1 日(南半球 1 月 1 日)以后连续 6 天日平均气温小于 5 ℃的日期为终日,初日和终日之间的日数为生长期
相对阈值	TN10p	冷夜日数	日最低气温小于 10%分位值的日数
	TX10p	冷昼日数	日最高气温小于 10%分位值的日数
	TN90p	暖夜日数	日最低气温大于 90%分位值的日数
	TX90p	暖昼日数	日最高气温大于 90%分位值的日数
	WSDI	异常暖昼持续指数	每年至少连续 6 天日最高气温大于 90%分位值的日数
	GSDI	异常冷昼持续指数	每年至少连续 6 天日最高气温小于 10%分位值的日数
其他	DTB	月平均日较差	日最高气温与日最低气温之差的月平均值

表 2.2　极端降水指数

分类	代码	名称	意义
绝对阈值	R10 mm	中雨日数	日降水量大于等于 10 mm 的日数
	R20 mm	大雨日数	日降水量大于等于 20 mm 的日数
	Rnn mm	日降水大于某一特定强度的降水日数	日降水量大于等于 nn mm 的日数
相对阈值	H95pTOT	强降水量	日降水量大于 95%分位值的年累计降水量
	H99pTOT	特强降水量	日降水量大于 99%分位值的年累计降水量
持续干湿期	CDD	持续干期	日降水量小于 1 mm 的最大持续日数
	CWD	持续湿期	日降水量大于 1 mm 的最大持续日数
其他	Rx1day	1 日最大降水量	每月最大 1 日降水量
	Rx5day	5 日最大降水量	每月连续 5 日最大降水量
	SDH	降水强度	年降水总量与湿润日数(日降水量大于等于 1.0 mm)的比值
	PRCPTOT	年总降水量	日降水量大于 1 mm 的年累计降水量

1.极端气温指数变化特征

2 ℃全球变暖背景下,青海霜冻日数呈减少态势,与 1890—1900 年相比,全省平均减少 13 d。霜冻日数减少幅度在青海北部较大,其中柴达木盆地是霜冻日数减少最多的区域,达 32 d;青海南部霜冻日数减少幅度相对较小,为 7 d 左右(图 2.4a)。

与霜冻日数变化趋势相同,2 ℃全球变暖背景下,冰封日数呈减少趋势,与 1890—1900 年相比,全省平均减少 13 d。柴达木盆地的茫崖、冷湖、大柴旦等地冰封日数减少最为明显,最大减少 31 d;在青南地区的杂多、曲麻莱等地减少天数相对较少为 12 d(图 2.4b)。

2 ℃全球变暖背景下,与 1890—1900 年相比,暖夜日数呈明显增多趋势,全省平均增多 15 d。其中冷湖、大柴旦、共和、兴海、囊谦、玉树等地暖夜日数增加明显为 36 d,而祁连山区、曲麻莱等地暖夜日数增加相对较少为 13 d 左右(图 2.4c)。

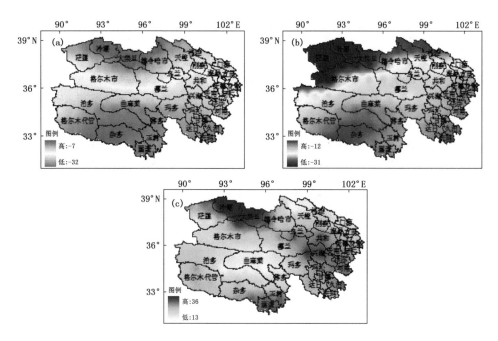

图 2.4　相对于 1890—1900 年,2 ℃全球变暖背景下青海霜冻日数(a)、冰封日数(b)、
暖夜日数(c)分布图(单位:d)

2.极端降水指数变化特征

2 ℃全球变暖背景下,与 1890—1900 年相比,青海省中雨日数总体呈增多趋势,全省平均增多 6 d 左右。各地变化趋势不尽相同,其中柴达木盆地的德令哈、大柴旦为中雨日数增加明显区,最大增多 45 d;青海南部地区的五道梁、沱沱河等地中雨日数略微减少,幅度在 4 d 左右(图 2.5a)。

2 ℃全球变暖背景下,与 1890—1900 年相比,全省平均持续干期变化不明显,但区域变化显著。柴达木盆地的中部和青南的东部地区持续干期呈减少趋势,减少天数达 25 d;而青南地区西部和祁连山一带持续干期呈增加趋势,增加 16 d 左右(图 2.5b)。

2 ℃全球变暖背景下,与 1890—1900 年相比,全省平均降水强度增加 4.3 mm/d,其中柴达木盆地降水强度呈增强趋势,最大增加 17.9 mm/d,而在其余地区变化趋势不明显(图2.5c)。

四、对策措施

1.充分利用气候变化有利影响

未来气候变化以温度升高为主,而青海地区热量资源不足,在一定程度上限制了农牧业的发展。未来气候变暖背景下霜冻日数、冰封日数减少,延长了作物生长季,因此应充分利用气候资源,在农业区进一步调整农作物种植结构,提高作物复种指数;在牧业区适当选择耐高温抗干旱的草种并注意草种的多样性,加强人工草地的栽培工作,以实现农牧业生产的可持续发展。

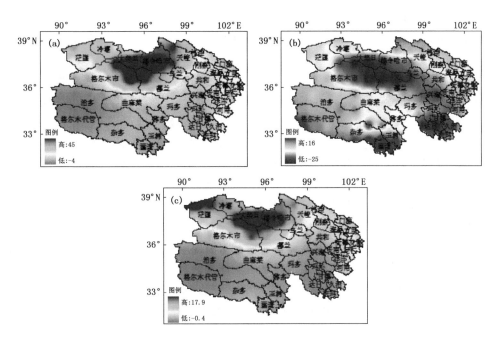

图 2.5   相对于 1890—1900 年，2 ℃全球变暖背景下青海中雨日数(a)、持续干期日数(b)、
降水强度(c)分布图(单位:d,d,mm/d)

2.改善基础设施建设,积极应对极端天气气候事件

未来极端降水事件增多,在柴达木盆地表现尤为突出,可能会出现超出经验估计水平的突发灾害,针对强降水量的增加,应改善城市排水系统、加强防洪工程建设、提高建筑质量,以减少城市内涝、泥石流、滑坡等的危害性。

未来气温升高,降水量增加可能不足以抵消气温升高所造成的蒸发量增加,因此干旱仍是影响未来农业发展的重要灾害。为此应加强水利基础设施建设,全力做好引大济湟、黄河沿岸水利综合开发等工作,同时应大力发展节水农业技术、加强水资源管理,做好旱灾的防御工作。

3.加强气象灾害监测、评估、预警与防御工作

未来由于全球气候变暖,大气环流变得极为不稳定,瞬时大风、沙尘暴等极端天气气候事件的突发性可能会大大增强,因此,要重视和加强极端天气气候事件的监测、预测和评估工作,提前做好灾害防御,以减少灾害造成的损失。

第二节   青藏高原平均气候和极端气候事件变化

工业化革命以来,随着大气中温室气体浓度的不断增加,全球气候系统正经历着一次以变暖为主要特征的显著变化。全球平均温度上升,由此带来的其他气候要素及极端天气气候事件变化对世界各地的环境、经济等造成了较大的影响,因此未来气候变化、影响、风险评估成为当前研究的前沿课题,并被社会各界广泛关注(董思言等,2014;Ding 等,2007)。为有效减缓和应对气候变暖趋势、控制温室气体排放,包括欧盟成员国在内的一百多个国家和众多国际组织已经将避免 2 ℃全球变暖(相对于工业化革命前期)作为温室气体减排的目标(Meinshausen，2009），并认为一旦达到此升温阈值，气候变化将会对包括极端天气和气候事件、冰川、人体健康、粮食产量、海平面、海洋和陆地生态系统在内的多个方面产生深刻的影响（姚遥等，2012）。

青藏高原作为世界第三极，其特殊的地形及其独特的热力和动力循环系统作用，不仅在该地区形成了独特的天气气候系统，对中国、亚洲地区甚至全球的气候也产生了重要的影响。有研究表明青藏高原不仅是天气变化的"启动区"，而且也可能是中国百年尺度气候变化的"启动区"（冯松等，1998），更可能是"全球气候变化的驱动机和放大器"（潘保田等，1996）。

近年来，我国学者采用气候模式开展了大量有关南亚和东亚地区（孙颖等，2011；姜大膀等，2004b；姜大膀等，2013）、中国地区（许吟隆，2005；赵宗慈等，2008；高学杰等，2012；高学杰等，2003b，高学杰等，2010）以及部分区域（徐影，2003；石英等，2010a；吴佳等，2011；刘晓东等，2009）未来气候变化的研究工作。其中专门就 2 ℃全球变暖情景下中国区域平均气候和极端气候可能变化趋势进行了研究（姜大膀和富元海，2012；郎咸梅和隋月，2013），并指出在青藏高原存在一个升温大值区，但没有对该地区做进一步详细的分析。青藏高原地形地貌复杂多样，各地气候变化差异较大，生态环境极其脆弱、对自然灾害抵御能力较差，与此相关的平均气候和极端天气气候事件的微小变化可能会使青藏高原处于临界阈值状态的生态平衡发生一系列变化。

鉴于以上认识，选取青藏高原作为研究对象，范围为 26°52′—39°14′N，78°27′—103°02′E。利用参与 IPCC 第 5 次评估报告的多个气候模式的数值试验结果，研究 RCP2.6（低辐射强迫情景）、RCP4.5（中等辐射强迫情景）、RCP8.5（高辐射强迫情景）情景下 2 ℃全球变暖可能出现的时间，以及届时青藏高原平均气候和极端天气气候事件可能变化，旨在为该地区科学适应和应对气候变化提供科学依据。

一、气候模式介绍

选取耦合模式比较计划第 5 阶段（简称 CMIP5）设定的 RCP2.6、RCP4.5、RCP8.5 三种情景，同时考虑到三种情景下模式资料的可用性和完整性，选用 CMIP5 中的 16 个耦合模式 1901—2005 年、2006—2100 年逐日平均气温、最高气温、最低气温、降水量资料，有关模式基本信息见表 2.3，具体参阅 http://pcmdi9.llnl.gov/esgf—web—fe/。

各气候模式在相同或者相似的温室气体和气溶胶浓度强迫条件下，所得到的预估结果相差很大，而在当前还没有科学办法来衡量各个模式预估结果的准确性，因此，采用在气候变化预估领域应用广泛的等权重系数条件下的集合平均结果（Meehl 等，2007），需要指出的是，已有研究证明该方法多模式集合结果对当代东亚气候总体上要较单个模式具有更为可靠的模拟能力（Jiang 等，2005；徐崇海等，2007）。根据集合平均结果，将 16 个全球气候模式的模拟结果利用双线性内插法插值到相同网格点上（1°×1°）。

为了有效消除模式资料中年际尺度上短期气候变率的影响，在研究过程中将 2006—2100 年的各模式及其集合平均值进行了 9 a 滑动平均处理。

在气候变化预估研究中，对模式基准气候的选择有多种方法，由于 2 ℃全球变暖是相对于工业化革命前期气候而言，因此基准气候时段不应该受到 20 世纪全球变暖的影响，同时参考相关研究工作的处理或推荐的方法，将基准气候选定为 1890—1900 年（Schneider，2007；Solomon 等，2007）。

表 2.3　CMIP5 中 16 个全球大气与海洋环流耦合模式基本信息

序号	模式	所属国家	大气资料水平分辨率 （纬向×经向格点数）	青藏高原 包含格点数
1	BCC—CSM1.1	中国	128×64	27
2	BNU—ESM	中国	128×64	27
3	CanESM2	加拿大	128×64	27
4	CNRM—CM3	法国	128×64	27
5	CSIRO—MK3.6.0	加拿大	192×96	53
6	FGOALS—g2	中国	128×60	26
7	GFDL—CM3	美国	144×90	39
8	GISS—E2—H	美国	144×90	39
9	GISS—E2—R	美国	144×90	39
10	HadGEM2—AO	英国	192×145	86
11	IPSL—CM5A—LR	法国	96×96	29
12	MIROC5	日本	256×128	96
13	MIROC—ESM	日本	128×64	27
14	MIROC—ESM—CHEM	日本	128×64	27
15	MPI—ESM—LR	德国	192×96	53
16	NorESM1—M	挪威	144×96	41

二、2 ℃全球变暖背景下青藏高原平均气候预估

根据多模式集合平均已确定的 RCP2.6、RCP4.5、RCP8.5 情景下 2 ℃全球变暖出现年份，分别计算该年与其前后 4 a 共 9 a 的气候平均，而后通过与其各自相对应的气候基准值相比较，分析 2 ℃全球变暖背景下青藏高原气候变化情况。

1. 地表气温

从青藏高原区域变化特征来看，相对于各自气候基准值，RCP2.6、RCP4.5、RCP8.5 情景下模式集合结果变化趋势基本相似，柴达木盆地、那曲北部、山南、灵芝一带升温幅度较大，而在青藏高原的中部、青海东部农业区升温幅度相对较小。同时从三种情景下气温变化幅度可以看出，随着辐射强迫的增强，增温的大值区有所扩大，RCP2.6 情景下，柴达木盆地的中部是升温大值区，RCP4.5 情景下升温大值区扩大到柴达木盆地和那曲的大部分地区，RCP8.5 情景下山南的部分地区亦成为升温大值区。三种情景下 2 ℃全球变暖时青藏高原平均气温分别为 2.99 ℃、3.22 ℃和 3.28 ℃，均超过了全球平均升温幅度（图 2.6）。

从季节尺度上来看，2 ℃全球变暖时，三种情景下青藏高原各季节升温幅度均在 2 ℃以上，其中冬季是升温幅度最大的季节，范围在 3.09～3.39 ℃之间，而春季是升温幅度最小的季节，范围在 2.83～3.18 ℃之间（表 2.4）。

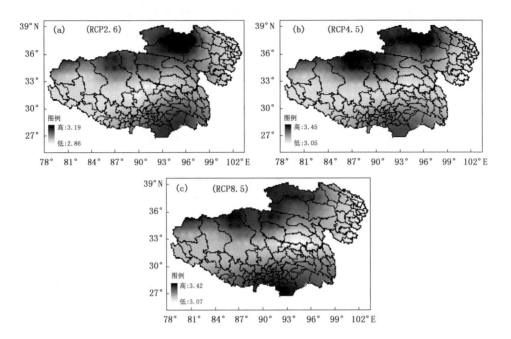

图 2.6　相对于各自 1890—1900 年气候基准值，RCP2.6(a)、RCP4.5(b)、RCP8.5(c)情景下
2 ℃全球变暖时青藏高原年平均地表温度变化(单位：℃)

表 2.4　相对于 1890—1900 年气候基准值，RCP2.6、RCP4.5、RCP8.5 情景下
青藏高原年和四季平均地表温度距平值(单位：℃)

时间	RCP2.6(最大值/最小值)	RCP4.5(最大值/最小值)	RCP8.5(最大值/最小值)
春季	2.83(3.58/2.56)	3.19(3.59/2.37)	3.18(3.42/2.31)
夏季	2.99(3.71/2.62)	3.21(3.60/2.39)	3.24(3.52/2.37)
秋季	3.05(3.80/2.62)	3.19(3.61/2.37)	3.37(3.65/2.50)
冬季	3.09(3.87/2.66)	3.28(3.76/2.46)	3.39(3.71/2.52)
年	2.99(3.74/2.56)	3.22(3.64/2.43)	3.28(3.56/2.41)

2. 降水

根据模式集合平均结果，与各自气候基准年相比，2 ℃全球变暖时 RCP2.6、RCP4.5 和
RCP8.5 三种情景下青藏高原年降水量均呈增多趋势，降水距平百分率分别为 8.35％、7.16％
和 7.63％。各地变化趋势基本相似，在青藏高原的中部为降水增多大值区，在青海的东部以
及西藏的西部降水增多不明显。和气温变化趋势相似，整个青藏高原随着辐射强迫的增强，降
水增多大值区呈增大趋势(图 2.7)。

从四季降水量变化趋势来看，相对于各自的气候基准年，2 ℃全球变暖时三种情景下四季
降水量均呈增多趋势，范围在 6.05％～10.35％之间，其中春季降水量变化趋势相对较大，在
8.42％～10.35％之间(表 2.5)。

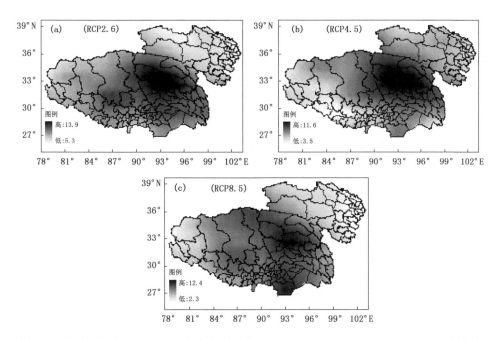

图 2.7　相对于各自 1890—1900 年气候基准值，RCP2.6(a)、RCP4.5(b)、RCP8.5(c)情景下
2 ℃全球变暖时青藏高原年降水量变化(单位：%)

**表 2.5　相对于 1890—1900 年气候基准值，RCP2.6、RCP4.5、RCP8.5 情景下
年和四季降水量距平百分率(单位：%)**

时间	RCP2.6(最大值/最小值)	RCP4.5(最大值/最小值)	RCP8.5(最大值/最小值)
春季	10.35(33.71/0.83)	8.81(26.33/1.52)	8.42(19.12/10.25)
夏季	7.56(28.64/3.52)	6.05(21.17/5.43)	6.92(16.34/5.68)
秋季	8.89(29.83/2.64)	7.02(17.89/3.43)	7.83(20.18/7.64)
冬季	6.70(26.35/0.87)	7.20(29.71/6.75)	8.21(17.62/2.34)
年	8.35(32.62/1.97)	7.16(26.77/4.28)	7.63(20.33/6.48)

三、全球变暖背景下青藏高原极端气候事件预估

为了有效推动世界各国开展极端天气气候事件变化检测研究，WMO(World Meteoro-logical Organization)气候委员会等组织联合成立气候变化监测和指标专家组，并定义了 27 个典型的气候指标，选取其中的 8 个极端气温和降水事件指标，极端气温包括：霜冻日数、冰封日数、暖夜日数和暖昼日数，极端降水指标包括：中雨日数、强降水量、持续干期和降水强度，各指标具体定义见表 2.1 和 2.2。由于各指标在不同情景下时空变化趋势基本相同，只是在变化幅度上有所区别，限于篇幅，只对 RCP4.5 情景下这 8 个极端气候事件的变化特征进行了分析。

1. 极端气温指标

相对于气候基准年,在全球变暖 2 ℃情景下,青藏高原霜冻日数呈明显减少趋势,平均减少 18 d,其中青海的柴达木盆地减少最为明显,减少幅度在 28~32 d 之间,而西藏大部分地区减少幅度相对较小,减少幅度在 10 d 以内(图 2.8a)。冰封日数与霜冻日数变化较为一致,呈显著减少趋势,平均减少 16 d,在祁连山、柴达木盆地、西藏的北部减少幅度较大,减少天数在 24~31 d 之间,西藏的中部减少幅度较小,在 7~11 d 之间(图 2.8b)。与霜冻日数和冰封日数相反,青藏高原暖夜日数、暖昼日数呈增加趋势,其中暖夜日数平均增加 12 d,在柴达木盆地的北部和西藏的南部边缘地区天数增加较多,其余地区增幅变化不大(图 2.8c);整体来看青藏高原暖昼日数平均增多 21 d,且西藏增加幅度大于青海地区(图 2.8d)。

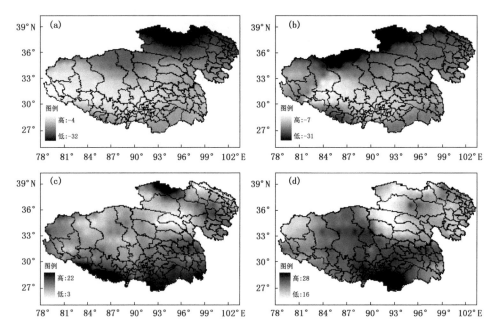

图 2.8　相对于各自 1890—1900 年气候基准值,2 ℃全球变暖时青藏高原
霜冻日数(a)、冰封日数(b)、暖夜日数(c)、暖昼日数(d)变化(单位:d)

2. 极端降水指标

相对于气候基准年,在全球变暖 2 ℃情景下,青藏高原中雨日数平均增多 20 d,其中在青海的中北部地区增加较为明显,在 100 d 以上,而青藏高原的大部分地区增加天数不明显(图 2.9a)。强降水量距平百分率全区平均增多 16%,存在两个大值中心,分别位于青海的西北部和西藏的山南一带,平均增多幅度在 44.5%~59.5% 之间,其余大部分地区增加幅度在 30% 以下(图 2.9b)。持续干期平均减少 13 d,在西藏的西南部减少趋势较为明显,在 19~55 d 之间,而其余地区减少天数在 20 d 以内(图 2.9c)。青藏高原平均降水强度增加 2.0 mm/d,变化趋势与中雨日数变化极为相似,在青海的中北部增加明显,增幅在 13.4~17.9 mm/d 之间,而大部分地区增加趋势不明显,在 4.2 mm/d 以下(图 2.9d)。

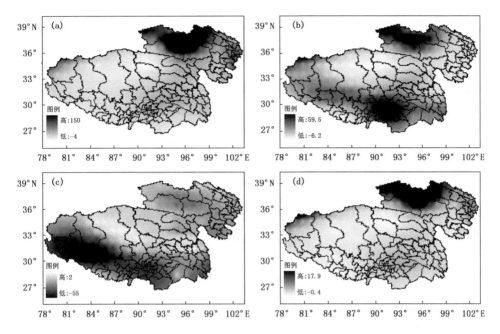

图 2.9 相对于各自 1890—1900 年气候基准值,2 ℃全球变暖时青藏高原中雨日数(a)、
强降水量距平百分率(b)、持续干期(c)、降水强度(d)变化(单位：d,％,d,mm/d)

四、2 ℃全球变暖背景下青藏高原未来气候概述

(1) 根据 CMIP5 16 个全球模式集合平均结果,以 1890—1900 年为基准气候,RCP2.6、RCP4.5、RCP8.5 情景下 2 ℃全球变暖分别发生在 2063 年、2040 年和 2036 年。

(2)与气候基准值相比,2 ℃全球变暖时 RCP2.6、RCP4.5、RCP8.5 情景下青藏高原地表气温分别上升了 2.99 ℃、3.22 ℃和 3.28 ℃,均超过全球升温水平;年降水量距平百分率分别为 8.35％、7.16％和 7.63％。

(3) 与气候基准值相比,2 ℃全球变暖时 RCP4.5 情景下霜冻日数和冰封日数呈减少趋势,分别减少 18 d 和 16 d,而暖夜日数和暖昼日数呈增多趋势,分别增多 12 d 和 21 d。中雨日数、强降水量、降水强度均呈增加趋势,分别增加了 20 d、16％、2.0 mm/d,而持续干期则减少了 13 d。

(4) 综合各地平均气候和极端气候事件变化态势,上述指标的变化趋势在柴达木盆地表现得尤为突出,因此柴达木盆地是整个青藏高原气候变化的敏感区。

(5) 由于青藏高原地形复杂,加之气候系统的复杂性,尽管 CMIP5 中的新一代气候模式能很好地模拟青藏高原地区地表气温和降水气候态的分布型,但在模拟准确度上存在很大的不足(胡芩等,2014),因此所预估的平均气候和极端天气气候事件也存在一定的不确定性。

第三章 典型生态功能区气候变化影响及应对

第一节 不同生态功能区气候变化及突变分析

一、不同生态功能区气候变化特征

全省大部地区以增暖为主(图3.1a),柴达木盆地升温速率最大(0.49 ℃/10a),祁连山区次之(0.45 ℃/10a),环青海湖区和三江源区相对较小(0.38 ℃/10a 和 0.36 ℃/10a)。

环青海湖地区年降水量增加最显著,平均每10 a增加11.1 mm;柴达木盆地、三江源区和祁连山区年降水量平均每10 a分别增加9.1 mm、8.1 mm 和7.4 mm(图3.1b)。

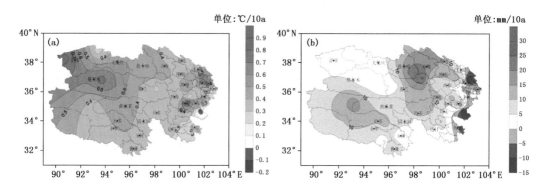

图 3.1 1961—2016 年青海省年平均气温(a)和年降水量变化率空间分布(b)

二、不同生态功能区气候突变分析

近百年来全球发生了以变暖为主要特征的气候变化,在此背景下,多位学者对青藏高原和西北地区的气候变化特征及气候的突变等进行了分析(冯松等,1998;林振耀等,1996;马晓波和胡泽勇,2005;马晓波,1999;杜军,2001;马晓波和李栋梁,2003;李林等,2003;蔡英等,2003;杨金虎等,2008a;李学敏等,2008;韦志刚等,2003;牛涛等,2005;王建兵和汪治桂,2007;蓝永超等,2011;陈乾等,2011;王盛等,2011),对青海高原和不同区域的气候变化趋势也有相关的研究(朱西德等,2004;唐红玉和李锡福,1999;杨建平等,2004;张景华和李英年,2008;伏洋等,2008;汪青春等,2007;孙永亮等,2007)但对青海高原不同区域气候突变的研究较少。青海高原地处青藏高原东北部,全省平均海拔在3000 m以上,境内地貌特征复杂多样,各地气候条件和植被状况相差较大。根据各地的地理位置和地貌特征将青海高原划分为东部农业区、环青海湖区、三江源区和柴达木盆地,其中东部农业区主要以农作物为主,在作物生长季地面植物覆盖度较好,冬季和早春主要以裸地为主,环湖区和三江源区为天然草场区,主要分布高寒草甸和草原草场,气候比较寒冷,牧草生长季为4—9月,总体来看三江源区的植被状况稍好于环青海湖区,而柴达木盆地以荒漠区为主,气候干燥,年降水量较少,沙化严重,主要分布一些灌木类植物。青海不同生态功能区较大的地貌和气候特征差异,导致近年来各地气候变化趋势有所不同,选取1961—2010年青海不同生态功能区气候变化特征和气候突变进行分析,找出它们变化的差异,以期为今后更好的认识不同生态功能区气候变化特征提供基础。

　　研究中使用1961—2008年青海省43个气象台站的月平均气温和月降水量,用算术平均法计算东部农业区(包括12个站)、环青海湖(包括8个站)、三江源区(包括14个站)和柴达木盆地(包括9个站)的冬季(前一年12月—当年2月)、春季(3—5月)、夏季(6—8月)、秋季(9—11月)以及年(1—12月)平均气温和总降水量。

　　为了使检验结果真实可靠,使用了MTT检验和MK检验两种方法,MTT是通过考察两组子序列之间平均值的差异是否显著来检验突变,在5~15 a 11个不同子序列长度上对气候要素时间序列进行检验。MK方法是一种非参数统计检验方法,不需要样本遵从一定的分布,也不受少数异常值的干扰。

三、气温突变特征

　　1961—2010年青海高原不同地区年和四季的气温均呈显著的上升趋势,年平均气温以柴达木盆地上升趋势最为明显,其次为环湖区和三江源区,最小的为东部农业区。四季中以冬季气温上升趋势最为明显,其次是秋季,春季和夏季上升幅度相对来说较小(表3.1)。

表 3.1　青海高原不同生态功能区年及四季平均气温趋势系数(℃/10a)

地区	年	春季	夏季	秋季	冬季
柴达木盆地	0.42**	0.31**	0.32**	0.51**	0.58**
东部农业区	0.27**	0.24*	0.25**	0.26**	0.48**
环湖区	0.36**	0.23*	0.27**	0.37**	0.49**
三江源区	0.36**	0.25*	0.28**	0.37**	0.50**

注:** 表示通过0.01的显著性水平检验,* 表示通过0.05的显著性水平检验

　　利用MK检验和MTT检验分别检测了柴达木盆地、东部农业区、环湖区和三江源区的年平均气温和四季平均气温的突变时间(表3.2),从表3.2中可以看出不同生态功能区年和四季平均气温的突变时期如下分析。

表 3.2　青海高原不同生态功能区年和四季平均气温突变时间表(年份)

地区 方法	柴达木盆地		东部农业区		环湖		三江源	
	MK	MTT	MK	MTT	MK	MTT	MK	MTT
年	无	1977、1997	无	1997	无	1997	无	1997
春季	1995	1995	1997	1997	1997年	1997	1993	无
夏季	1994	1994	1996	1996	1994	1994	1994	1994
秋季	无	1972、1992	1988	1993	1987	1997	无	1993、1997
冬季	无	1969、1977、1985	1984、1977	1985	1983	1985	无	1997

1. 年平均气温检测结果

利用 MK 方法没有检测到不同生态功能区年平均气温的突变,滑动 t 检验所检测到的不同生态功能区年平均气温的突变时间为:柴达木盆地在 20 世纪 70 年代中后期有一个弱的突变(变暖)信号,80 年代中期又出现一个变暖的信号,90 年代中后期(1997 年)年开始平均气温快速增暖,突变信号最强;东部农业区和环湖区 80 年代中期开始气候慢慢变暖,到 90 年代中后期(1997 年)快速增暖;三江源区气温突变时间大致从 80 年代中后期开始出现弱的变暖信号,到 90 年代中后期(1997 年)进入快速变暖时期。从不同生态功能区年平均气温开始变暖时间可以看出,柴达木盆地最早出现变暖的信号,其次为东部农业区和环湖区,气候开始变暖时间最迟的为三江源区。

2. 春季气温检测结果

利用 MK 方法和 MTT 方法均检测到柴达木盆地春季气温在 1995 年发生突变,从不同时间尺度检测到的突变时间发现,柴达木盆地从 20 世纪 80 年后期开始出现突变的信号,90 年代中期(1995 年)突变信号达到最强;两种方法均检测到 1997 年东部农业区和环湖区春季气温发生突变,从 MTT 检验的各子序列突变时间来看,从 90 年代初期开始两地区都出现突变信号,到 90 年代中后期(1997 年)突变信号达到最强;三江源地区仅 MK 方法检测到 1993 年春季气温发生了突变。从上述不同功能区春季气温出现突变的时间可以看出:三江源区出现突变时间最早,其次是柴达木盆地,东部农业区和环湖区稍晚一些。

3. 夏季气温检测结果

两种方法均检测到 1994 年柴达木盆地夏季气温发生了突变,从 MTT 检验的不同时间尺度上来看,从 20 世纪 80 年代中后期开始柴达木盆地夏季气温出现突变,到 90 年代中期(1994 年)突变信号达到最强;两种方法均监测到东部农业区在 1996 年发生了突变,突变信号从 80 年代中后期开始出现,到 90 年代中期(1996 年)突变信号达到最强;两种方法均检测到环湖区和三江源区的夏季气温在 1994 年出现突变,从 MTT 检验的不同时间尺度上来看,在 80 年代中后期开始出现突变,到 90 年代中期(1994 年)气温突变强度达到最大。从上述不同生态功能区春季气温出现突变的时间可以看出:东部农业区出现突变的时间最晚,其余三地区出现突变的时间基本相同。

4. 秋季气温检测结果

利用 MK 方法没有检测到柴达木盆地秋季气温的突变,而 MTT 检测到 20 世纪 70 年代初期(1972 年)和 90 年代初期(1992 年)分别出现了一次突变;MK 方法检测到东部农业区在 1988 年发生了突变,MTT 检验从部分时间尺度上检测到 90 年代初期(1993 年)发生了突变;MK 方法检测到环湖区秋季气温在 1987 年发生了突变,而 MTT 检验从部分时间尺度上检测到 90 年代中后期(1997 年)发生了突变;利用 MK 方法没有检测到三江源区秋季气温发生突变,MTT 检验方法在部分时间尺度上检测到 90 年代初期(1993 年)和 90 年代中后期(1997 年)三江源区秋季气温发生了突变。总体来看,不同生态功能区秋季气温发生突变的时间早晚顺序为:柴达木盆地最早,环湖区和三江源区次之,东部农业区最晚。

5. 冬季气温检测结果

利用 MK 方法没有检测到柴达木盆地冬季气温的突变,MTT 方法检测到 20 世纪 60 年代后期(1969年)70年代中后期(1977年)和80年代中期(1985年)出现了气温突变;MK方法和 MTT 方法检测到东部农业区冬季气温在1984年、70年代中后期(1977年)和80年代中期(1985年)出现了突变;MK方法检测到环湖区冬季气温在1983年发生了突变,MTT检验仅在个别时间尺度上检测到80年代中期(1985年)出现了突变信号;MK方法没有检测到三江源区冬季气温的突变,MTT检验也仅在个别时间尺度上检测到在90年代中后期(1997年)三江源区冬季气温出现了微弱的突变信号。总之,从上述分析可以看出,不同生态功能区冬季气温发生突变的时间早晚顺序为:柴达木盆地最早,环湖和东部农业区次之,三江源区最晚。

四、降水突变分析

1961—2010年年降水量除柴达木盆地上升趋势明显外,其余三地区变化趋势都不明显(表3.3),其中环湖区和三江源区呈微弱的上升趋势,东部农业区呈微弱的下降趋势,四季降水量变化趋势除冬季降水量变化明显(除东部农业区)外,其余三季变化趋势基本不明显(表3.3)。

表 3.3　青海高原不同生态功能区年及四季降水量趋势系数(mm/10a)

地区	年	春季	夏季	秋季	冬季
柴达木盆地	5.57*	1.39*	4.74	0.91	0.46*
东部农业区	−0.66	0.87	−0.39	−1.47	0.33
环湖区	7.36	−0.31	6.43	0.77	0.56*
三江源区	3.05	2.41	1.01	−0.39	1.24*

注：* 表示通过0.05的显著性水平检验

青藏高原不同生态功能区年和四季降水量突变时间见表3.4。

1. 年降水

利用MK方法检测到柴达木盆地出现了两次突变,第一次突变出现1976年,第二次突变出现在1996年,两次突变都是增多的突变,MTT检验从个别时间尺度上检测到21世纪初期(2001年)出现了增多的突变;两种方法都没有检测到其余三地区年降水量的突变。

2. 春季降水

利用MK方法检测到柴达木盆地在2000年出现了降水减少的突变,利用MTT检验检测到20世纪80年代初期(1981年)出现了增多的突变;MK方法没有检测到东部农业区春季降水的突变,MTT检验检测到在80年代初期(1982年)出现了增多了突变;MK方法没有检测到环湖区春季降水量的突变,MTT检验检测到70年代初期(1972年)出现了降水减少的突变和80年代初期(1983年)出现了降水增多的突变。MK方法检测到三江源区春季1973年为一个突变点,但经分析该地区降水资料,发现这个突变点是一个虚假的点,MTT检验没有检测到三江源区春季降水量的突变。

3. 夏季降水

MK方法检测到柴达木盆地夏季降水量在1967年发生了增多的突变,MTT检验没有检测到突变点;两种方法均没有检测到其余三地夏季降水量的突变点。

4. 秋季降水

不同生态功能区的秋季降水量均没有出现突变点。

5. 冬季降水

MK 方法检测除 1972 年和 1980 年柴达木盆地出现了两次增多的突变,MTT 检验没有检测出突变点;东部农业区冬季降水量没有出现突变点;MK 方法检测到环湖区 1969 年出现了增多的突变;利用 MK 方法检测出三江源区冬季降水量在 1973 年发生了增多的突变,利用 MTT 检验检测出 80 年代中期(1985 年)和 90 年代中期(1996 年)分别出现了增多和减少的突变。

表 3.4　青海高原不同生态功能区年和四季降水量突变时间(年份)

| 地区 | 柴达木盆地 | | 东部农业区 | | 环湖区 | | 三江源 | |
方法	MK	MTT	MK	MTT	MK	MTT	MK	MTT
年	1976、1996	2001	无	无	无	无	无	无
春季	2000	1981	无	1982	无	1972	无	无
夏季	1967	无	无	无	无	无	无	无
秋季	无	无	无	无	无	无	无	无
冬季	1972、1980	无	无	无	1969	1969	无	1985、1996

五、主要生态功能区气温降水突变概述

(1)1961—2008 年,青海高原不同地区的年和四季气温均呈显著的上升趋势,其中柴达木盆地为不同生态功能区中年和四季平均气温上升最为明显的地区,其余三个地区相差不大。冬季为四个季节中上升幅度最大的季节,其次为秋季,春季和夏季最小。

(2)不同生态功能区年平均气温出现突变的早晚顺序为:柴达木盆地最早、东部农业区和环湖区次之,最晚的为三江源区;春季平均气温出现突变的次序为:三江源最早,柴达木盆地次之,东部农业区和环湖区最晚;夏季平均气温出现突变的次序为:东部农业区最晚,其余三地区出现时间基本相同;秋季平均气温出现突变的次序为:柴达木最早,环湖和三江源区次之,东部农业区最晚;冬季平均气温出现突变的次序为:柴达木最早,环湖和东部农业区次之,最晚的为三江源区。

(3)1961—2010 年年降水量除柴达木盆地上升趋势明显外,其余三地区变化趋势都不明显,其中环湖区和三江源区呈上升的趋势,东部农业区呈下降的趋势,四季降水量变化趋势除冬季降水量变化明显(除东部农业区)外,其余三季变化趋势基本不明显。

(4)降水突变的信号明显比温度突变的信号弱,利用 MK 方法只检测到柴达木盆地年、春季、夏季分别在 1976 年和 1996 年、2000 年、1967 年发生突变,三江源区春季降水量在 1973 年发生突变。利用滑动 t 检验检测到柴达木盆地的年降水量和春季降水量分别在 21 世纪初期和 80 年代初期发生了增多的突变,东部农业区春季降水量在 20 世纪 80 年代初期发生了降水量增多的突变,环湖地区春季降水量在 70 年代初期和 80 年代初期发生了降水量减少的突变和降水量增多的突变。

第二节　主要生态功能区未来气候变化趋势预估

根据国家气候中心对未来温室气体中等排放情景下(CO_2 浓度约 650 ppm)21 个全球气

候模式预估订正结果,预计到 2050 年,与气候基准年相比,青海省各地气温升高 1.10～
1.20 ℃,降水量增加 0.3%～9.2%,蒸发量增加 1.8%～10.4%。其中三江源区气温升高、蒸
发增大幅度最为显著,分别为 1.18 ℃和 7.2%,东部农业区降水量增加最明显(7.9%);而柴
达木盆地降水量和蒸发量增加幅度最小(均为 3.2%);祁连山区和环青海湖区升温幅度(均为
1.12 ℃)低于其他生态功能区。为更好地适应未来气候变化,建议构建生态环境监测网络,推
进农牧业结构调整,充分利用气候资源,最大限度的趋利避害。

一、气温变化趋势预估

1.平均气温

2019—2050 年青海省各地平均气温呈明显的增加趋势,全省平均增温率为 0.27 ℃/10a
(图 3.2a)。全省各地均以增暖趋势为主,变率自北向南呈"高—低—高"分布,幅度介于 0.25
～0.32 ℃/10a 之间(图 3.2b)。从各生态功能区来看,三江源区升温速率最大(0.29 ℃/10a),
柴达木盆地和祁连山区次之(均为 0.27 ℃/10a),环青海湖区和东部农业区相对较小(0.26
℃/10a 和 0.25 ℃/10a)。

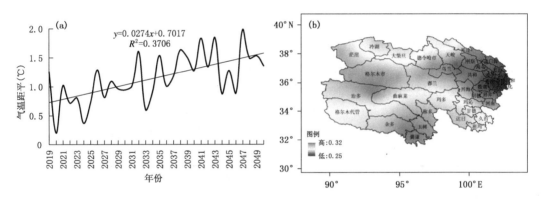

图 3.2　2019—2050 年青海省年平均气温距平时间变化(a)和空间变率分布图(b)(单位:℃,℃/10a)

与气候基准年(1981—2010 年)相比,2019—2050 年全省年平均气温升高 1.15 ℃,其中以
三江源区升温幅度最大,为 1.18 ℃;其次为柴达木盆地和东部农业区,升高幅度分别为 1.15
℃和 1.14 ℃;祁连山区和环青海湖区升温幅度最小,为 1.12 ℃(表 3.5)。从年代际变化来
看,与气候基准年相比,2019—2030 年各生态功能区升温幅度介于 0.81～0.88 ℃之间,
2031—2040 年介于 1.19～1.24 ℃之间,2041—2050 年介于 1.39～1.49 ℃之间,总体呈上升
趋势。

表 3.5　未来不同时间段内平均气温距平值(℃)

时段	东部农业区	祁连山区	环湖地区	柴达木盆地	三江源区
2019—2030 年	0.83	0.81	0.82	0.86	0.88
2031—2040 年	1.24	1.19	1.21	1.21	1.24
2041—2050 年	1.40	1.42	1.39	1.44	1.49
2019—2050 年	1.14	1.12	1.12	1.15	1.18

2.最高气温

2019—2050 年青海省各地最高气温呈明显的增加趋势,全省平均增温率为 0.25 ℃/10a (图 3.3a)。全省各地均以增暖趋势为主,幅度介于 0.22～0.36 ℃/10a 之间(图 3.3b)。从各生态功能区来看,三江源区升温速率最大(0.28 ℃/10a),柴达木盆地和祁连山区次之(0.25 ℃/10a 和 0.24 ℃/10a),环青海湖区和东部农业区相对较小(0.23 ℃/10a 和 0.22 ℃/10a)。

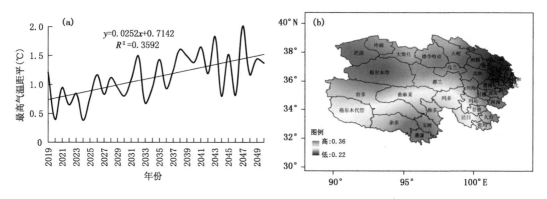

图 3.3　2019—2050 年青海省年最高气温距平时间变化(a)和空间变率分布图(b)(单位:℃,℃/10a)

与气候基准年(1981—2010 年)相比,2019—2050 年全省年最高气温升高 1.13 ℃,其中三江源区和柴达木盆地升温幅度较大,分别为 1.16 ℃和 1.14 ℃;祁连山区、环青海湖区和东部农业区升温幅度相对较小,仅为 1.10 ℃(表 3.6)。各年代际最高气温变化与平均气温变化趋势相似,与气候基准年相比,2019—2030 年各生态功能区升温幅度介于 0.81～0.86 ℃之间,2031—2040 年各功能区升温幅度差异不明显,2041—2050 年三江源地区升温幅度最大。

表 3.6　未来不同时间段内最高气温距平值(℃)

时段	东部农业区	祁连山区	环湖地区	柴达木盆地	三江源区
2019—2030 年	0.82	0.81	0.82	0.86	0.85
2031—2040 年	1.25	1.21	1.23	1.21	1.23
2041—2050 年	1.29	1.33	1.30	1.39	1.47
2019—2050 年	1.10	1.10	1.10	1.14	1.16

3.最低气温

2019—2050 年青海省各地最低气温呈明显的增加趋势,全省平均增温率为 0.30 ℃/10a (图 3.4a)。全省各地均以增暖趋势为主,幅度介于 0.27～0.34 ℃/10a 之间(图 3.4b)。从各生态功能区来看,祁连山区、柴达木盆地、三江源区、环青海湖区和东部农业区升温速率依次减小。

与气候基准年(1981—2010 年)相比,2019—2050 年全省年最低气温升高 1.18 ℃,其中以三江源区升温幅度最大,为 1.20 ℃;其次为东部农业区和柴达木盆地,升高幅度分别为 1.18 ℃和 1.17 ℃;祁连山区和环青海湖区升温幅度最小,为 1.14 ℃(表 3.7)。年代际变化上各生态功能区最低气温升温幅度均高于平均气温和最高气温升温幅度,表明最低气温显著上升。

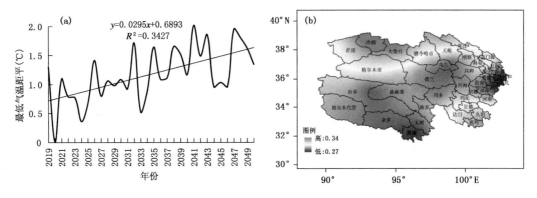

图 3.4　2019—2050 年青海省年最低气温距平时间变化(a)和空间变率分布图(b)(单位：℃，℃/10a)

表 3.7　未来不同时间段内最低气温距平值(℃)

时段	东部农业区	祁连山区	环湖地区	柴达木盆地	三江源区
2019—2030 年	0.85	0.80	0.82	0.85	0.90
2031—2040 年	1.24	1.18	1.19	1.21	1.24
2041—2050 年	1.51	1.51	1.48	1.50	1.51
2019—2050 年	1.18	1.14	1.14	1.17	1.20

二、降水变化趋势预估

2019—2050 年青海省各地降水呈明显的增多趋势，平均每 10 a 增长 3.8%(图 3.5a)。除杂多、囊谦外，全省大部以增多趋势为主，幅度介于 0.7%～7.9%/10a 之间(图 3.5b)。从各生态功能区来看，柴达木盆地和东部农业区降水偏多显著(均为 5.7%/10a)，环青海湖区次之(4.5%/10a)，三江源区和祁连山区相对较小(2.7%/10a 和 2.3%/10a)。

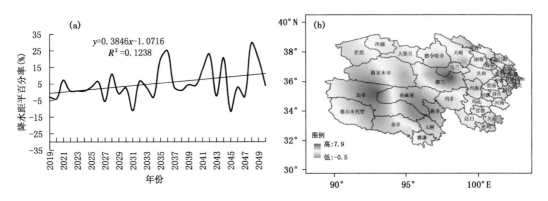

图 3.5　2019—2050 年青海省年降水距平百分率时间变化(a)和空间变率分布图(b)(单位：%，%/10a)

与气候基准年(1981—2010 年)相比，2019—2050 年全省年平均降水距平百分率为 4.9%，其中东部农业区降水距平百分率最大，为 7.9%；环青海湖区和祁连山区次之，分别为 6.0%和 5.4%；而三江源区和柴达木盆地降水量增加幅度最小，分别为 3.6%和 3.2%(表 3.8)。从年代际变化来看，与气候基准年相比，21 世纪 20 年代柴达木盆地降水量呈略微减少趋势,30 年代变化较为平稳,40 年代增加显著,其他生态功能区在各阶段均以增加趋势为主。

表 3.8　未来不同时间段内降水距平百分率(%)

时段	东部农业区	祁连山区	环湖地区	柴达木盆地	三江源区
2019—2030 年	2.2	2.9	1.4	−2.0	1.2
2031—2040 年	8.0	5.7	6.6	0.9	3.4
2041—2050 年	14.8	8.3	10.9	11.6	6.5
2019—2050 年	7.9	5.4	6.0	3.2	3.6

三、蒸发变化趋势预估

2019—2050 年青海省各地蒸发呈明显的增多趋势,平均每 10 a 增长 1.7%(图 3.6a)。全省均以增多趋势为主,幅度介于 0.6%~3.9%/10a 之间(图 3.6b)。从各生态功能区来看,柴达木盆地蒸发偏多显著(3.9%/10a),三江源区和东部农业区次之(1.8%/10a 和 1.4%/10a),环青海湖区和祁连山区相对较小(1.0%/10a 和 0.8%/10a)。

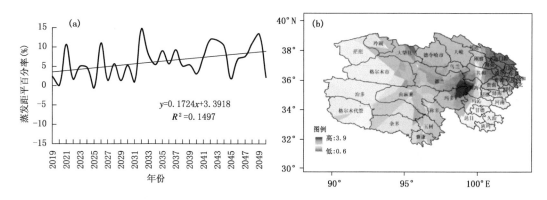

图 3.6　2019—2050 年青海省年蒸发距平百分率时间变化(a)和空间变率分布图(b)(单位:%,%/10a)

与气候基准年(1981—2010 年)相比,2019—2050 年全省年平均蒸发距平百分率为5.9%,其中三江源区蒸发距平百分率最大为 7.2%,而柴达木盆地蒸发量增加幅度最小,仅为3.2%(表 3.9)。在年代际变化上,受气温降水等因素影响,柴达木盆地蒸发量变率最大,较 21世纪 20 年代相比,21 世纪 40 年代蒸发量将增加至 9.3%。

表 3.9　未来不同时间段内蒸发距平百分率(%)

时段	东部农业区	祁连山区	环湖地区	柴达木盆地	三江源区
2019—2030 年	4.4	5.8	4.7	−0.1	4.2
2031—2040 年	5.6	6.8	6.5	0.9	8.9
2041—2050 年	8.1	8.3	7.6	9.3	9.0
2019—2050 年	5.9	6.9	6.1	3.2	7.2

四、对策建议

根据未来气温不断升高,降水量、蒸发量增加的气候变化特征,建议做好以下工作,以提高适应气候变化的能力。

1.提高科技支撑能力,构建生态环境监测网络

鼓励和促进发展有关三江源区、环青海湖区、祁连山区、东部农业区和柴达木盆地保护的科学技术研究,开发有效的保护技术。整合气象、水土保持、土地、林业等行业监测网站,统一监测技术规范和标准,形成全方位、立体的监测网络。建设生态环境本底数据库,为青海各功能区生态治理提供理论依据。

2.增强应对极端气候事件能力,减少极端气候事件带来的风险

加大对极端气候事件的监测、风险评估与预警预测,并进行极端气候事件风险区划,将区划结果及时应用到相关规划和决策中,提高防灾减灾的针对性和有效性;保护生态环境,提高生态环境的抗逆性,增强草地、湿地、森林、湖泊、重大工程等自身适应极端天气气候事件的能力。

3.推进农牧业结构和农业种植制度调整

气候变暖的总趋势将使未来农作物的产量和品种的地理分布发生变化。农牧业生产必须相应改变土地使用方式及耕作方式。气候是农牧业生产的重要环境因素,只有把气候变暖纳入农牧业的总体产业规划,充分利用气候资源,最大限度的趋利避害。

第三节　三江源区气候变化对冻土及碳排放影响及对策建议

冻土是冰冻圈的重要组成部分,三江源地区冻土面积较大,冻土变化对地表的能水平衡、水文、地气之间的碳交换、寒区生态系统和地表景观等均会产生重要影响。近 57 a 来,三江源地区年平均最大冻土深度总体呈减小趋势,1983 年以来退化趋势尤为明显,平均每 10 a 减小6.5 cm。冻土完全融化日期呈提前趋势,其中 1990 年以来融化日期提前趋势显著,平均每 10 a 提前 7.6 d。开始冻结日期呈推迟趋势,平均每 10 a 推迟 3.2 d。冻土变化对生态、水文、土壤及工程稳定性等产生了明显影响,建议相关部门加大冻土退化特征及冻土保育技术等方面的研究,并在此基础上开展生态治理工程建设,以减小冻土退化对生态环境的影响。

一、三江源冻土变化特征

1961—2017 年,三江源地区平均年最大冻土深度为 132.2 cm,总体呈微弱减小趋势,平均每 10 a 减小 0.5 cm(图 3.7a),阶段性变化明显,1961—1982 年前期减小后期增加,总体变化幅度较小,平均每 10 a 减小 1.5 cm;1983 年以来呈持续减小趋势,平均每 10 a 减小 6.5 cm。

冻土层完全融化日期总体呈提前趋势,平均每 10 a 提前 2.2 d(图 3.7b),其中 1961—1989 年变化不明显,1990 年以来完全融化日期呈显著提前趋势,平均每 10 a 提前 7.6 d。冻土层开始冻结日期呈推迟趋势,平均每 10 a 推迟 3.2 d,进入 21 世纪以来,开始冻结日期呈明显推迟态势(图 3.7c)。

从变化率空间分布来看,玉树、玛多、河南、囊谦、贵南等地年最大冻土深度呈增加趋势,平均每 10 a 增加 0.2～4.6 cm,其中以玉树增加最明显;其余各地均表现为减小趋势,其中泽库、杂多、曲麻莱、清水河、玛沁等地平均每 10 a 减小 12～16 cm,曲麻莱是年最大冻土深度减小最明显的地区(图 3.8a)。

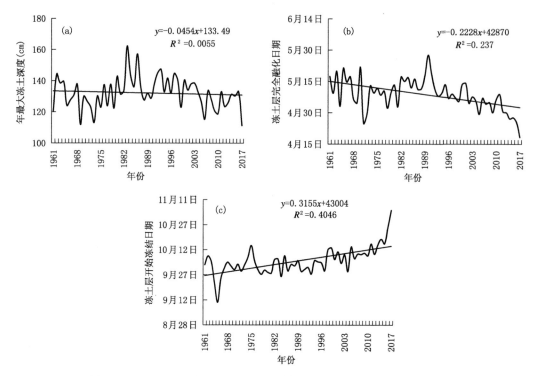

图 3.7　1961—2017 年三江源地区平均年最大冻土深度(单位:cm)(a)、
冻土层完全融化日期(b)、冻土层开始冻结日期(c)变化曲线

　　从冻土层完全融化日期变化率空间分布来看,除尖扎以 2.2 d/10a 的速率呈推迟趋势外,
其余各地冻土消融日均呈提前趋势,平均每 10 a 提前 0.8~25.2 d,其中泽库、玛多、清水河、
玛沁平均每 10 a 提前 10 d 以上,玛多提前最明显(图 3.8b)。

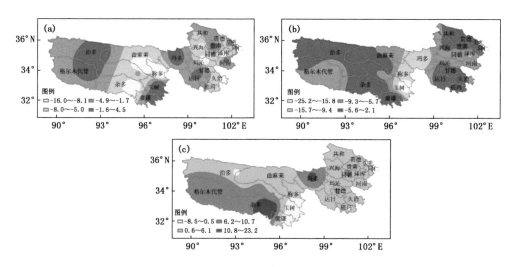

图 3.8　1961—2017 年三江源地区年最大冻土深度(a)、冻土层完全融化(b)及开始冻结日期(c)
变化率空间分布(单位:cm/10a,d/10a,d/10a)

各地冻土层开始冻结日期变化趋势表现不同,玛多、班玛、尖扎冻土层开始冻结日期有所提前,平均每 10 a 提前 1.5～8.5 d,其中玛多提前最明显;其余各地均呈推后趋势变化,其中治多、曲麻莱、清水河等地平均每 10 a 推迟 10.3～23.3 d 以上,曲麻莱推迟最明显(图 3.8c)。

二、三江源冻土变化产生的影响

1. 冻土变化对植被生态系统的影响

冻土是影响高寒植被生态系统的重要环境因子。大量研究表明,三江源区冻土退化伴随着土壤温湿度梯度发生显著的变化,区内植物的水分传导性脆弱,生长将受到抑制作用,致使冻土区内的植被发生相应的演变,出现植被退化的趋势,对冻土植被生态系统的稳定性产生影响。伴随着多年冻土的变化,三江源多年冻土区出现植被覆盖率下降,高度变矮,初级生产力下降,物种多样性降低、群落结构和功能改变、植被由碳汇转变为碳源及逆行性演替加剧等现象。同时,与高寒草原相比,冻土退化对高寒草甸、高寒沼泽草甸的影响更为明显(张镱锂等,2002;张森琦等,2004;王根绪等,2004;郭正刚等,2007;徐兴奎等和陈红,2008)。

2. 冻土变化对工程建筑的影响

冻土退缩直接影响三江源区工程建筑物的稳定性。20 世纪 80 年代以来,冻土层上限下降,多年冻土下界附近的下降幅度尤其明显。沥青路面下的活动层厚度比天然状态下活动层厚度大 1.5～2.0 m,归结于地表反射率和蒸发条件的显著改变。大多数情况下,路堤中热量积累导致了融化深度过大,以至回冻无法冻透整个融化层,使冻土处于不衔接状态。随夏季融化层厚度的增加,热融沉陷和冻胀作用日益增大(吴青柏等,2001)。1990 年野外调查表明,青藏公路沿线热融沉陷所导致的破坏占总破坏的 83%。据相关统计资料显示,仅 1985—1990 年间青藏公路冻土区段的整治就耗资 1300 万元。在青藏公路冻土区,其中一段长 346 km 的严重破坏地段第一期整治费用就高达 6500 万元(潘卫东,2002)。

3. 冻土变化对水文循环的影响

冻土对三江源区水文循环过程具有重要的调节作用,土壤冻结时抑制了表层土壤的蒸散发,从而起到了涵养水源的作用;当冻土深度较小时,其隔水作用有效地阻碍了雨水和融雪水的下渗,促进地表产流和表层融土内水流的形成,加快径流对降雨或融雪的响应速度;当不存在冻土或冻土较深时,土壤的渗透、蓄水能力强,地表产流明显减少,土壤中水流的路径也明显增长,导致径流对降雨或融雪水的响应速度较缓,径流系数也低(张艳林等,2016)。

4. 冻土变化对土壤的影响

在三江源区,高寒草甸土壤有机质含量与冻土上限深度之间具有较为显著的负指数关系,随冻土上限加深,土壤活动层厚度增大,土壤表层有机质含量减少,当冻土上限深度增加到 3.0 m 以上时,高寒草甸植被由于活动层上层水分向深部迁移而导致植被退化、上部土壤有机质随之大量损失(王根绪等,2006)。另外,冻土对维持土壤环境的稳定具有至关重要的作用,冻土退缩导致一些地貌景观冰缘现象的增强,如广泛的边坡失稳、泥流和热喀斯特作用增强,致使植被破坏,水土侵蚀加速,甚至沙漠化。

三、三江源生态系统碳收支状况

草地是地球上广泛分布的陆地生态系统类型之一,在全球碳循环中起着重要作用。地处于高海拔和高纬度地区的三江源高寒草甸生态系统,由于气温低、植被层植物根/茎比高,凋落物和地下腐殖质由于温度低而不易分解,生态系统同化的有机碳可较长时间地储存于地下根系和土壤中,因此三江源高寒草地生态系统是我国一个重要的碳汇,并对我国和全球碳循环产生重要影响。近年来,随着气候不断变化和人类活动的加剧,对整个草地生态系统的碳储量产生显著影响。科学分析三江源高寒草地生态系统碳收支状况,可为青海省的碳温室气体管理和参与国内外碳贸易、争取发展空间提供更为直接有效的科学数据支撑。

1. 草地净初级生产力(NPP)的变化趋势

位于中纬度西风带的青海三江源区,是亚洲季风气候变化的敏感区,近年来气候的不断变化对区域内草地植被 NPP 产生了一定的影响(图 3.9a)。从图 3.9a 中可以看出,1961—2017年三江源 NPP 呈增加趋势,平均每 10 a 增加 21.7 gC/m²,大致从 2005 年开始植被 NPP 逐年变化幅度减小,且一直维持在较高值,2005 年前后两个时段 NPP 相差 111.1 gC/m²。从空间变率分析,1961—2017 年三江源的西北部治多等地植被 NPP 增加明显,平均每 10 a 增加幅度在 2.9～4.5 gC/m²,而在三江源东南部的河南等地,NPP 变化幅度较小,平均每 10 a 变化幅度在 1.2 gC/m² 以内(图 3.9b)。

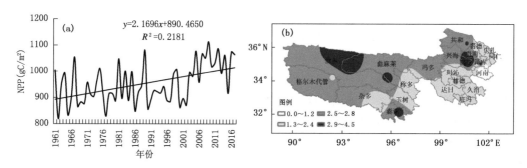

图 3.9　1961—2017 年三江源地区植被 NPP 变化(a)和空间变率分布图(b)(单位:gC/m²,gC/(m²·10a))

2. 土壤碳排放量(RH)变化趋势

气候变化尤其是气温升高可使土壤中微生物活动加强,刺激微生物分解,从而增加土壤向大气的碳输出量。1961—2017 年三江源区土壤碳排放量呈增加趋势(图 3.10a),增加趋势为每 10 a 2.4 gC/m²。三江源土壤 RH 全区变化幅度相差不大,大部分地区变化幅度在 0.22～0.30 gC/m² 之间(图 3.10b)。

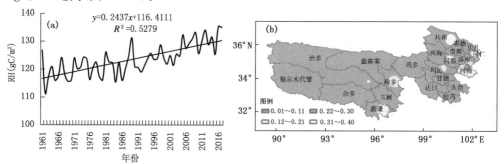

图 3.10　1961—2017 年三江源地区植被 NPP 变化(a)和空间变率分布图(b)(单位:gC/m²,gC/(m²·10a))

3.净生态系统生产力(NEP)即碳汇变化趋势

净生态系统生产力(NEP)是生态区内植被净初级生产力与土壤微生物呼吸碳排放之间的差额,NEP 是区域上碳平衡估算的重要指标,如果 NEP 为正,说明植被固定的碳多于土壤排放碳,表现为碳汇,如果其值为负,则土壤排放碳多于植被的碳固定量,起到碳源的作用。1961—2017 年,植被 NPP 和土壤 RH 均呈显著上升趋势,但 NPP 上升幅度较大,导致植被净生态系统生产力(NEP)呈上升趋势,变化趋势与 NPP 基本相似,2005 年以来变化幅度减小且维持在较高值,2005 年前后两个时段相差 $101.7gC/m^2$(图 3.11a)。植被 NEP 各地变化特征与植被 NPP 变化趋势基本一致,在治多等地变化幅度较大,在 $2.9 \sim 4.1 \ gC/m^2$ 之间,在河南等地变化幅度较小,在 $0.0 \sim 1.2 \ gC/m^2$ 之间(图 3.11b)。

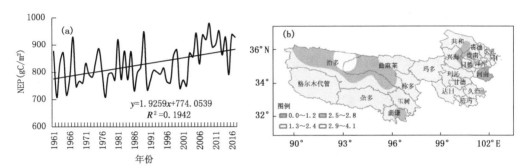

图 3.11　1961—2017 年三江源地区净生态系统生产力变化趋势图(单位:gC/m^2,$gC/(m^2 \cdot 10a)$)

四、对策建议

发育在严酷生境条件下的三江源冻土区的生态十分脆弱,一旦破坏就很难恢复。随着气候的进一步变暖和人类活动的强度和范围不断增大,将会对脆弱的冻土区环境造成更大的威胁。为此,特提出如下应对措施:

1. 推进多部门综合观测与数据共享工程

在现有基础上,推动高原区域冻土观测站点建设,完善现有冻土监测项目,加速推进冻土、水文、生态环境等跨部门综合监测系统建设,建成多部门一体化综合观测网络平台及其多源观测信息共享系统。

2. 组建多部门冻土环境变化研究与保育中心

加强冻土、水文和生态过程及其相互作用问题研究,发展冻土环境变化综合预估及其退化风险评估、决策技术系统,并提高冻土环境、生态环境保护综合监测、研究与监管能力,建议组建多部门参与的冻土环境研究与保育中心。

3. 加强三江源冻土变化及对生态环境影响机理的研究

多尺度融合研究冻土变化机理模型,冻土变化与土壤水热、大气环流耦合模型的改进与完善,开展冻土与大气、水、生物的相互作用定量评估。冻土退化与高原水资源、植被退化之间耦合关系研究,通过植被保护、人工增雨等手段开展冻土保育技术研发与示范等。

4. 加强三江源冻土环境保育与生态治理工程建设

重点加强三江源应对气候变化重点工程建设,在冻土退化区实施减缓荒漠化试验,草原鼠害治理等工程,着力解决三江源冻土环境生态修复、治理及其草地和湿地水资源调蓄等系统工程的建设。

5. 逐步开展国内外碳排放交易,通过碳贸易实现生态补偿机制

三江源地区因生态保护丧失发展机会或增加的机会成本,可以通过国内外碳贸易给予合理的经济补偿,建立草地碳贸易机制和生态补偿机制,解决三江源地区面临的生态保护与民生改善、区域发展间的矛盾,推动生态保护与治理,更好地保护好生态环境,促进人与自然和谐共处、经济社会协调发展。

6. 草地建设,增强碳汇能力

实施生态建设工程,加强生态保护与建设,推进草地生态畜牧业,扩大森林、草原面积,提高植被覆盖度,从而增强碳汇功能。气候是影响植被生长状况的重要因素,气候条件的变化必将影响产草量,从而使草地载畜量发生一定的变化。通过调节放牧强度,选择适宜放牧强度和放牧制度等最优放牧策略,提高草地初级生产力,维护草地生态平衡,有效防止草地退化。

第四节　柴达木盆地气候变化影响及应对

一、柴达木盆地气候变化事实

1. 基本气候变化现状

(1)气温变化特征

1961—2013 年柴达木盆地年平均气温、平均最高气温和平均最低气温均呈显著上升趋势,平均每 10 年上升 0.48 ℃、0.37 ℃ 和 0.68 ℃(图 3.12a、3.12b 和 3.12c)。53 a 来平均气温和平均最高气温变化趋势基本相似,1998 年以前升温幅度相对较小,1999 年以来气温迅速上升,且持续在较高水平;平均最低气温则呈持续上升趋势,且升温率要明显大于平均气温和最高气温,较平均气温和最高气温每 10 a 分别高 0.20 ℃、0.31 ℃。

从柴达木盆地气温空间变率分布图可以看出,年平均气温(图 3.13a)、平均最高气温(图 3.13b)和平均最低气温(图 3.13c)均呈一致的增暖趋势。年平均气温、平均最高气温和平均最低气温升高幅度在茫崖和小灶火一带增温明显。年平均气温在冷湖、都兰、诺木洪和茶卡等地升高幅度较小;平均最高气温在冷湖、德令哈、天峻、茶卡、都兰等地升高幅度较小;而平均最低气温在盆地的东南部升温幅度较小。

(2)降水变化特征

1961—2013 年柴达木盆地年降水量和降水日数均呈增多趋势,平均每 10 a 增加 7.6 mm和 1.2 d。从图 3.14 可以看出,进入 21 世纪以来,降水量和降水日数均有一个明显的上升趋势,以 2000 年为界,前后两个时段平均值分别相差 25.0 mm 和 4.1 d(图 3.14)。

1961—2013 年柴达木盆地年降水量(图 3.15a)和年降水日数(图 3.15b)呈一致性增多趋势,增幅由西向东逐渐增大,同样具有经向地带性,但在年降水量气候倾向率空间变化的分布中显现的尤为明显。其中,德令哈、都兰、天峻降水量和降水日数增幅明显,3 站年降水量平均每 10 a 分别增加 22.4 mm、16.9 mm 和 13.5 mm,年降水日数平均每 10 a 分别增加 4.0 d、1.4 d 和 1.3 d。茫崖、冷湖、小灶火等地降水量和降水日数增加幅度不大。

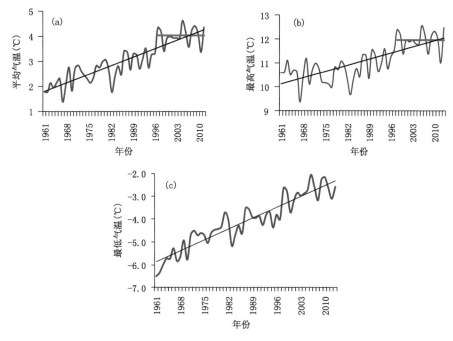

图 3.12　1961—2013 年柴达木盆地年平均气温(a)、平均最高气温(b)
和平均最低气温(c)变化曲线

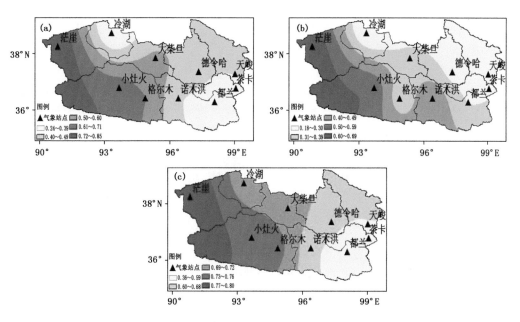

图 3.13　1961—2013 年柴达木盆地年平均气温(a)、平均最高气温(b)
和平均最低气温(c)空间变率分布图(单位:℃/10a)

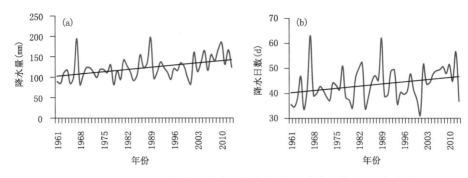

图 3.14　1961—2013 年柴达木盆地年降水量(a)降水日数(b)变化曲线

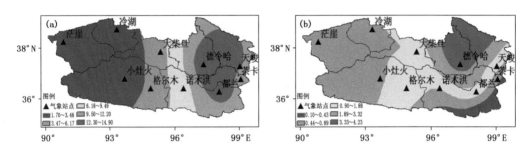

图 3.15　1961—2013 年柴达木盆地年降水量(a)降水日数(b)空间变率分布图(单位:mm/10a)

（3）风速变化特征

1961—2013 年柴达木盆地年平均风速总体呈减小趋势,平均每 10 a 减小 0.2 m/s。年平均风速阶段性变化较为明显,1969 年以前年平均风速呈上升趋势,1969 年达到最大值为 3.88 m/s,1970—2003 年年平均风速呈迅速下降趋势,2004 年以后年平均风速变化平稳(图 3.16a)。

柴达木盆地各地年平均风速变率不尽相同,茫崖一带减小趋势明显,平均每 10 a 减小幅度达 0.6 m/s,冷湖、小灶火、大柴旦、都兰一带年平均风速减小趋势不明显,平均每 10 a 减小幅度在 0.09 m/s 以内(图 3.16b)。

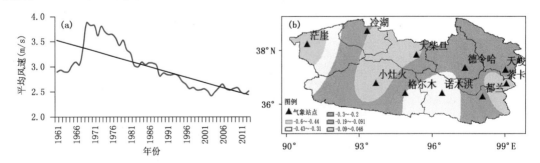

图 3.16　1961—2013 年柴达木盆地年平均风速变化(a)空间变率分布图(b)(单位:m/s,m/(s·10a))

（4）蒸发量变化特征

利用彭曼公式计算柴达木盆地 1961—2013 年蒸发量。结果显示,1961—2013 年蒸发量变化趋势不明显,呈略微减小趋势,平均每 10 a 减小 6.8 mm(图 3.17a)。

柴达木盆地年蒸发量各地变化趋势不尽相同,其中柴达木盆地的东南部蒸发量呈增加趋势,平均每 10 a 最大增加率可达 51 mm,柴达木盆地的西北部年蒸发量呈减小趋势,平均每 10 a 减小趋势最大达 47 mm(图 3.17b)。

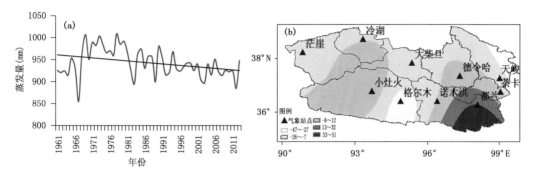

图 3.17　1961—2013 年柴达木盆地年平均蒸发量变化(a)空间变率分布图(b)(单位:mm,mm/10a)

2. 极端天气气候事件变化特征

(1) 极端气温

1961—2013 年柴达木盆地霜冻日数呈显著减少趋势,平均每 10 a 减少 5.3 d。1997 年以来霜冻日数迅速减少,且维持在较低的水平(图 3.18a)。各地霜冻日数变率不尽相同,其中柴达木盆地的西部减少幅度较大,茫崖等地年霜冻日数平均每 10 a 减少可达 9 d,在都兰一带年霜冻日数减少幅度相对较小,平均每 10 a 减少 5 d 以内(图 3.18b)。

1961—2013 年暖夜日数呈显著上升趋势,平均每 10 a 增加 6.2 d。1985 年以前暖夜日数变化趋势不明显,1986 年以来暖夜日数呈急剧上升趋势(图 3.18c)。各地暖夜日数变率呈带状分布,其中柴达木盆地的西部暖夜日数增加明显,最大达 11 d,在乌兰、都兰等地暖夜日数增加幅度较小,在 5 d 以内(图 3.18d)。

1961—2013 年冷昼日数呈显著下降趋势,平均每 10 a 减少 4.3 d。1997 年以前冷昼日数减少幅度较大,1998 年以来冷昼日数变化趋缓(图 3.18e)。在茫崖、格尔木一带冷昼日数减少幅度较大,最大减少天数为 7 d,柴达木盆地的中东部地区减少幅度较小,在 4 d 以内(图 3.18f)。

(2) 极端降水

1961—2013 年柴达木盆地强降水量呈增加趋势,平均每 10 a 增加 7.1 mm。进入 21 世纪以来强降水增加趋势明显,1961—2000 年强降水量平均值为 104.2 mm,而 2001—2013 年强降水量增加到 126.7 mm(图 3.19a)。柴达木盆地的东部天峻、德令哈、乌兰一带强降水量增加明显,平均每 10 a 增加量在 13.2mm 以上,而西部强降水量增加不明显,在 2.7 mm 以内(图 3.19b)。

1961—2013 年柴达木盆地持续干期变化不明显,呈略微减少趋势,平均每 10 a 减少 1.7 d(图 3.19c)。持续干期各地变率差异较大,其中格尔木、德令哈减少明显,平均在 5.2 d 以上,而大柴旦、乌兰等地持续干期变率不明显,在 3.7 d 以内(图 3.19d)。

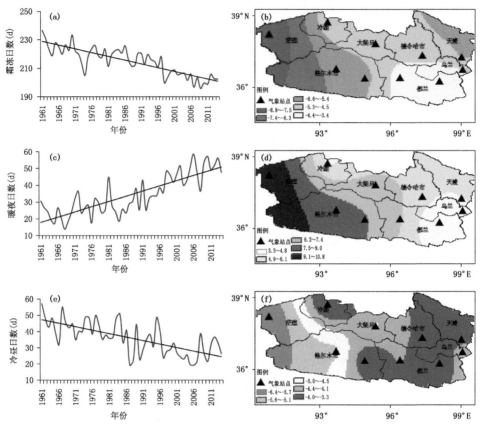

图 3.18　1961—2013 年霜冻日数(a)、暖夜日数(c)、冷昼日数(e)变化及霜冻日数(b)、
暖夜日数(d)、冷昼日数(f)空间变率分布图(单位:d, d/10a, d, d/10a, d, d/10a)

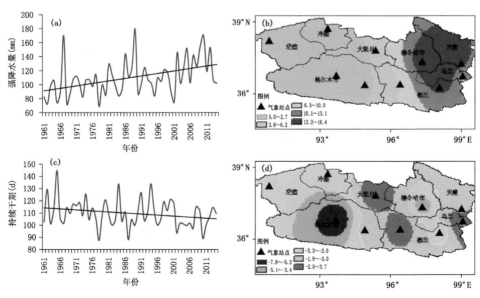

图 3.19　1961—2013 年强降水量(a)、持续干期(c)变化及强降水量(b)、
持续干期(d)空间变率分布图(单位:mm, mm/10a, d, d/10a)

二、气候变化影响评估

1. 气候变化对农业的影响

1980—2013 年格尔木、诺木洪及德令哈地区春小麦播种期均呈推迟趋势,平均每 10 a 分别推迟 1.82 d、9.5 d 和 6.6 d。三地播种期分别在 4 月 1 日—5 月 8 日、3 月 23 日—5 月 21 日、4 月 14 日—5 月 18 日之间变化。对比来看,诺木洪地区播种期年际变幅最大,最早的年份在 3 月下旬,最晚可至 5 月下旬,平均日期最早为 3 月 14 日,格尔木地区平均日期为 3 月 20 日,德令哈播种期变化较平稳,变幅最小,平均日期为 3 月 31 日(图 3.20a)。

与播种期变化趋势相反,1980—2013 年格尔木、诺木洪及德令哈地区春小麦成熟期呈提前趋势,平均每 10 a 分别提前 3.0 d、4.3 d 和 0.3 d。从三地区成熟期变化幅度分析结果表明,格尔木与诺木洪地区比较一致,在 9 月中—下旬之间,平均日期均为 9 月 22 日,德令哈地区相对较晚,在 9 月下旬—10 月上旬之间,平均日期为 10 月 2 日(图 3.20b)。

1980—2013 年格尔木、诺木洪及德令哈地区春小麦产量均呈增加趋势,趋势系数分别为每 10 a 173.8 斤/亩、4.3 斤/亩和 121.0 斤/亩。从产量多年变化特征来看,1989 年以前,格尔木呈微弱增加趋势,诺木洪和德令哈呈减少趋势,1989 年以后三地区产量均呈增加趋势(图 3.20c)。

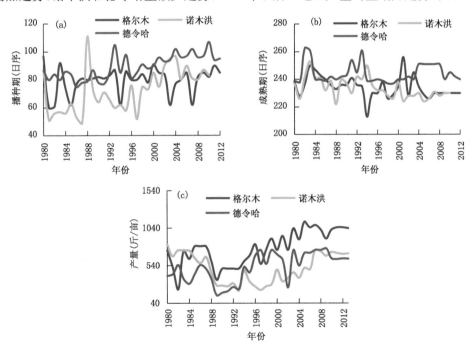

图 3.20　柴达木盆地春小麦播种期(a)、成熟期(b)日序变化和产量(c)变化曲线

2. 气候变化对水资源的影响

(1)对河流的影响

1961—2013 年巴音河年平均流量以每 10 a 0.7 m^3/s 的速率增加,进入 21 世纪以来增加尤为显著,2002—2013 年巴音河平均流量达 14.0 m^3/s,较 1961—2001 年增加 4.0 m^3/s,偏多 40%。2012 年是自 1961 年以来流量最多的一年,年平均流量较常年偏多 85.5%,达到 20.7

m³/s(图3.21a)。近53 a来格尔木河流量总体也呈增加的趋势,速率为每10 a 0.6 m³/s,其中在1989年流量达到最大值,为51.8 m³/s,2010年次之(图3.21b)。河流年平均流量丰、枯交替比较频繁,年流量持续偏丰时段主要出现在20世纪60年代中期到80年代中期、21世纪前期,持续偏枯时段均表现为在20世纪80年代中期至90年代末,偏枯时段要明显长于偏丰时段(图3.21b,d)。

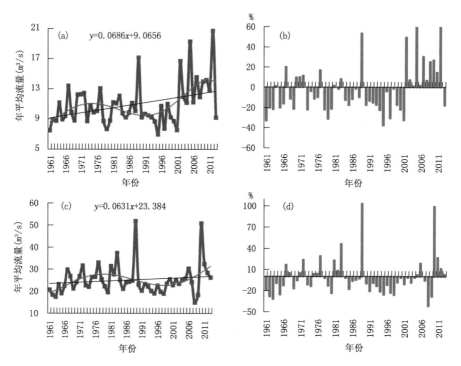

图3.21 1961—2013年巴音河(a,b)和格尔木河流(c,d)流量变化趋势及距平百分率变化

(2)对湖泊的影响

2003—2013年哈拉湖、托素湖、小柴旦湖面积均呈增大趋势,增加率分别为8.48 km²/10a、9.61 km²/10a和20.66 km²/10a(图3.22a),可鲁克湖面积呈略微减小趋势,减小率为0.88 km²/10a(图3.22b)。

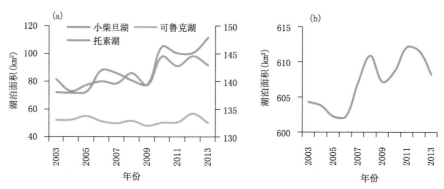

图3.22 2003—2013年托素湖、小柴旦湖和可鲁克湖(a)和哈拉湖(b)面积变化

3. 气候变化对太阳能的影响

(1)太阳能资源变化特征

1961—2013 年格尔木年总辐射量呈减少的趋势,以每 10 a 28.3 MJ/m² 的速率在减少,其中年总辐射最大值 7316.2 MJ/m²,最小值为 6464.1 MJ/m²,最大值与最小值的差值只有 852.1 MJ/m²,显示年际变化相对比较稳定(图 3.23a)。

直接辐射量呈较明显增加的趋势,平均每 10 a 增加 58.7 MJ/m²,1998 年以前与总辐射变化趋势基本相近,只是直接辐射的最大值出现在 1994 年,而总辐射的最大值出现在 1978 年(图 3.23b)。

近 50a 格尔木年散射辐射量呈逐年极为明显的减少趋势,平均每 10 a 减少 89.8 MJ/m²。由图 1.17c 可见,年散射辐射波动较大,最大值出现在 1992 年,达到 2929.70 MJ/m²,最小值出现在 2005 年,仅为 2149.8 MJ/m²,特别是从 1993 年以后各年均为负距平(图 3.23c)。

1961—2010 年盆地年平均日照时数呈明显减少趋势,减小率为 39.4 h/10a,尤其是 1999年以来,日照时数呈持续偏少趋势(图 3.23d)。

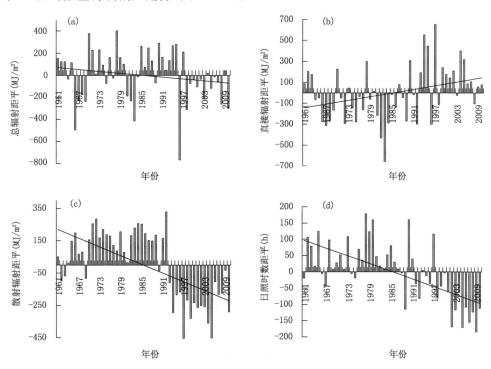

图 3.23　格尔木太阳总辐射量(a)、直接辐射(b)、散射辐射(c)和日照时数距平(h)年际变化图

(2)太阳能资源空间分布特征

图 3.24a 是 1981—2010 年 30 a 平均年太阳总辐射量的空间分布图。由图看出,太阳总辐射年总量在 6650~7200 MJ/m² 之间,明显高于我国东部同纬度地区,按照总辐射量的全国太阳能资源分区标准为太阳能资源丰富区(一类区)。空间分布由西向东逐渐递减,高值区在茫崖、冷湖,低值区在盆地东北部的天峻。柴达木盆地普遍超过 6800 MJ/m²,其冷湖最高达7117.2 MJ/m²。最低的天峻也在 6650 MJ/m² 以上。

从图 3.24b 可以看到:年平均日照分布呈现西北部高,东南部低的分布,平均值在 2900~

3500 h/a；最高值（≥3300 h）出现在西北部的冷湖、茫崖地区，冷湖高达 3495.7 h/a；最低日照值区域出现在香日德（≤3000 h），其次是乌兰和天峻的部分地区（3000 h 左右）。

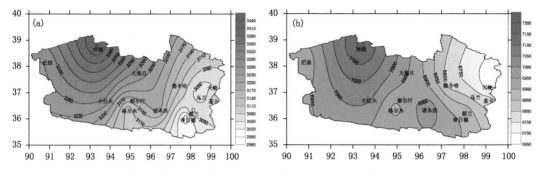

图 3.24　盆地年太阳总辐射量(a)和日照时数(b)的空间分布（单位：MJ/m²，h）

4. 气候变化对风能的影响

(1)风速变化特征

1970—2013 年柴达木盆地年平均风速呈减小趋势，气候倾向率为每 10 a 减小 0.28 m/s。1970 年至 1996 年平均风速呈持续性减小趋势，1996—2013 年风速无明显的趋势性变化，且在相对稳定的变化中还有短期的回升起伏现象（图 3.25）。

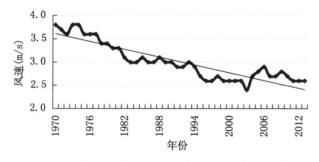

图 3.25　柴达木盆地 10 m 高度平均风速年际变化

(2)气象风险分析

影响风能利用的气象灾害主要有低温、沙尘暴、雷电、大风等。

①低温

从表 3.10 看出，≤−30 ℃极端最低气温出现情况，1960 年至 2010 年格尔木从未出现过≤−30 ℃极端最低气温，天峻 2 a 中有 1 a 出现，冷湖 4 a 中有 1 a 出现。其余茫崖在这 50 a 里也零星出现过≤−30 ℃的极端最低气温。各站出现≤−30 ℃极端最低气温平均 3～6 d，最迟两周左右的时间回升到−25 ℃以上，平均 10 d 左右回升到−20 ℃以上。

表 3.11 是 1960—2010 年参证站≤−20 ℃、≤−25 ℃极端最低气温出现情况，可看出各站基本上每年冬季都会出现≤−20 ℃的极端最低气温，平均持续时间在 50～110 d 之间，其中天峻、冷湖持续时间较长，天峻由于海拔较高，气温相对较低，基本上每年冬季都会出现≤−25 ℃的极端最低气温，而格尔木出现较低气温的情况相对较少。在全球气候变暖的背景下，气温明显升高，尤其最低气温升高明显，极端低温事件出现频率也在逐渐减小，各地出现≤−20 ℃极端最低气温的天数有不同程度的减少，持续时间也有明显的减少趋势。

表 3.10　1960—2010 年气象站≤-30 ℃极端最低气温出现情况

台站	最早出现时间（日/月）	最晚出现时间（日/月）	最长持续时间（d）	平均持续时间（d）	出现概率（%）	回升到-25 ℃的时间（平均天数,d）	回升到-20 ℃的时间（平均天数,d）	备注
茫崖	9/12	31/1	5	2.1	10	1~14(5.4)	2~32(11.5)	仅 1960—1964 年出现
冷湖	11/12	4/2	5	1.4	28	1~11(4)	2~20(7.9)	最晚一年出现在 2008 年
德令哈	21/12	3/2	4	1.7	10	1~9(4.8)	2~23(8.4)	最晚一年出现在 1971 年
天峻	13/12	15/2	5	1.5	54	1~14(3,5)	1~39(11.7)	最晚一年出现在 2008 年
格尔木								未出现过

表 3.11　1960—2010 年气象站≤-20 ℃、≤-25 ℃极端最低气温出现情况

台站	≤-20 ℃极端最低气温					≤-25 ℃极端最低气温				
	最早出现时间（日/月）	最晚出现时间（日/月）	最长持续时间（d）	平均持续时间（d）	出现概率（%）	最早出现时间（日/月）	最晚出现时间（日/月）	最长持续时间（d）	平均持续时间（d）	出现概率（%）
茫崖	25/10	24/3	139	60.7	100	28/11	4/3	94	25.0	44
冷湖	1/11	27/3	130	101.8	100	17/11	13/3	105	50.7	90
德令哈	17/11	11/3	100	50.1	96	25/11	17/2	62	21.3	52
天峻	28/10	4/4	151	112.3	100	14/11	25/3	117	61.9	98
格尔木	28/11	25/2	76	35.4	98	13/12	30/1	12	3.9	22

②大风、沙尘暴

大风对风机转动有很大影响,当风速超过切出风速时,风机将自动停机。一方面,大风可直接导致风机损坏,另一方面,在切出风速附近,由于电机、齿轮箱温度过高,频繁停机,可利用率不高。而强沙尘暴发生时,往往风力达 8 级以上,有的甚至可达 12 级。同时大风夹带的沙砾不仅会使叶片表面严重磨损,甚至会造成叶面凹凸不平,影响风机出力;另外还会破坏叶片的强度和韧性,影响风机的性能。

从表 3.12 可看出,茫崖、天峻、冷湖出现大风日数较多,年平均大风日数 60～70 d,大柴旦最少,年平均大风日数不到 20 次。从大风日数年变化来看,基本上 20 世纪 60 年代大风较少,七八十年代大风日数较多,从 20 世纪 90 年代开始风速明显降低,相应的大风日数也较少。

表 3.12　1960—2010 年气象站大风、沙尘暴、扬沙出现情况

台站	大风			沙尘暴		
	最少出现日数(d)	最多出现日数(d)	平均日数(d)	最少出现日数(d)	最多出现日数(d)	平均日数(d)
茫崖	21	163	73	3	22	10
冷湖	7	143	58	0	18	4
大柴旦	2	65	19	0	14	2
天峻	12	142	61	0	19	5
格尔木	3	85	42	0	32	6

茫崖地区沙尘暴日数较多,年平均出现日数在 10 d 以上,而冷湖、大柴旦、沙尘暴最少,年平均不到 4 次。

③雷暴

雷暴是危及风电场风机安全运营的另一重要因素。雷电释放的巨大能量会造成风电机组叶片损坏、发动机绝缘击穿、控制元器件烧毁等事故。

从表 3.13 可看出,天峻雷暴出现日数较多,年平均出现 40 d,而茫崖、冷湖、格尔木等地多为沙漠戈壁,对流天气出现较少,雷暴年平均出现日数少于 5 d。

表 3.13　1960—2010 年气象站雷暴出现情况

台站	最少出现日数(d)	最多出现日数(d)	平均日数(d)
茫崖	0	13	5
冷湖	0	8	2
大柴旦	2	35	19
天峻	26	67	40
格尔木	0	13	3

(3)风能资源特征的总体评价

风电场区域因海拔相对较高,气压低,空气密度较小,同等风速条件下风能密度相对较低。风能资源具有以下特征:

①风向稳定,最大风向频率与最大风能方向频率一致性好,有利于风机稳定运行。风能资源丰富区的茫崖、诺木洪、锡铁山、茶卡、冷湖、德令哈尔海主导风向多为 WN、WNW 为主,且高、低层最大风向频率方向大致相同,风能主方向与主导风向具有很好的一致性。

②有效风力持续时间长。在风能利用上,一般以 10 m 高度处 3～25 m/s 的风速作为有效风速。各风电场 70 m 高度 3～25 m/s 风速的时数在 5800～7500 h 之间,占年总小时数的 65%～85%,风速的有效风力持续时间较长。

③湍流强度小。风电场 70 m 高度 15 m/s 的大气湍流强度值绝大多数在 0.07～0.12 之间,湍流强度属中等偏小。

④出现破坏性风速的概率较小。风电场标准空气密度下 70 m 高度 50 a 一遇最大风速在 27～33 m/s 之间,均小于 37.5 m/s,风机的选型均可采用 IEC 标准中抗风等级为 Ⅲ 类的风机。

⑤影响风机运行的气象灾害较少。影响风能利用的气象灾害主要是低温和雷电,随着全球气候变化,低温、沙尘暴、大风日数在明显减少,雷电日数略有增加,要加强雷电灾害的防治工作。

5.气候变化对荒漠化的影响

(1)风蚀(积)、沙丘移动变化特征

2003—2013 年风积累计值呈减少趋势,平均每 10 a 减少 0.61 cm。从图 3.26a 可以看出,2009 年以前风积值变率较大,最大值与最小值相差 1.15 cm。2009 年以来风积值变化平稳,呈持续减小趋势,最大值与最小值相差 0.33 cm。

2003—2013 年年风蚀累计值呈减少趋势,平均每 10 a 减少 0.99 cm,从图 3.26b 可以看出,大致以 2008 年为界,2003—2007 年年风蚀累计值较大,平均为 5.67 cm,2008—2013 年年风蚀累计值迅速减小,平均值为 4.67 cm。

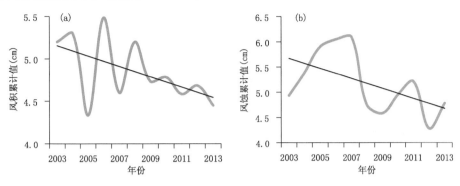

图 3.26　柴达木盆地 2003—2013 年风积(a)和风蚀(b)变化曲线

（2）荒漠化面积变化特征

将 NDVI 值小于 0.08 定义为荒漠化区域,根据 1982—2013 年柴达木盆地各格点 NDVI 值,提取每年荒漠化面积(图 3.27),从图中可以看出,2002—2013 年柴达木盆地荒漠化面价呈减小趋势,平均每 10 a 减少 4228 km²,尤其是 2009 年以来荒漠化面积减小幅度较大,2003—2008 年平均荒漠化面积为 9424.79 km²,而 2009—2013 年减小为 7759.244 km²。

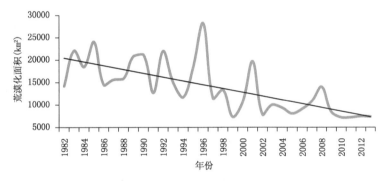

图 3.27　柴达木盆地 2003—2013 年荒漠化面积变化曲线

三、柴达木盆地未来气候变化特征

1. 未来基本气候变化特征

（1）气温

与 1986—2005 年相比,RCP2.6、RCP4.5 和 RCP8.5 情景下气温均呈上升趋势,平均每 10 a 分别上升 0.072 ℃、0.15 ℃和 0.62 ℃(图 3.28a)。

RCP2.6、RCP4.5 和 RCP8.5 三种情景下气温变率基本一致,在格尔木、冷湖、德令哈一带气温变率较大,而在天峻、乌兰一带气温变率较小(图 3.28b、c、d)。

（2）降水

与 1986—2005 年相比,RCP2.6、RCP4.5 和 RCP8.5 情景下降水均呈增加趋势,平均每 10 a 分别增加 2.31 mm、7.87 mm 和 14.81 mm(图 3.29a)。

RCP2.6、RCP4.5 和 RCP8.5 三种情景下降水变率变化趋势基本一致,在冷湖、茫崖变率较小,而在格尔木、都兰一带增加较为明显(图 3.29b、c、d)。

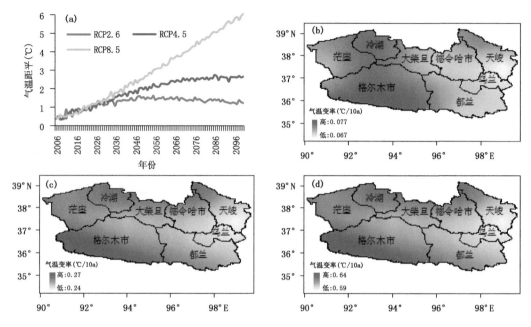

图 3.28　柴达木盆地 2006—2100 年平均气温变化(a)、RCP2.6(b)、RCP4.5(c)
和 RCP8.5(d)情景下气温变率空间分布图

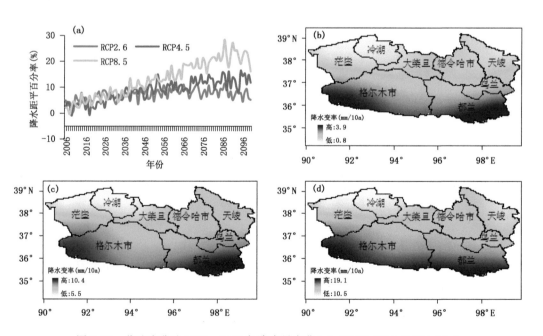

图 3.29　柴达木盆地 2006—2100 年降水量变化(a)、RCP2.6(b)、RCP4.5(c)
和 RCP8.5(d)情景下降水空间变率分布图(单位:mm,mm/10a)

2. 极端天气气候事件变化特征

从上节 RCP2.6、RCP4.5 和 RCP8.5 情景气温和降水变化趋势分析结果表明,三种情景下气温和降水变化趋势基本相似,RCP4.5 情景属于中等排放情景,比较符合青海的中长期发展规划,因此,在分析极端天气气候事件及未来气候变化影响预评估时只选取了 RCP4.5 情景进行分析。

(1) 极端气温

霜冻:与 1986—2005 年相比,2016—2100 年柴达木盆地霜冻日数总体呈减少趋势,平均每 10 a 减少 1.7d(图 3.30a),霜冻日数长期变化趋势大致分为两个阶段,其中 2006—2070 年霜冻日数呈迅速下降趋势,平均每 10 a 减少 2.9 d;2070 年以后呈略微增多趋势,平均每 10 a 增多 0.07 d。从空间变率分析可以看出,格尔木、茫崖一带霜冻日数减少天数较多,而天峻、德令哈一带变化相对较小(图 3.30b)。

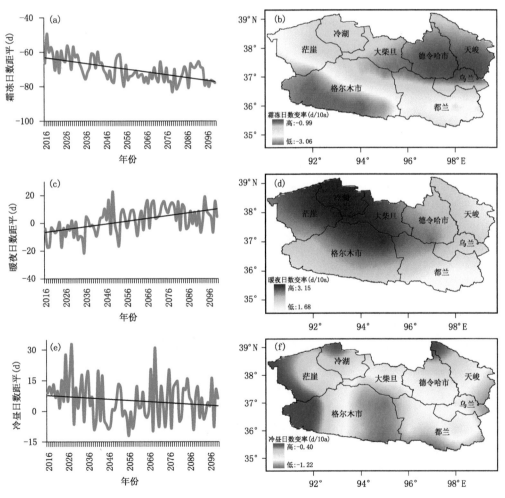

图 3.30　2016—2100 年霜冻(a)、暖夜日数(c)、冷昼日数(e)变化及年霜冻(b)、
暖夜日数(d)、冷昼日数(f)空间变率分布图

暖夜：与 1986—2005 年相比，2016—2100 年柴达木盆地暖夜日数呈增加趋势，平均每10 a 增加 2.0 d，从长期变化趋势分析，大致以 2070 年为界，2070 年以前暖夜日数迅速增加，平均每 10 a 增加 3.9 d；2070 年以后呈略微减少趋势，平均每 10 a 减少 1.7 d（图 3.30c）。从空间变率分析，冷湖、茫崖、大柴旦等地暖夜日数增加明显，而柴达木盆地的东部暖夜日数增加相对较小（图 3.30d）。

冷昼：与 1986—2005 年相比，2016—2100 年柴达木盆地冷昼日数呈减少趋势，平均每10 a 减少 0.60 d（图 3.30e）。从冷昼日数空间变率分布可以看出（图 3.30f），在格尔木东部冷昼日数减少日数较为明显，而柴达木盆地西部、德令哈和天峻的北部冷昼日数减少幅度相对较小。

（2）极端降水

与 1986—2005 年相比，2016—2100 年强降水量和持续干期等极端降水指数变化不明显，均呈略微增加的趋势，平均每 10 a 分别增加 1.7 mm 和 0.2 d（图 3.31a）。从空间变率来看，大雨日数和强降水量空间变率分布基本相同，在柴达木盆地的东南部呈增加趋势，其余地区变化不明显或呈减少趋势；持续干期则在柴达木盆地的中部呈增加趋势，而格尔木市、茫崖持续干期则呈减少趋势（图 3.31b）。

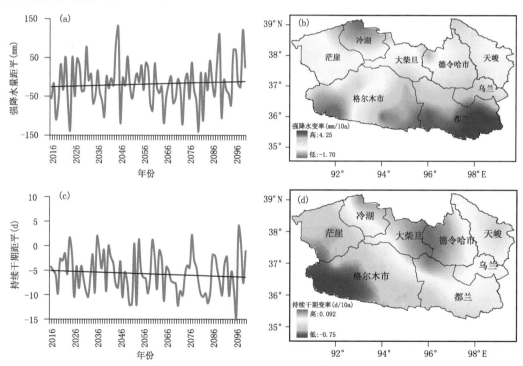

图 3.31　2016—2100 年强降水量(a)、持续干期(c)变化及强降水量(b)、
持续干期(d)空间变率分布图

四、气候变化的可能影响

1. 未来气候变化对春小麦的可能影响

在 RCP4.5 排放情景下，以 1986—2005 年为基准期，格尔木地区 2016—2050 年春小麦产量呈线性增加趋势，速率为 9.4%/10a，同时也表现出年代际变化特征，尤其在 21 世纪 30 年

代中期至 50 年代产量较基准期呈现较为明显的偏多趋势(图 3.32a)。诺木洪地区 2016—2050 年春小麦产量呈弱的减少趋势(图 3.32b)。德令哈地区未来 35 a 产量预估值呈较明显的年代际变化特征,2016—2030 年产量偏多期,2031—2040 年偏少期,2041—2050 年转为偏多期(图 3.32c)。

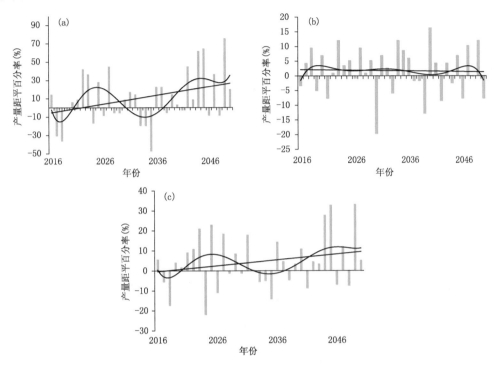

图 3.32　2016—2050 年 RCP4.5 排放情景下格尔木(a)、诺木洪(b)
和德令哈(c)地区春小麦产量预估变化图

2. 未来气候变化对水资源的可能影响

RCP4.5 情景下,与 1986—2005 年相比,未来 85 a 巴音河年平均流量总体有微弱的减少趋势,平均流量速率距平百分率为 6.0%(图 3.33a)。

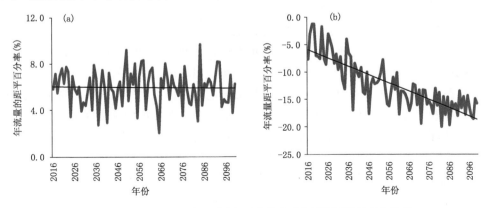

图 3.33　2016—2100 年巴音河(a)和格尔木河(b)年流量变化趋势

格尔木河年流量在 RCP4.5 排放情景下呈显著的减少的趋势(图 3.33b),平均减少量为 15%。可见,未来几十年由于蒸发的显著增大,格尔木河流量减少显著,未来水资源形势不容乐观。

3. 未来气候变化对荒漠化的可能影响

RCP4.5 情景下,与 1986—2005 年相比,2050 年以前荒漠化面积呈减少趋势,平均每 10 a 减少 139 km²,但 2050 年以后随着气温的进一步升高,降水量的增加量不足以抵消蒸发量的消耗量,导致 2050 年以后荒漠化面积呈增加趋势,平均每 10 a 增加 134 km²(图 3.34)。

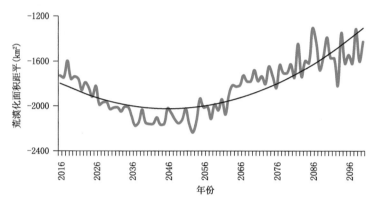

图 3.34　RCP4.5 情景下柴达木盆地荒漠化面积距平变化曲线

五、柴达木盆地适应气候变化对策建议

1961—2013 年柴达木盆地气温升高,降水增多,比较有利于春小麦和植被等的生长发育,春小麦产量增加、植被 NDVI 值升高;近年来,降水增多、蒸发量减小使得八音河、格尔木河年平均流量增加,盆地内大部分湖泊面积增大;受气候暖湿化影响,荒漠化面积在一定程度上得到了遏制。与当前气候条件所产生的有利影响相比,未来 RCP4.5 情景下,热量资源增加,降水量增多,但降水量的增加量有可能不足以抵消蒸发量增大引起的水分消耗,因此干旱缺水仍是柴达木盆地今后面临的主要问题。

1. 农业适应气候变化对策建议

(1)充分利用热量资源,但要做好干旱防御工作。

未来气候变暖背景下,年平均气温升高,极端低温事件发生频率降低,因此应充分利用早春热量资源,适当提前播种日期。同时,作物生长季积温增多,生长季延长,有利于种植熟性偏晚的品种,提高产量。未来气温升高,降水量增加可能不足以抵消气温升高所造成的蒸发量增加,加之柴达木盆地是灌溉农业,因此干旱仍是影响未来农业发展的重要因素。为此应加强水利基础设施建设,大力发展节水农业技术、加强水资源管理,做好旱灾的防御工作。

(2)加快特色作物生产种植基地建设,建立生产新模式适应气候变化。

柴达木盆地由于日照时数长,昼夜温差大等有利的气候条件,比较适合枸杞的生长发育。因此应建立枸杞生产种植基地或示范区,实现规模生产和深加工产业链。枸杞喜光照、耐旱怕水渍,因此在选择种植区域时,应充分考虑气候条件和地形地貌等种植条件。

(3)充分利用荒漠绿洲种植业优势,实现农牧业循环发展。

目前,柴达木盆地耕地面积约有 $4.1×10^4$ hm² 左右,播种面积 $1.6×10^4$ hm²,每年由此产生的农作物秸秆 $15×10^4$ kg 左右,这部分资源目前尚未得到充分利用。通过该区舍饲育肥草食畜的研究表明,在牲畜育肥饲草中添加20%的氨化秸秆替代苜蓿青干草,可降低11.23%的饲草成本。因此,应调整绿洲农业结构,利用丰富的粗饲料资源建设、发展舍饲育肥基地,实现牧区繁殖、农区育肥的结构调整。

(4)加强气象灾害监测、评估、预警与防御工作。

受气候变暖影响,柴达木盆地日最高和日最低气温都将上升,冬季极冷期缩短,夏季炎热期延长,高温热害、干旱等愈发频繁。因此,要重视和加强气象灾害的监测、预测和评估;建立气象灾害监测预警基地,研究防御对策;建立具有较好的物理基础、较强的监测和预测能力、有效的服务功能的气象灾害综合业务服务系统,为决策部门和社会用户提供优质服务。未来气候变暖,春季回暖快,特别注意防范后春出现的强寒潮、晚霜冻及强降温天气对农作物危害。

2. 畜牧业适应气候变化对策建议

(1)增强草地生态系统适应气候变化能力。

依据牧草生长发育规律,合理安排利用方式和利用程度,实行围栏封育、划区轮牧,以草定畜,为天然牧草的生长创造一个良好的机制,维持和逐步提高草地第一性生产力。坚持以生物措施与工程措施相结合的原则,因地制宜采取封沙育林育草、改良退化草地,科学合理利用草地,用养并举。

(2)积极发展生态畜牧业。

为适应气候变化对畜牧业造成的影响,积极发展生态畜牧业,推进草畜平衡发展,将畜牧业发展与保护生态环境有机结合起来,通过转变畜牧业生产和经营方式,大力发展人工草场建设,改善畜牧业基础设施条件,优化畜种畜群结构,加强畜种引进与改良,提高草原病虫鼠害的防治等。

(3)大力发展节水灌溉,建立优良牧草种植基地。

柴达木盆地与大多数牧业区相似,存在草畜季节不平衡,即在冷季牲畜需要进行补饲,因此应在有灌溉条件的区域建立人工草地。目前,绿洲种植业有近1/3的耕地实行轮歇轮作,具有良好的耕作、灌溉条件,以此为基础建立人工饲草生产基地,可使草产业形成规模化、标准化。据相关研究表明,在柴达木盆地使用畦灌+绞盘式喷灌的灌溉模式进行牧草种植灌溉,不但可节约1/3的灌水量,还可有效防止土壤板结和次生盐渍化的发生。通过良种筛选,认为阿尔岗金和北极星两个苜蓿品种在抗旱、耐寒、适应性和分枝能力等方面表现优良,可利用期限为7~8a,可作为柴达木盆地苜蓿草产业化生产的首选品种,不仅能提供大量的优良饲草,而且通过豆科牧草种植可恢复和增加耕地的土壤肥力。

3. 水资源适应气候变化对策建议

(1)节约和改进农业用水模式。

未来柴达木盆地气候变暖、蒸发量增大,因此应科学合理的利用有限的水资源。重点做好现有灌区的续建配套改造,通过种植产业结构调整,大力发展大棚经济,提高用水效率和效益。当前农业的大水漫灌是造成水资源利用效率低的主要原因,建议今后采用喷灌、滴灌等节水技术能够有效提高用水效率。

(2)提高用水效率和用水生产率。

提高区域用水效率,需要在区域尺度上按照效益最大化重新配置水资源,改变传统的用水模式,增加用水效益。发展农区种植牧草、舍饲养殖和草场轮牧、休牧相结合的产业布局,形成农牧相互依存、有机结合的经济—生态系统。在工业领域,污水资源化利用,充分利用工业用水的循环利用和中水回用,有效提高水资源的利用效率。

(3)以水资源的持续利用支持社会经济的可持续发展。

大力调整产业结构,转变经济发展方式,防止水土资源继续过度开发,限制经济用水的盲目增长和挤占生态用水,建设高效节水、防污型经济社会,达到人与自然和谐共存的目标,实现水资源的持续利用,支持社会经济的可持续发展。

(4)保护生态环境,实现良性循环。

柴达木盆地气候极度干旱,生态需水的巨大缺口是环境恶劣的直接因素。在柴达木盆地水资源利用必须与生态、环境保持平衡;必须处理好生产和生态的关系、绿洲环境与绿洲外围荒漠环境的关系;保护自然植被以及绿洲内部的农田防护林网与绿洲外围过渡带,发挥其屏障作用,使经济与环境协调发展。应重视地下水的生态价值,加强地下水引起的地表生态效应研究,维持合理生态水位,防止土地荒漠化。

4. 太阳能、风能适应气候变化对策建议

柴达木盆地因海拔高,大气稀薄,太阳能资源十分丰富,年总辐射量仅次于西藏自治区,位居全国第二位。盆地内风向稳定,风能资源丰富,为新能源开发利用提供了良好的条件,在柴达木盆地开发利用新能源资源是解决生产生活能源问题、应对全球气候变暖最直接最有效的措施之一。

(1)加大太阳能光伏光热并网发电。

依据盆地的太阳能资源、太阳能电站可利用土地、青海省太阳能产业的发展情况、开发条件、国家的新能源政策等情况进行综合部署,按照统筹兼顾、适当集中、合理布局、有利于长远发展的原则规划布局太阳能电站。

(2)推广太阳能的生活利用。

加大推广太阳能建筑一体化、太阳灶、太阳能热水器的应用;在重点城市建设与建筑物一体化的屋顶太阳能并网光伏发电设施;在道路、公园、车站等公共实施中推广使用光伏电源;在农村牧区生产方面,大力推广太阳能日光温室和太阳能牲畜暖棚。

(3)充分利用丰富的风能资源。

盆地东部的格尔木大格勒至都兰诺木洪等地区风资源丰富,技术开发量相对较大,适宜开展千万千瓦级大型风电场的建设。茫崖西北部、冷湖丁字口、天峻快尔玛、格尔木锡铁山具备建设百万千瓦级风电场条件。

(4)建立国家级太阳能、风能综合研究与示范基地。

通过太阳能、风能资源的开发利用,把盆地打造成国家级太阳能、风能综合利用的研究与示范基地。基地内应建立系统测试与评估平台、系统中关键设备测试平台,以及示范系统和培训中心,为行业提供技术支撑、设备测试,并制定行业的标准规范等,以推动新能源的国际化发展。

5. 荒漠化适应气候变化对策建议

柴达木盆地是我国的重要资源开发区,同时也是生态环境脆弱区,土地荒漠化发展严重,

是我国荒漠化速度最快的地区之一,因此在加快发展盆地经济和资源开发的同时,应保护好生态环境,防止荒漠化发展。

(1)保护原始沙生植被、防止沙漠化扩展。

首先,通过建立生态功能保护区,建立健全相应的保护法规,保护现有原生沙生植被,防止沙漠化趋势的扩大与发展。其次,做好能源结构调整,加大投入和科技推广力度,充分利用太阳能、风能,改变农村能源结构。同时,严格控制资源开发造成新的生态破坏。

(2)做好防沙治沙骨干工程。

建立生态治理工程投入机制,做好城镇环保规划、合理布局产业结构,加快建设城镇生态保护工程和生态示范工程。

(3)逐步改变现有的农业生产模式。

建立生态农业生产模式,提高水资源的利用率,优先建立农田防护林体系和防风固沙林体系,防止农业生产对生态环境带来的不利影响。

(4)严格执行环境影响评价制度。

以保护盆地特殊生态环境为主,对开发建设项目必须严格执行环境影响评价制度,杜绝一切建设开发项目对盆地特殊生态环境的破坏。

(5)加大对环境保护的投资力度。

开展生态环境保护工作,治理草场退化与土壤盐渍化,加强盐湖资源的保护,实施生态功效林草地建设,恢复盆地内的植被盖度,稳定生态系统的平衡。

第五节 东部农业区气候变化影响及应对

夏季是东部农业区农作物生长发育的关键时期,该时期气温的变化对农作物产量形成至关重要。54 a 来该区夏季平均气温和最高气温呈显著上升趋势,升温率分别为 0.32 ℃/10a 和 0.35 ℃/10a;极端最高气温、日最高气温≥30 ℃日数、日最高气温≥30 ℃最长持续天数增加率分别为 0.52 ℃/10a、1.17 d/10a 和 0.47 d/10a。在夏季气温升高条件下,在东部农业可灌溉区,可以充分利用热量资源增加的优势,发展喜温、价格比高的优质作物种植,提高复种指数,因地制宜发展特色农业;但在雨养旱作区,高温容易造成作物干旱,导致作物出现高温逼熟等现象,因此应种植抗旱、抗高温等抗逆品种,同时发展集雨补灌技术、地膜覆盖等技术,以减少高温热害带来的影响。

一、夏季气温变化特征

1.夏季平均气温、最高气温均呈显著升高趋势

1961—2014 年东部农业区夏季平均气温呈显著升高趋势,平均每 10 a 上升 0.32 ℃。大致以 1997 年为界,1961—1997 年夏季平均气温基本无变化,平均值为 15.69 ℃,而 1998—2014 年平均值迅速上升为 16.91 ℃(图 3.35a)。东部农业区各地夏季平均气温变率差别较大,其中互助、大通升温明显达 0.70 ℃/10a,其余地区升温幅度在 0.39 ℃/10a 以下(图 3.35b)。

1961—2014 年东部农业区夏季平均最高气温呈显著上升趋势,平均每 10 a 升温 0.35 ℃。与平均气温变化趋势基本相似,1997 年以来最高气温上升明显,1961—1997 年平均最高气温

为 22.58 ℃,而 1998—2014 年平均值为 23.87 ℃(图 3.35c)。各地空间变化趋势为:互助、大通增加幅度较大为 0.89 ℃/10a,其余地区在 0.45 ℃/10a 以下(图 3.35d)。

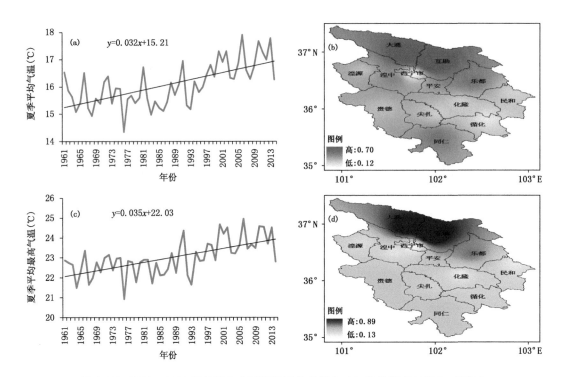

图 3.35 1961—2014 年东部农业区夏季平均气温(a,b)、平均最高气温(c,d)变化
及空间变率分布图(单位:℃,℃/10a,℃,℃/10a)

2. 夏季极端最高气温升高、≥30 ℃高温日数增多且持续时间延长

1961—2014 年东部农业区夏季极端最高气温呈升高趋势,全区平均每 10 a 升高 0.52 ℃,其中 1997 年以前夏季极端最高气温基本保持稳定,1997 年以后迅速上升且波动较大(图 3.36a)。互助、大通夏季极端最高气温增加幅度较大,平均每 10 a 增加幅度达 1.14 ℃,其余地区平均每 10 a 增加幅度在 0.60 ℃/10a 以下(图 3.36b)。

1961—2014 年东部农业区夏季日最高气温≥30 ℃日数呈增多趋势,全区平均每 10 a 增多 1.17 d(图 3.36c)。日最高气温≥30 ℃日数在乐都、民和、循环、贵德、尖扎等地增多幅度较大,在 1.8 d 以上,其余地区在 1 d 以内(图 3.36d)。

1961—2014 年东部农业区夏季日最高气温≥30 ℃最长持续日数呈增加趋势,全区平均每 10 a 增加 0.47 d(图 3.36e)。1997 年以来日最高气温≥30 ℃最长持续天数增加明显,比 1997 年以前延长 2.01 d。乐都、贵德、民和等地日最高气温≥30 ℃最长持续日数增加较为明显,增加幅度在 0.75 d 以上,而其他地区在 0.66 d 以下(图 3.36f)。

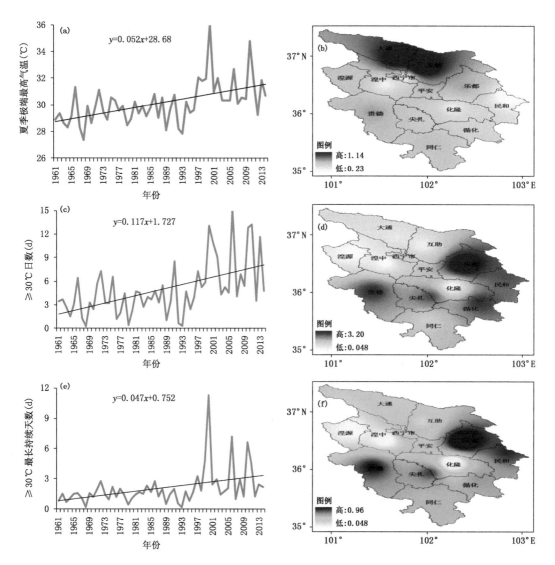

图 3.36 1961—2014 年东部农业区夏季极端最高气温(a,b)、最高气温≥30 ℃日数(c,d)、最高气温≥30 ℃
最长持续日数(e,f)变化及空间变率分布图(单位:℃,℃/10a,d, d/10a,d, d/10a)

二、东部农业区入春日期变化特征

青海东部农业区耕地面积超过全省的 70%,是青海省的粮油主产区。近年来受气候变暖
影响,该地区入春日期提前,尤其是近十几年来提前趋势更为明显,有利于农作物生长季延长,
在充分利用各地热量资源变化的基础上,可调整种植结构,提高复种指数。入春日期提前给农
业生产带来有利影响的同时使其遭受干旱、霜冻、倒春寒等气象灾害的风险增大,因此,提请相
关部门在充分利用气候资源的同时,加强气象灾害的防御工作,以确保农业生产的顺利进行。

以某一地区的 5 日滑动平均气温稳定通过 10 ℃作为入春标准,1961—2014 年青海东部
农业区入春日期明显提前,平均每 10 a 提前 2.8 d。从入春日期多年变化趋势来看,大致以
1997 年为界,1961—1997 年入春日期总体呈提前趋势,平均日期在 5 月 20 日左右,其中 1968

年、1987 年为 1961 年以来入春日期最晚的两年;1998—2014 年入春日期迅速提前,平均日期
为 5 月 10 日左右,较 1961—1997 年平均提前 10 d(图 3.37a)。值得一提的是,2014 年 5 月上
中旬由于受乌拉尔山地区干冷空气频繁影响,东部农业区持续出现低温天气,入春日期为近
4 a 来最迟。

东部农业区各地入春日期变率差异较大,其中互助、大通、化隆等地入春日期提前天数较
多,平均每 10 a 提前 5.5～9.2 d;贵德、西宁、循化等地入春日期变化不明显,平均每 10 a 提前
天数不足 1 d(图 3.37b)。

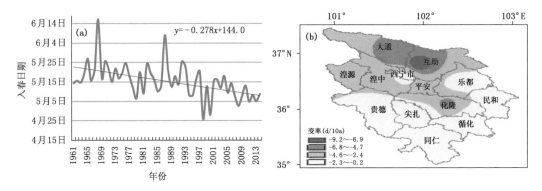

图 3.37　1961—2014 年青海东部农业区入春日期变化(a)、变化率空间分布(b)

三、入春日期变化对农业生产的影响

东部农业区入春日期呈提前趋势,给当地农业生产带来的影响有利有弊,但总体来看利大
于弊。

有利影响:东部农业区入春日期提前,使农作物生长季延长,有利于促进其生长发育,提高
小麦、玉米、油菜等的产量和品质;同时农作物生长季热量资源增加,有利于提高当地的复种指
数,扩大种植面积。

不利影响:随着春季气温升高,农作物前期生长发育速度加快,往往抵御外界不良环境的
能力减弱。同时,气候变暖导致气候异常和气候变率加大,尤其是干旱、霜冻、倒春寒等极端天
气气候事件发生次数有所增加,因此容易给农作物生长发育带来影响。例如 2014 年 5 月民和
县出现霜冻,使全县玉米大面积遭受冻害。

四、气候变化影响评估及应对

1. 夏季高温影响评估及适应对策

有利影响:东部农业区夏季气温升高对灌溉区农作物较为有利,可以充分利用热量资源增
加带来的机遇,发展喜温、价格比高的优质作物种植;提高复种指数,因地制宜发展特色农业。
另外,加强农业基础设施建设,加大高效节水灌溉技术、节水栽培管理技术,提高农业用水
效率。

不利影响:在雨养旱作区,夏季气温升高容易造成作物干旱,导致作物出现高温逼熟等现
象。同时,作物生长期内高温加速作物的生长发育进程,影响作物的品质和产量。因此在雨养
旱作区应提高新品种培育,大力培育和推广抗旱、抗高温等抗逆品种。发展集雨补灌技术、地

膜覆盖等技术,以减少高温热害带来的影响。

2. 入春日期变化及应对

春季干旱、霜冻、倒春寒等气象灾害是影响东部农业区播种、保苗的主要气象灾害,气候变暖背景下,这些气象灾害发生次数和危害程度呈增加的趋势,建议做好以下几个方面的工作,提高抗灾能力,促进农业高产稳产。

调整农业种植结构。气候变暖,入春日期提前,应充分利用各地热量资源增加的优势,适当扩大农作物种植面积,科学调整种植制度,提高复种指数,最大程度利用热量资源。

选择适宜品种适时播种。不同作物不同品种的生长发育特点不同,表现在发育进程有快有慢,在当前气候变化背景下,应尽量选择抗旱、抗寒能力强,适合作物生长季延长条件下种植的新品种。

加强对气象灾害的预测预报能力。针对春季干旱、霜冻、倒春寒等气象灾害的出现特征,加强预测预报能力,提早做好防御准备,减轻灾害造成的损失。

第四章　气候变化对青海高原植被的影响

第一节　青海高原植被净初级生产力变化规律及其未来变化趋势

陆地生物圈不仅是人类赖以生存的物质基础,也是对人类活动和全球气候变化最敏感的生物圈。植被是陆地生态系统的重要组成部分,在区域气候变化和全球碳循环中扮演着重要的角色(Braswell等,1997;曹明奎和李克让,2000;张佳华等,2002;周涛等,2004;侯英雨等,2005)。植被净初级生产力(net primary productivity,简称 NPP)是指绿色植物在单位面积、单位时间内所积累的有机物数量,是光合作用所产生的有机质总量减去呼吸消耗后的剩余部分。掌握陆地 NPP 年际间的定量变化规律,对评价陆地生态系统的环境质量、调节生态过程以及估算陆地碳汇具有十分重要的意义(Cao 和 Woodward,1998;Fang 等,2001;于贵瑞,2003)。近年来,随着全球气候的不断变暖,必将直接或间接影响到植被的生长发育,从而最终影响到植被的 NPP。我国诸多学者自 20 世纪 90 年代以来,分别采用气候统计模型、过程模型和光能利用率模型对我国的青藏高原、塔里木盆地、西双版纳、山东、福建等部分地区以及全国范围内的植被净第一性生产力的分布格局和动态变化做出了研究(刘文杰,2000;张宏和樊自立,2000;陈波,2001;朴世龙等,2001),但对青海高原植被净初级生产力变化特征及其未来可能变化趋势研究较少。

青海高原位于青藏高原东北部,全省平均海拔在 3000 m 以上,气候以高寒干旱、半干旱为主要特征,是典型的大陆性高原气候,境内地质地貌复杂多样,既是气候变化的敏感区又是生态系统的脆弱区。近年来在全球气候变化的影响下,青海各地植被净初级生产力发生了明显的变化。利用在干旱、半干旱草原区对 NPP 模拟效果较好的周广胜模型(林慧龙等,2007),分析青海高原植被净初级生产力 1961—2009 年变化特征及未来 SRESA1B 情景下的可能变化趋势,揭示近 50 a 来在气候变暖影响下,青海高原各地植被净初级生产力变化规律,预估未来 100 a 青海高原植被净初级生产力可能变化趋势,模拟结果可在一定程度上对今后合理利用天然草场资源,保护和改善青海高原脆弱的生态环境,促进社会经济持续稳定发展和适应全球气候变化采取相应措施提供理论依据。

1961—2009 年日平均温度和年降水量数据来自于青海 43 个气象台站,未来 SRESA1B 情景下 2011—2100 年月平均气温和月降水量数据来自于国家气候中心发布的中国地区气候变化预估数据集中的全球气候模式加权平均集合数据(Giorgi 和 Mearns,2002,Giogi 和 Mearns,2003;Xu 等,2010)。2002—2003 年在青海典型草原区选取 22 个样点进行生物量的测定。

一、植被净第一性生产力模型

1. 模型简介

利用国内研究主要采用的周广胜、张新时等建立的自然植被净第一性生产力模型(张新时等,1993;周广胜等,1998):

$$NPP = RDI \cdot \frac{r \cdot Rn(r^2 + Rn^2 + r \cdot Rn)}{(r + Rn) \cdot (r^2 Rn^2)} g \cdot EXP(- \sqrt{9.87 + 6.25 RDI}) \quad (4.1)$$

式中,RDI 为辐射干燥度,Rn 为年辐射量(mm),r 为年降水量(mm),NPP 为植被净第一性生产力(t DW $\cdot$ hm^{-2} $\cdot$ a^{-1})。

由(4.1)式可得如下形式:

$$NPP = RDI^2 \cdot \frac{r \cdot (1 + RDI + RDI^2)}{(1 + RDI) \cdot (1 + RDI^2)} \cdot EXP(- \sqrt{9.87 + 6.25 RDI}) \quad (4.2)$$

由于计算陆地表面所获得的年辐射时需要的气候变量较多,难以计算,根据张新时的研究有如下关系式:

$$RDI = (0.629 + 0.237 \, PER - 0.00313 \, PER^2)^2 \quad (4.3)$$

式中,RDI 为辐射干燥度,PER 为可能蒸散率。

$$PER = PET/r = BT \times 58.93/r \quad (4.4)$$

$$BT = \sum t/365 = \sum T/12 \quad (4.5)$$

式中,PET 为年可能蒸散量(mm),BT 为年平均生物温度($℃$),t 和 T 分别为>0 ℃与<30 ℃的日平均温度和月平均温度。

采用一次直线方程来模拟要素随时间(年)的变化趋势,即:

$$y(p) = ap + b \quad (4.6)$$

式中,$y(p)$ 为要素的趋势模拟值,p 为年序,a 为线性方程的斜率,也就是要素的线性变化趋势即趋势系数,b 为常数,a 和 b 值可通过最小二乘法求取。

2. 模型模拟效果

为验证周广胜模型在青海地区的适用性,从 2002—2003 年在青海典型草原区选取 22 个样点进行生物量的测定,计算结果表明,模拟值与实际值的相关系数为 0.8183,相关系数达 P<0.01 显著性水平。从图 4.1 可以看出,大部分地区模拟值较实测值偏大,分析其原因,主要是因为实测值在测定过程中,样方中植被有遗漏或洒落的部分,像匍匐在地上的牧草和个别莎草科牧草,不能被完全剪下来,造成实测生物量降低。另一个很重要的原因是该模型在模拟生产力过程中只考虑了气候因素的影响,而实际上影响生产力大小的因素很多,例如土壤质地、草地利用方式等,因此模型本身有一定的局限性。采样样方为点数据,具有一定的随机性,而模型模拟的是大范围的草场生产力状况,这也是造成模拟值和实测值误差的原因之一。但从图中可以看出,周广胜模型基本能反映各地 NPP 分布的状况,因此利用此模型分析青海各地 NPP 分布的状况及变化特征。

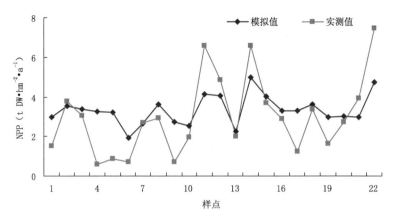

图 4.1　青海各测点 NPP 模拟值与实测值的比较

二、青海 NPP 变化特征及对气候变化的响应

1. 青海 NPP 年代际变化特征

利用青海省 43 个气象台站 1961—2009 年日平均气温和年降水量资料,根据上述公式 (4.2)分别计算这 43 个地区的 NPP,并利用 43 个地区 NPP 的平均值来代表青海省 NPP 的变化特征,如图 4.2a 所示。从图中可以看出,在分析时段内青海省平均 NPP 在波动中呈增加的趋势,变化趋势系数为 0.067 t DW·hm^{-2}·a^{-1}·10a^{-1}。自 2003 年以来,NPP 一直处在一个较高的水平,1961—2002 年平均 NPP 为 3.04 t DW·hm^{-2}·a^{-1},而 2003—2009 年平均 NPP 为 3.41 t DW·hm^{-2}·a^{-1},两个时段相差达 0.37 t DW·hm^{-2}·a^{-1}。

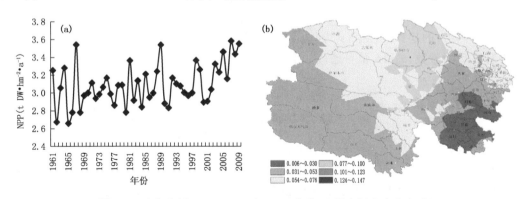

图 4.2　青海高原 1961—2009 年 NPP 变化(a)及空间变率分布(b)
(单位:t DW·hm^{-2}·a^{-1},t DW·hm^{-2}·a^{-1}·10a^{-1})

2. 青海 NPP 空间变化特征分析

在 Arcgis 软件下,利用普通克里格插值方法,将 43 个地区的 NPP 变化趋势系数进行插值 (图 4.2b)。从图中可以看出全省各地 NPP 变化趋势不尽相同,趋势系数为 0.006～0.147 t DW·hm^{-2}·a^{-1}·10a^{-1},其中柴达木盆地的东部 NPP 增加趋势最明显,趋势系数为 0.077～0.147 t DW·hm^{-2}·a^{-1}·10a^{-1},果洛的大部分地区 NPP 增加较小为 0.006～0.030 t DW·a^{-1}·hm^{-2}·10a^{-1},其余地区 NPP 变化趋势系数为 0.031～0.076 t DW·hm^{-2}·a^{-1}·10a^{-1}。

3. 青海高原 NPP 对气候变化的响应

1961—2009 年青海省气候条件发生了明显的变化,年平均气温呈上升趋势,趋势系数为 0.37 ℃ · 10a^{-1};降水量年际间波动较大,但 49 年来整体变化趋势不明显,呈微弱的增多趋势,趋势系数为 4.12 mm · 10a^{-1}。

1961—2009 年青海省 NPP 与年平均温度(T)、年降水量(RR)的相关系数分别为 0.931 和 0.412,相关系数均达 $P<0.01$ 显著水平。三者的变化趋势如图 4.3 所示,从图中可以看出 NPP 与年降水量变化趋势具有很好的一致性,降水量多的年份 NPP 也较高,反之亦然,说明在青海地区 NPP 对降水量具有很高的响应。NPP 虽然与气温的相关性也很高,但从图中可以看出,在有些年份气温与 NPP 的同步性并不是很好。

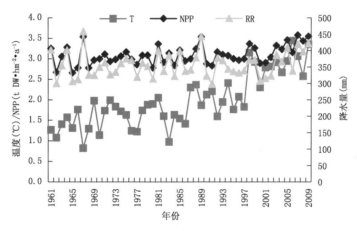

图 4.3　青海 1961—2009 年 NPP、年平均温度(T)、年降水量(RR)变化

选取 1961—2009 年 NPP、T 和 RR 位于前 10 位的年份(表 4.1),分析表中数据可知,水热条件配合好的年份 NPP 较高(例如 2007 年、2009 年、2005 年);水分条件对 NPP 的形成起着至关重要的作用,例如 1967 年、1989 年、2008 年、1981 年和 1964 年降水量位于分析时段的前 10 位,而温度并不是很高(位于前 10 位之后),但这些年份的 NPP 却位列前 10 位之中;热量条件好而降水量不是很多的年份只有 1998 年的 NPP 位于前 10 位。由此可见,在气候不断变暖背景下,降水量是影响 NPP 形成的重要因子,热量条件虽然也是影响因子之一,但不如降水那么明显。

表 4.1　1961—2009 年 NPP、RR 和 BT 位列前 10 位的年份

要素	年份
NPP	2007、2009、1967、1989、2005、2008、1998、1981、2003、1964
RR	1967、1989、2009、2007、2005、1961、1964、1981、2003、2008
T	2006、2009、1998、2007、2005、1999、2003、2002、2001、2004

三、青海高原未来植被 NPP 变化趋势分析

1. 未来气候变化趋势

为了预估未来气候变化及其影响并为制定减缓和适应气候变化的对策措施奠定基础,第

四次 IPCC 排放情景特别报告(SRES)描述了新的未来情景,预测了与社会经济发展相联系的温室气体排放,其中 SRESA1B 情景是各种能源平衡发展时的中等排放情景,比较符合我国的长期发展规划。利用国家气候中心 2009 年发布的中国地区气候变化预估数据集中的全球气候模式加权平均集合数据,分析在 SRESA1B 情景下 2001—2100 年青海各地气候变化特征。

2001—2100 年青海各地气温均呈明显的增加趋势,全省平均增温率为 4.09 ℃/100a,其中青海的西南部气温增幅最为明显,在 4.14~4.78 ℃/100a 之间,而青海东部农业区和环青海湖地区增温幅度较小,在 3.55~3.92 ℃/100a 之间(图 4.4a)。未来 100 a 青海的东部和东北部降水量增加幅度最大,在 107~162.9 mm/100a 之间,而西南部地区的降水量增加幅度较小,在 33.1~50.6 mm/100a 之间(图 4.4b)。

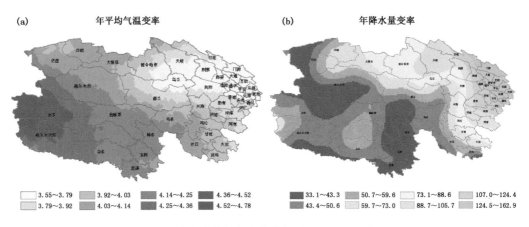

图 4.4　青海未来气候变化特征(℃/100a,mm/100a)

2. 未来 NPP 变化趋势

利用国家气候中心 2009 年发布的中国地区气候变化预估数据集中的全球气候模式加权平均集合数据,分析在 SRESA1B 情景下 2001—2100 年青海各地 NPP 变化趋势(图 4.5)。从图中可以看出,未来 100 a NPP 变化趋势系数大致呈由东向西逐渐减小的趋势,青海东部地区 NPP 增加最为明显,为 $1.35~1.49\ t\ DW \cdot hm^{-2} \cdot 100a^{-1}$,青海西北部尤其是柴达木盆地和三江源区的部分地区 NPP 变化系数较小,为 $0.59~0.73\ t\ DW \cdot hm^{-2} \cdot 100a^{-1}$。

2020 年、2050 年和 2080 年青海省 NPP 分布趋势大致相同,都是呈由东向西逐渐减小的趋势。在青海的东部农业区和祁连山东段 NPP 值为全省的最大值,这一区域就全省来说热量条件最好,而且未来降水增加量也最大,因此在未来各个时期其 NPP 值也最大。各个时期 NPP 值都较小的区域分布在柴达木盆地的西北部和三江源区的西南部,由图 4.4 可知,这些地区未来气温增幅较大,但降水量增幅相对较小,青海地处干旱、半干旱地区,较小的降水增加量不足以抵消因气温升高而引起的蒸发量增加,因此和水热条件相对较好的青海东部地区相比,其 NPP 值较小。未来青海省 NPP 值大致范围:2020 年 NPP 为 $2.5~7.0\ t\ DW \cdot hm^{-2} \cdot a^{-1}$,2050 年 NPP 为 $2.7~7.5\ t\ DW \cdot hm^{-2} \cdot a^{-1}$,2080 年 NPP 为 $2.9~7.8\ t\ DW \cdot hm^{-2} \cdot a^{-1}$。

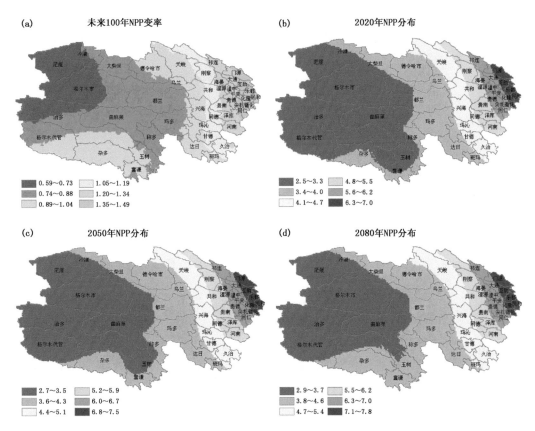

图 4.5 未来 100 年 NPP 变化趋势及(a)2020(b)、2050(c)和 2080(d)年 NPP 分布特征
（t DW/(hm² · 100a)，t DW/(hm² · a)，t DW/(hm² · a)，t DW/(hm² · a)）

四、结论与讨论

(1)在青海高原典型草场选取 22 个样点进行 NPP 的测定，分析 NPP 实测值与模拟值的相关性，结果表明两者存在很好的相关性，相关系数为 0.8183，达到 $P<0.01$ 显著水平，这说明周广胜模型在青海高原具有很好的适用性，在一定程度上能代表青海高原 NPP 的变化趋势，这与已有的研究结果一致(胥晓，2004；林慧龙等，2007)，对比模拟值和实测值发现，在大部分地区模拟值比实测值偏大，这主要是由样本测定方法、模型本身的不确定性和样点的选取等原因造成的。

(2)1961—2009 年青海省平均 NPP 在波动中呈增加趋势，尤其是 2003 年以来增加趋势明显。青海境内地形地貌复杂，各地气候特征及变化趋势差异较大，因此近 49 a 来青海各地 NPP 变化趋势不尽相同。这和前人对全国和青藏高原的研究结果一致(朴世龙和方精云，2002；侯英雨等，2007；黄玫等，2008)，但也有研究表明在青海部分地区植被生产力呈减小趋势(李英年等，2007；张景华和李英年，2008)，究其原因，主要是因为这些研究所选取的样地既受气候条件的影响也有人类活动的影响，因此单纯利用公式进行 NPP 的计算，没有考虑人类活动的影响，因此更能反映气候变化对 NPP 的影响。

（3）在气候变暖背景下，青海 NPP 与降水量、气温存在较高的相关性，但 NPP 对降水量变化的响应较气温高，这和对全国的研究结果比较一致（侯英雨等，2007）。青海属于干旱、半干旱地区，且年平均气温较低，因此 NPP 对降水和气温的依赖性较大，近年来随着气温的不断升高，降水量的多少就成了影响 NPP 大小的重要因子。

（4）未来气候条件下，青海高原 NPP 呈不断增加的趋势，这与张景华等人的研究结果较为一致。未来 SRESA1B 情景下，青海各地 NPP 均呈增加的趋势，2020 年 NPP 在 2.5～7.0 t DW·hm^{-2}·a^{-1} 之间，2050 年 NPP 在 2.7～7.5 t DW·hm^{-2}·a^{-1}，2080 年 NPP 在 2.9～7.8 t DW·hm^{-2}·a^{-1} 之间，增加幅度呈由东向西逐渐减小的趋势。

（5）仅选取了个别点来验证周广胜模型的适用性，青海境内地形地貌复杂多样，能否对所有的地貌类型都适用，还有待进一步验证；目前由于全球气候模式的分辨率还较低，气候模式在诸多方面还有待完善，因此所提供的未来情景数据存在一定的不确定性，由此确定的未来 NPP 变化趋势也相应存在一定的不准确性。

第二节　三江源区气候变化对植被净初级生产力的影响

三江源地区位于世界屋脊——青藏高原的腹地，是长江、黄河以及澜沧江的发源地，孕育了具有悠久历史的华夏文明和中南半岛文明（曹建廷等，2007）。近年来，三江源地区的生态环境急剧恶化，出现草场退化、土地沙漠化及冰川消退、湿地萎缩等一系列以植被退化和水资源变化为核心的生态问题，严重影响到江河中下游地区的经济发展（王军邦等，2009；李红梅，2011；周秉荣等，2011；周才平，2004）。

植被净初级生产力（net primary productivity，简称 NPP）是指绿色植物在单位面积和单位时间内所积累的有机物数量，是光合作用所产生的有机质总量减去呼吸消耗后的剩余部分（王军邦等，2009）。NPP 表示植物固定和转化光合产物的效率，决定了可供异养生物利用的物质和能量，直接反映植物群落在自然环境条件下的生产能力，因此是评价生态系统结构与功能协调性，以及生物圈人口承载力的重要指标（李红梅等，2011）。掌握三江源区域 NPP 年际间的定量变化规律，对评价三江源区域乃至江河中下游地区生态系统的环境质量、调节生态过程以及估算碳汇具有十分重要的意义。

区域或全球尺度的 NPP 估算主要以模型为主，研究植被净初级生产力的模型主要有三类：气候生产力模型、光能利用率和生理生态过程模型（张美玲等，2011）。本节通过校验适用于干旱、半干旱草原的几种气候生产力模型，以周广胜模型为基础，建立了三江源植被 NPP 估算模型，分析了三江源地区 1961—2014 年以来植被 NPP 变化特征、空间分布格局及未来 SRESA1B 情景下的可能变化趋势，为探索三江源区植被生态与自然环境对气候变化的响应与适应，应对气候变化和自然环境保护提供依据。

一、数据与研究方法

1. 数据来源与处理

1961—2014 年年平均温度、年降水量和年日照时数等气象资料及地理信息资料来自青海省信息中心；未来温室气体中等排放（SRESA1B）情景下 2011—2100 年月平均气温和月降水量数据来自于国家气候中心发布的中国地区气候变化预估数据集中的全球气候模式加权平均集合数据。植被 NPP 实测值由下式转换得到：

$$NPP_{ob} = a_t \cdot b_t \cdot Y_{ob} \tag{4.7}$$

式中，Y_{ob} 是牧草鲜重，单位 $g \cdot m^{-2}$，数据由青海省气象局各生态监测站提供，a_t 牧草干鲜比，无量纲，各生态站测定数据，b_t 碳转化率，取常数 0.45。植被 NPP 计算中各站用到的净辐射资料由模型估算（周秉荣等，2011）。

趋势系数计算公式见公式(4.6)。

2. 模型介绍

采用的主要模型有 Miami 模型（Lieth H，1972）、Thornthwaite Memorial 模型（侯光良和游松才，1990）、Chikugo 模型（Lieth H，1972）、周广胜模型（周广胜和张新时，1995）和朱志辉模型（Uchijima Z 和 Seino H，1985），形式见表4.2。

表4.2 5种 NPP 估算模型基本信息

模型名称	参数	模型描述	作者	年份
Miami	温度(T) 降水(r)	$NPPt = \dfrac{30}{1+e^{(1.42-0.141t)}}$ $NPPr = 30(1-e^{-0.00065r})$	Lieth；Box	1975
Thornthwaie Memorial	蒸散(E) 辐射干燥度(RDI)	$NPP = 30[1-e^{-0.0000695(V-20)}]$ $V = \dfrac{1.05r}{\sqrt{1+(1+\frac{1.05r}{L})^2}}$ $L = 3000+25t+0.05\,t^3$	Lieth	1974
Chikugo	净辐射 (Rn)	$NPP = 1.29 \cdot Rn \cdot e^{0.216RDI^2}\ RDI = \dfrac{Rn}{L \cdot r}$ (L 为蒸发潜热(0.596 kcal/g))	Uchijima	1985
周广胜	温度(T) 降水(R)	$NPP = RDI^2\,\dfrac{r(1+RDI+RDI^2)}{(1+RDI)(1+RDI^2)}$ $EXP(-\sqrt{9.87+6.25RDI})$ $RDI = (0.629+0.237PER-0.00313PER^2)^2$ $PER = PER/r = BT \times 58.93/r$ $BT = \sum \dfrac{t}{365}$	周广胜	1998
朱志辉	净辐射(Rn)	$NPP = 6.93 \cdot Rn \cdot e^{(-0.224RDI)}\quad RDI \leqslant 2.1$ $NPP = 8.26 \cdot Rn \cdot e^{(-0.498RDI)}\quad RDI > 2.1$	朱志辉	1993

二、三江源区净初级生产力时空变化特征

1. 三江源 NPP 模型选用

模型运行结果如图4.6所示，六类模型中 Miami 温度模型、Chiugo 模型、朱志辉模型可决系数分别为 0.02、0.19、0.26，前两者未通过显著性检验，说明不适用于三江源植被 NPP 模

拟。Thornthwaite Memorial、周广胜、Miami 降水模型模拟可决系数分别是 0.34、0.49、0.29，通过显著性检验，其中周广胜模型相关系数达到 0.70，表明周广胜模型模拟三江源植被 NPP 具有一定适用性，这与李红梅(2011)等研究结果一致。利用三江源区青海省气象局各生态站实测植被 NPP 值做模型校准如下。

$$NPP_{est} = 119.26 - \frac{100.2}{1 + \left(\frac{NPP_{zgs}}{353.08}\right)^{10.88}} \tag{4.9}$$

式中，NPP_{est} 为修正模型估测值；NPP_{zgs} 为周广胜模型估测值。

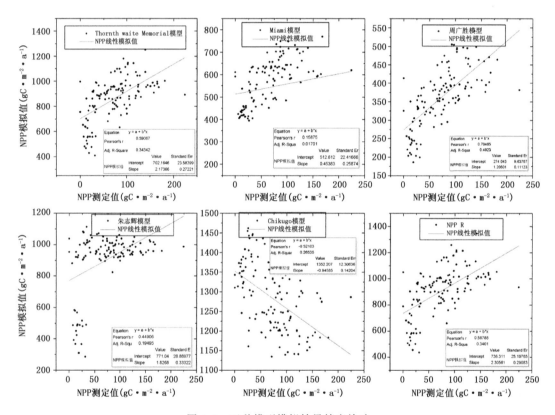

图 4.6　五种模型模拟结果精度检验

2. 三江源净初级生产力空间分布

利用三江源 18 个气象台站 1961—2014 年气象资料，根据周广胜模型和公式(4.9)估算三江源地区的 NPP。

1961—2014 年区域内 NPP 最高值 118.85 gC·m⁻²·a⁻¹，最低值 19.10 gC·m⁻²·a⁻¹，区域平均值 59.59 gC·m⁻²·a⁻¹(表 4.3)。该值低于周才平等人(2004)估算的青藏高原高寒草甸生态系统植被 NPP 数值 214.64 gC·m⁻²·a⁻¹，接近高寒草原生态系统植被 NPP 数值 63.95 gC·m⁻²·a⁻¹，从空间格局分析(图 4.7)，三江源植被 NPP 呈东南到西北降低的空间格局，东部的久治、班玛和囊谦在 92.97gC·m⁻²·a⁻¹ 以上，而西北部的治多、唐古拉山区 NPP 在 20.47 gC·m⁻²·a⁻¹ 以下；东北部的玛沁、兴海、同德及泽库在 34.13~66.71 gC·

$m^{-2} \cdot a^{-1}$ 之间。

按流域分析:降水最为丰富,热量条件较好的澜沧江流域,植被 NPP 介于 $33.10 \sim 98.47$ $gC \cdot m^{-2} \cdot a^{-1}$ 之间,平均为 91.79 $gC \cdot m^{-2} \cdot a^{-1}$;降水和气温条件次之的黄河流域为 19.07 ~ 118.85 $gC \cdot m^{-2} \cdot a^{-1}$ 之间,平均 66.06 $gC \cdot m^{-2} \cdot a^{-1}$;区域范围广,源头高寒少降水的长江流域植被 NPP 介于 $19.07 \sim 115.68$ $gC \cdot m^{-2} \cdot a^{-1}$ 之间,平均值仅为 39.08 $gC \cdot m^{-2} \cdot a^{-1}$。三江源全区相比较,澜沧江、黄河流域植被 NPP 高于全区平均,而长江流域低于全区平均。三江源区植被的 NPP 主要受区域水热分配格局的影响,从而表现出明显的区域分异特征(王军邦等,2009)。从标准差分析,黄河流域的标准差高于其他流域,说明该流域年际及空间的波动高于其他两个流域。

表 4.3 　1961—2014 年三江源区各流域植被 NPP 统计量(单位:$gC \cdot m^{-2} \cdot a^{-1}$)

流域	平均值	最小值	最大值	标准差
澜沧江流域	91.79	33.10	98.47	21.76
黄河流域	66.06	19.07	118.85	33.48
长江流域	39.08	19.07	115.68	30.02
三江源区	59.67	19.07	118.85	35.13

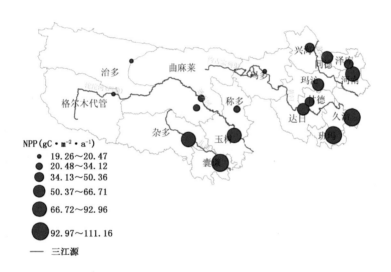

图 4.7　三江源区植被 NPP 的空间分布

3. 三江源区 NPP 对气候变化的响应

利用 18 个地区 NPP 平均值代表三江源区 NPP 变化特征。如图 4.8 所示,从 1961—2014 年三江源区平均 NPP 在波动中呈增加趋势,年增加量为 0.293 $gC \cdot m^{-2} \cdot a^{-1}$,其中 1961—2000 年变化趋势不甚明显,自 2000 年以来,增幅加大,NPP 年增加率为 1.818 $gC \cdot m^{-2} \cdot a^{-1}$。

图 4.9 表示三江源全区 1961—2014 年气温、降水、日照百分率的年际变化。在此三要素中,日照百分率的变化不显著,也未通过显著性检验($p = 0.54$),降水在 1961—2014,,2000—2014 年两个时段虽呈增加趋势,但未通过显著性检验($r_1 = 0.22$, $r_2 = 0.59$, $p_1 > 0.01$, $p_2 >$

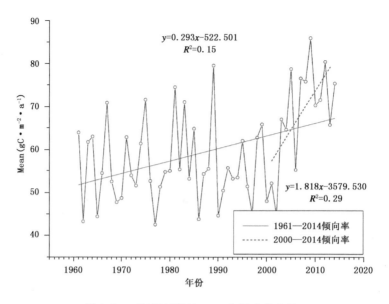

图 4.8　三江源区植被 NPP 年际变化趋势

0.01),气温在 1961—2014 年间显著升高($r=0.73,P<0.01$),气候倾向率 0.03 ℃/a,2000—2014 年,升温趋势明显,气候倾向率达到 0.05 ℃/a($r=0.59,p<0.01$)。就三江源全区平均而言,通过趋势分析,植被 NPP 在 1961—2014 年的波动增加,以及 2000 年之后的急剧增加,可能主要是气温升高所致。王军邦(2009)等通过遥感—过程耦合模型研究了青海三江源地区植被 NPP,结果表明气温对植被 NPP 的影响高于降水,气温与降水的标准化回归系数之比为 1.7,即气温的影响是降水的 1.7 倍,说明该地区气温是植被 NPP 的主要气候控制因素。

　　分区分析三江源区植被 NPP 变化情况,如图 4.10a 所示,黄河源区兴海、同德、泽库及达日植被 NPP 显著增加,尤其是同德地区,植被 NPP 增幅达到 0.756 gC·m⁻²·a⁻¹,该流域其余地区虽有增幅,但统计意义不显著。长江源区上游从沱沱河、五道梁到曲麻莱以及治多植被 NPP 都有显著增加,并且,水热条件较理想的中部区域增幅要大于上游地区,玉树地区增加不显著。澜沧江源区杂多植被 NPP 显著增加,年增幅达 0.534 gC·m⁻²·a⁻¹,而囊谦地区不显著。1961—2014 年,三江源区 18 个地区,年气温除班玛外,全部显著升高(图 4.10b),增幅最明显区域治多和泽库,分别达到 0.045 和 0.044 ℃·a⁻¹;年降水五道梁和玛多显著增加(图 4.10c);而年日照(图 4.10d)增加显著的区域是河南、久治、玛多、曲麻莱、五道梁、沱沱河及囊谦等地。分析图 4.10,玛沁、甘德、久治、班玛、玉树和囊谦这些区域是三江源区降水较为充沛区域,但 NPP 的增幅是不显著的。可能由于这些地区未来气温增幅较大,但降水量增幅相对较小,较小的降水增加量不足以抵消因气温升高而引起的蒸发量增加,因此 NPP 增幅呈现出这种特征。

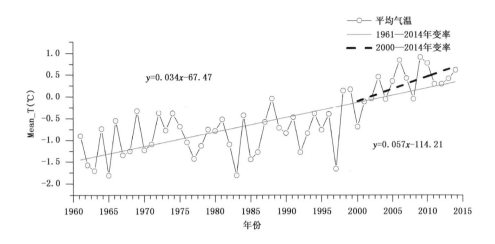

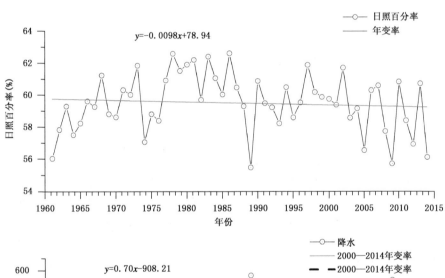

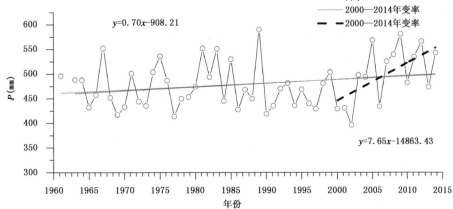

图 4.9　三江源区 1961—2014 年主要气候要素年际变化

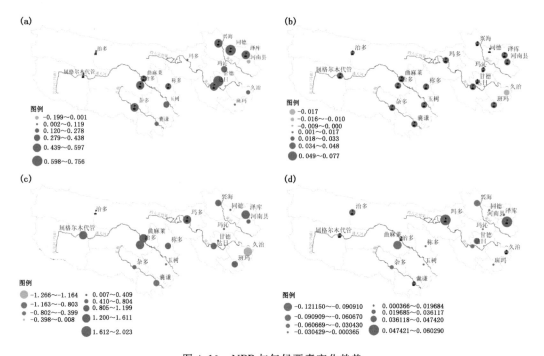

图 4.10　NPP 与气候要素变化趋势

((a)NPP 变化趋势,gC・m^{-2}・a^{-1};(b)气温年变化趋势,℃・a^{-1};(c)降水年变化趋势,mm・a^{-1};
(d)日照年变化趋势,h・a^{-1})

4. 三江源区域 NPP 未来变化

为了预估未来气候变化及其影响并为制定减缓和适应气候变化的对策措施奠定基础,第四次 IPCC 排放情景特别报告(SRES)描述了新的未来情景,预测了与社会经济发展相联系的温室气体排放,其中 SRESA1B 情景是各种能源平衡发展时的中等排放情景,比较符合我国的长期发展规划。利用国家气候中心发布的中国地区气候变化预估数据集中的全球气候模式加权平均集合数据,应用校正后的周广胜模型,可得到在 SRESA1B 情景下 2020—2080 时段三江源区各地植被 NPP 的空间分布(图 4.11)。

未来 2020 时段三江源区植被 NPP 大致范围为 18.92～118.88 gC・m^{-2}(图 4.11a),2050时段为 20.1～119.96 gC・m^{-2}(图 4.11b),2080 时段 NPP 为 20.82～119.88 gC・m^{-2}(图4.11c)。三江源全区平均植被 NPP 预估值 2020 时段、2050 时段和 2080 时段分别为 74.5、86.6、96.3 gC・m^{-2},整体趋势增加,植被 NPP 年增幅为 0.17 gC・m^{-2}・a^{-1}。2020、2050和 2080 时段三江源区植被 NPP 分布趋势大致相同,均呈由东向西逐渐减小的趋势,这与李红梅等(2011)研究结果一致。长江源和澜沧江源的玉树地区,植被 NPP 呈一低值区,2020 时段表现明显,其值约在 18.92～27.54 gC・m^{-2}之间,远低于周边区域,到 2080 时段逐渐增加,其值达到 50.55～60.45 gC・m^{-2}之间。

未来 60a 间,预估三江源全区范围植被 NPP 内将呈现增加的趋势,幅度较快的区域是长江源的沱沱河、曲麻莱、治多东部和玉树等区域,澜沧江源的杂多和囊谦等区域,其增幅在0.38 gC・m^{-2}・a^{-1}～0.72 gC・m^{-2}・a^{-1},增加幅度最大区域是杂多和曲麻莱,分别为 0.68和 0.72 gC・m^{-2}・a^{-1},黄河源区增幅较小,尤其是兴海、同德、泽库及河南等区域,增幅仅有

$0.00\sim0.04\ gC\cdot m^{-2}\cdot a^{-1}$（图 4.11d）。

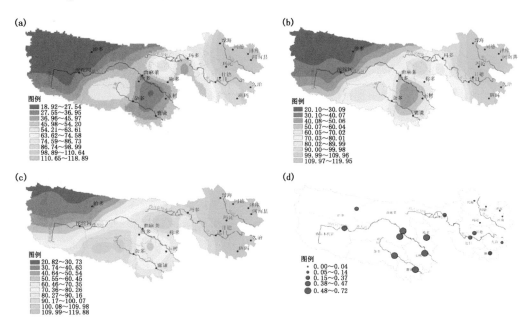

图 4.11　三江源 SRESA1B 情景下 2020 年代(a)、2050 年代(b)、2080 年代(c)平均植被 NPP 分布和
未来 60 年植被 NPP 变率(d)预估（单位：$gC\cdot m^{-2}$,$gC\cdot m^{-2}$,$gC\cdot m^{-2}$,$gC\cdot m^{-2}\cdot a^{-1}$）

第三节　气候变化对青海高原植被演替的影响分析

全球变暖已成为事实,并且正在直接或间接地对自然生态系统产生影响(Houghton 等,
2001)。观测到的证据表明气候变化已经影响到各种自然和生物系统,如冰川退缩(施雅风,
2005、永冻融化(Nelson,2003;Izrael 等,2002;Osterkamp,2000)、中高纬度地区生长季延长
(郑景云等,2002)等。青海高原地处青藏高原东北部,对全球气候变暖的响应比较敏感,是气
候变化敏感区。许多相关研究证明,青藏高原气温的升温幅度大于全国的平均水平,而降水量
的变化各地不一致,差异较大。弄清气候各要素变化与不同尺度下生态系统之间的相互作用,
揭示生态系统对气候要素变化的响应及适应能力成为全球变化研究的一个重要领域(刘世荣
等,1996;郑元润等,1997;Mccarthy 等,2001;Minnen 等,2002;Fuhrer,2003;Hitz 和 Smith,
2004)。在青海高原受不同气候条件的影响,各地所分布的植被类型亦有很大的差异,利用综
合顺序分类法划分青海省植被类型,该方法是以任继周院士为代表,在其草原发生与发展理论
的指导下,参考并吸收世界各国草原分类方法的优点,提出的一种草原分类方法。1995 年胡
自治教授等对综合顺序分类法进行了新的改进,使该方法更趋完善(胡自治,1997)。根据不同
气候条件下,青海省各地草场类型的演替情况,来分析植被类型对气候变化的响应情况。

一、资料来源与方法

利用青海省 50 个气象台站 1961—2007 年日平均气温、降水资料和 50 个气象台站
1971—2000 年的气象要素整编资料。

　　植被类型的划分采用综合顺序分类法,利用全省 50 个气象台站的日平均气温计算出各站 >0 ℃的年积温 $\sum\theta$,根据湿润度 K 计算公式:

$$K = R/(0.1 \times \sum\theta) \tag{4.10}$$

式中,K 为湿润指数,R 为年降水量,$\sum\theta$ 为 >0 ℃年积温。

　　计算出各站的 K 值,然后根据草原类型第一级—类的检索图就可以确定各个地区的植被类型。

二、青海省植被类型演替趋势

1. 青海省气候变化事实

　　以 1971—2000 的气象要素为基准时段,1961—2007 年升温率为 0.35 ℃/10a,远远高于近 50 a 全球、全国的 0.13 ℃/10a、0.16 ℃/10a 的升温率。同时从图 4.12a 中也可以看出,大致以 1987 年为界,将青海省年平均气温变化趋势分为两个阶段,1961—1987 年为偏冷期,年平均气温距平以负值为主,升温率 0.16 ℃/10a。1988—2007 年为偏暖期,年平均气温距平以正值为主,升温率为 0.64 ℃/10a。从空间变率来看,在柴达木盆地升温率最大,三江源的东部等地升温率较小(图 4.12b)。

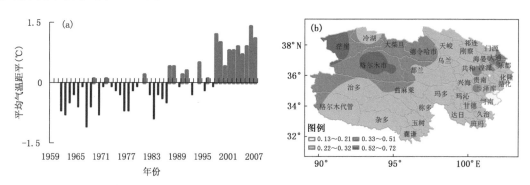

图 4.12　1961-2007 年青海省年平均气温距平变化(a)、升温率空间分布(b)(单位:℃,℃/10a)

　　1961—2007 年,青海省年降水量变化较小(图 4.13a),但时空变化较为明显,各地变化趋势不同,1987 年以前年平均降水量增加趋势为 0.14 mm/10a,1987 年以后年平均降水量增加趋势为 3.92 mm/10a。东部农业区和三江源地区基本无变化,环青海湖地区呈微弱增加趋势,增加率为每 0.02 mm/10a;柴达木盆地增加趋势较明显,增加率为 0.06 mm/10a(图 4.13b)。

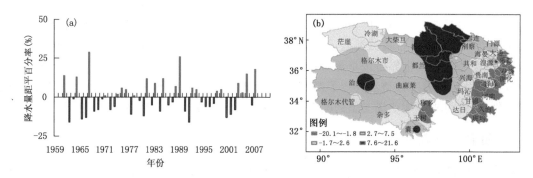

图 4.13　1961—2007 年青海省年降水距平百分率变化(a)、降水变化率空间分布(b)(单位:%,mm/10a)

2. 当前气候条件下青海省植被类型演替分析

一个地区所分布的植被类型都是经历了长期的与其生境条件相适应过程而定居下来的,短期的气候波动会对当时的生长发育等造成一定的影响,对于已经演替到顶级状态的植被来说,如果没有特别大的外界干扰,其类型一般不会发生变化。但对于任何植被类型而言,都有它生存的适宜环境条件和生存条件的阈值,当生存环境发生改变且达到一定限度,超过了生存条件的阈值时,草地类型就会发生改变。从青海省 1961—2007 年的气候变化特征来看,以1987 年为界,前后两个时段气候变化较大,因此,将过去近 50 a 划分为两个阶段,来分析青海植被类型的演替情况。

在综合顺序分类法中>0 ℃的年积温和湿润度 K 值是决定一个地区草场类型的主要指标,分析图 4.14a 和图 4.14b 可以看出,1987 年前后两个时段的中>0 ℃的年积温和湿润度 K 值相差较大,尤其是>0 ℃的年积温,1987 后全省都呈增加趋势,且增加幅度较大。湿润度 K 值全省各地变化趋势不一,大部分地区呈增加趋势,尤以青海西南部地区增加最为明显。利用1988—2007 年的资料划分出的植被类型与 1961—1987 年时段的植被类型(图 4.15)相比,大多数地区是朝着暖干化的方向发展如图 4.16 所示。

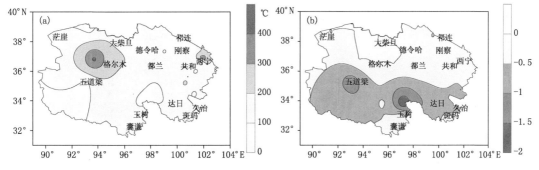

图 4.14　1987 年前后积温差值图(a)、1987 年前后湿润度差值图(b)

分析 1987 年前后>0 ℃的年积温和湿润度 K 值的变化率可以发现,1987 年以来受全球气候变暖大环境的影响,气温升高较快,降水量虽有所增加,但不抵由于气温升高而造成的蒸发量加大,大部分地区>0 ℃的年积温升高趋势增加,而湿润度 K 值则呈减小趋势。选择有代表性的三地区格尔木、玛多、刚察来分析 1987 年前后>0 ℃的年积温和湿润度 K 值的变化趋势,具体结果如表 4.4。

表 4.4　1987 年前后代表性地区积温和湿润度变化率

地区	格尔木		刚察		玛多	
时段	1961—1987 年	1988—2007 年	1961—1987 年	1988—2007 年	1961—1987 年	1988—2007 年
积温(℃/10a)	90.1	200.25	−18.59	103.98	−28.5	78.47
湿润度(/10a)	0.004	−0.018	0.093	−0.112	0.292	−0.405

从表 4.4 代表性地区积温和湿润度的变化率可以看出,1987 年前后青海省气候条件发生了很大的变化,而且变化趋势也大不相同。1961—1987 年格尔木是朝着暖湿的方向发展,其他两地区朝着冷湿的方向发展,1988—2007 年三地区均朝着暖干化的方向发展。1987 年后湿润度呈减小趋势,其减小率远高于 1987 年前的增加率,但自 1987 年以来气温升高明显,而降

水量的微量增加不抵由于气温升高而造成的蒸发量增加,湿润度减小速度较快,因此在1988—2007 年的时段内植被类型朝着暖干化方向发展的速度增大。

利用 1961—1987 年的气象资料所划分出来的青海省植被类型主要有:寒冷潮湿多雨冻原、高山草甸类,寒温干旱山地半荒漠类,寒温潮湿寒温性针叶林类,微温干旱温带半荒漠类,寒温微干山地草原类,微温极干温带荒漠类,寒温微润山地草甸草原类,寒温湿润山地草甸类,微温微干温带典型草原类,寒温极干山地荒漠类,微温湿润森林草原、落叶阔叶林类,微温微润草甸草原类共 12 类(见图 4.15)。

图例	
ⅠF36寒冷潮湿多雨冻原、高山草甸类	ⅡF37寒温潮湿寒温性针叶林类
ⅡA2寒温极干山地荒漠类	ⅢA3微温极干温带荒漠类
ⅡB9寒温干旱山地半荒漠类	ⅢB10微温干旱温带半荒漠类
ⅡC16寒温微干山地草原类	ⅢC17微温微干温带典型草原类
ⅡD23寒温微润山地草甸草原类	ⅢD24微温微润草甸草原类
ⅡE30寒温湿润山地草甸类	ⅢE31微温湿润森林草原、落叶阔叶林类

图 4.15　1987 前青海省植被类型分布图

利用 1988—2007 年的气象资料所划分出来的青海省植被类型主要有:寒冷潮湿多雨冻原、高山草甸类,寒温潮湿寒温性针叶林类,微温极干温带荒漠类,微温干旱温带半荒漠类,微温微润草甸草原类,微温湿润森林草原、落叶阔叶林类,微温潮湿针叶阔叶混交林类,暖温干旱暖温带半荒漠类,暖温微干暖温带典型草原类等 9 类(图 4.16)。

3. 未来气候条件下,CO_2 倍增时青海省草场类型分布图

利用全球大气环流模式和目前较为常用的高分辨率区域气候模式耦合生成气候变化数据可知(高学杰等,2003a),当未来大气中 CO_2 浓度加倍时,西北地区年平均气温的增加幅度是

Ⅰ F36寒冷潮湿多雨冻原、高山草甸类

Ⅱ F37寒温潮湿寒温性针叶林类

ⅢA3微温极干温带荒漠类

ⅢB10微温干旱温带半荒漠类

ⅢD24微温微润草甸草原类

ⅢE31微温湿润森林草原、落叶阔叶林类

ⅢF38微温潮湿针叶阔叶混交林类

ⅣB11暖温干旱暖温带半荒漠类

ⅤC21暖温微干暖温带典型草原类

图 4.16　1987后青海省植被类型分布图

最大的,其中又以青藏高原增加最多,达 2.6~3.1 ℃。气候变化后各地年平均气温相对于气候变化前都有不同幅度的增加,青海东部增温 2.8~3.0 ℃,西藏未来的年平均气温增加幅度是最大的,约在 3.0 左右。当未来大气中的 CO_2 浓度加倍时,降水也在发生变化。除新疆东北部和西南部的一些地区年降水量增幅不到 20％外,其余的大部分地区的年降水量增幅均在 20％左右。

　　分析青海省 50 个气象台站年平均气温与>0 ℃年积温相关关系,发现它们存在着很大的相关性,相关系数达到 0.98,通过信度为 0.01 的检验,利用年平均气温估算>0 ℃年积温具有很高的可靠性。>0 ℃年积温(Y)与年平均气温(t)之间的计算公式为:

$$Y = 1534.355 + 216.227t \tag{4.11}$$

　　以未来大气中 CO_2 浓度加倍时,青海西部年平均气温增加 2.5~2.6 ℃,东部增温 2.8~3.0 ℃,降水量按增幅 20％估算,利用公式 4.11 计算未来大气中 CO_2 浓度加倍时,青海省各地>0 ℃年积温增加明显(图 4.17a),全省大部分地区所属热量带都发生了明显的改变。而湿润度 K 值比 CO_2 倍增前则有所降低(图 4.17b),且以青南地区变化最为明显。可以看出,在青海地区降水虽然有所增加,但不能抵消由于气温升高所造成的蒸发加剧现象,而且在青海未来气候条件下,气候状况还会朝着更为暖干化的方向发展。

　　由于受上述气候条件的影响,未来青海省草场类型的分布发生了一定的变化。与当前分

布情况相比,全省各地草场类型将会朝着暖干化的方向发展,CO_2 倍增时青海省草场类型分
布图如图 4.18 所示。CO_2 倍增时青海省草场类型主要有:寒冷潮湿多雨冻原、高山草甸类,寒
温潮湿寒温性针叶林类,暖温干旱暖温带半荒漠类,暖温微干暖温带典型草原类,微温潮湿针
叶阔叶混交林类,微温干旱温带半荒漠类,微温极干温带荒漠类,微温湿润森林草原、落叶阔叶
林类,微温微润草甸草原类等 9 类。

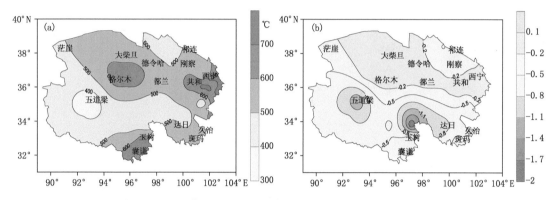

图 4.17　CO_2 倍增前后积温差值(a)和湿润度 K 差值分布图(b)

图 4.18　CO_2 倍增后青海省植被类型情景分布图

第四节　柴达木盆地气候变化对植被的影响分析

　　植被是陆地生态系统中对气候变化响应最敏感的组分,在一定程度上是气候变化的指示器。在当前气候变化背景下,世界各地植被生长发育状况和地域分布特征都发生了明显改变,但随着各地气候变化特征的不同,植被所作出的响应亦存在较大的差异(张学珍等,2013;穆少杰等,2012;任正超等,2011;Tucker 等,1991;Yang 等,1998;Yang 等,1997)。有学者研究表明20 世纪80 年代初至 90 年代末,气候变暖导致了中国青藏高原和北半球高纬度地区植被活动的显著增强(Myneni 等,1997;Zhou 等,1999;徐兴奎等,2008;张戈丽等,2010)。也有学者指出 2000 年以后北半球多个地区植被活动呈减弱趋势,气温持续升高所导致的干旱化过程可能是驱动这些地区植被活动变化的主要原因(Myneni 等,1997;Zhou 等,1999;徐兴奎等,2008;张戈丽等,2010)。综合以上分析可以发现,气候变化在不同时间尺度和空间尺度上分析结果存在较大的差异,或者由于利用的资料源不同,所分析的结果也存在很大的不同,由此引起的对植被的影响评估结果也存在很大的差异性,尤其是在地形条件复杂多样的青藏高原表现更为突出。

　　柴达木盆地位于青海高原西北部,是我国海拔最高的高原型盆地,盆地四周高山环抱,地貌复杂多样,垂直分异明显,整个盆地大致以海拔 3350 m 为界,可分为盆地内干旱荒漠区和盆地四周高寒区(《柴达木生态保护与循环经济》编辑委员会,2013)。该区域降水稀少,蒸发强烈,气候干燥,生态环境脆弱,是整个青藏高原升温最显著的地方,也是全球气候变化影响最敏感的地区(李红梅等,2012;陈晓光等,2009;李林等,2010)。近年来随着全球气候变暖,众多学者对柴达木盆地气候变化特征进行了研究(时兴合等,2005;李永飞和杨太保,2005;陈碧珊等,2010;唐红玉和李锡福,1999;王建等,2002;吕少宁等,2010;李林等,2015),并指出,随着柴达木盆地降水的增多,该区正经历着由暖干向暖湿的气候转型(戴升等,2013;施雅风等,2000;李林等,2005;李远平等,2007)。然而,在此气候转型背景下,对条件极其脆弱的草地植被产生了何种影响,加之,柴达木盆地各地气候条件差异较大,气候变化对不同区域、不同植被类型所产生的影响是否相同,目前对这些问题的研究尚显不足。利用 1961—2016 年气象观测资料和1982—2016 年遥感监测资料,评估柴达木盆地气候变化对不同区域、不同植被类型归一化植被指数(normalized difference vegetation index, NDVI)的影响,以及气候变化对植被演替的影响趋势,通过研究气候变化对植被的影响,在一定程度上可以预估未来植被可能变化的趋势,为今后柴达木盆地实施生态环境保护和开展适应气候变化工作等提供参考。

一、资料料与方法

1. 资料来源

　　气象数据利用柴达木盆地 1961—2016 年茫崖、冷湖、大柴旦、德令哈、天峻、格尔木、诺木洪、都兰、茶卡和小灶火共 10 个气象站逐日气温、降水等资料,所有资料均经过严格的质量控制,具有较高的可信度。

　　NDVI 值采用 GIMMS 和 MODIS 两个卫星源的数据。GIMMS 数据是美国航空航天局(National Aeronautics and Space Administration, NASA)全球监测与模型研究组(Global Inventor Modeling and Mapping Studies, GIMMS)发布的 NDVI 半月最大值合成值(maximum value composites, MVC),空间分辨率为 8 km×8 km,时段为 1982 年 5 月—2006 年 12 月。

MODIS数据采用青海省遥感中心EOS/MODIS系统接收的数据,空间分辨率为250 m×250 m,时段为2002年1月—2016年12月。两种NDVI数据集都已经过几何精纠正、辐射校正、大气校正等预处理,并采用最大值合成法减少云、大气、太阳高度角等的影响。

2. 方法

由于GIMMS和MODIS数据采用了不同的传感器,利用1982—2006年GIMMS资料和2001—2016年MODIS资料相重叠的2001—2006年NDVI值进行相关性分析。分析发现在不同区域(盆地四周高寒区和盆地内干旱荒漠区)以及不同植被类型(温性荒漠、低地草甸、高寒草原)的GIMMS数据和NDVI数据均存在较高的相关性,都通过了置信度为0.01的极显著检验(图4.19)。根据GIMMS和MODIS两者关系,利用2007—2016年GIMMS的NDVI值插补MODIS NDVI值,建立1982—2016年柴达木盆地四周高寒区、盆地内干旱荒漠区、低地草甸、温性荒漠、高寒草原植被MODIS NDVI值序列。

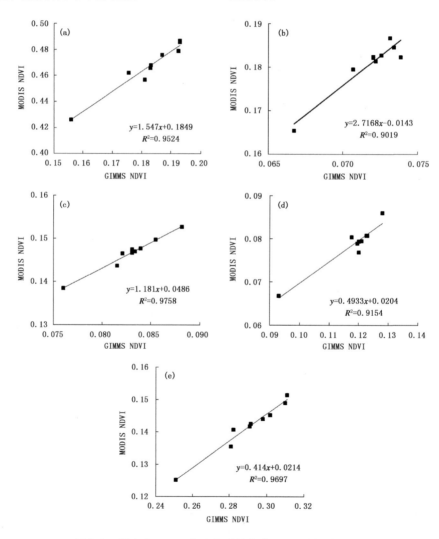

图4.19　2001—2006年盆地四周高寒区(a)、盆地内干旱荒漠区(b)、低地草甸类(c)、温性荒漠类(d)和高寒草原类(e)GIMMS NDVI和MODIS NDVI相关性

根据不同区域(盆地四周高寒区和盆地内干旱荒漠区)和不同植被类型(低地草甸类、温性荒漠类、高寒草原类)GIMMS NDVI 和 MODIS NDVI 值的相关性,利用 GIMMS NDVI 值对MODIS NDVI 值进行插补,具体插补模型见表4.5。

表 4.5　不同区域和不同植被类型 NDVI 值插补模型

植被类型	模型	F 值
盆地四周高寒区	$Y=0.1849+1.547X$	35.063**
盆地内干旱荒漠区	$Y=0.0143+2.717X$	30.426**
低地草甸类	$Y=0.0486+1.181X$	43.673**
温性荒漠类	$Y=-0.0204+0.493X$	110.309**
高寒草原类	$Y=0.0214+0.414X$	32.517**

注:Y 为 MODIS NDVI,X 为 GIMMS NDVI,** 表示通过置信度为 0.01 的极显著检验

采用改进的综合顺序分类法分析植被演替特征,综合顺序分类法是以任继周院士为代表,在其草原发生与发展理论的指导下,参考并吸收世界各国草原分类方法的优点,提出的一种草原分类方法(任继周等,1965;任继周等,1980)。1995 年胡自治等(胡自治和高彩霞,1995)对综合顺序分类法进行了新的改进,使划分结果更趋完善,该方法以>0 ℃的年积温和湿润度指数 K 作为草地类型的划分因子,比较适合于划分青海高原的草地类型(杜铁英,1992;李红梅和马玉寿,2009;张永亮和魏绍诚,1990)。

二、植被 NDVI 变化特征分析

1. 不同区域植被变化趋势

1982—2016 年柴达木盆地四周高寒区植被 NDVI 值呈明显增加趋势,趋势系数为0.0080/10a(图 4.20a),并通过显著性水平 0.05 的检验。从长期变化曲线来看以 1999 年为界大致分为两个阶段,其中 1982—1998 年 NDVI 值总体呈略微下降趋势,而 1999 年以来植被NDVI 值变化较为平稳,且维持在一个较高水平。

1982—2016 年柴达木盆地内干旱荒漠区植被总体呈增加趋势,趋势系数为 0.0070/10a,通过显著性水平 0.01 的检验。干旱荒漠区 NDVI 值具有阶段性变化,1996 年以前年际间变化幅度较大,呈增加趋势,1996 年以后变化较为平稳(图 4.20b)。

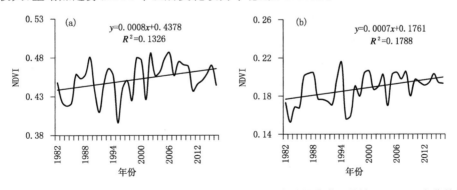

图 4.20　1982—2016 年柴达木盆地四周高寒区(a)、盆地内干旱荒漠区植被(b)NDVI 变化趋势

2. 不同植被类型 NDVI 变化特征

低地草甸类、温性荒漠类、高寒草原类 3 种植被类型是柴达木盆地主要植被类型，1982—2016 年这 3 种植被类型 NDVI 值均呈增加趋势，趋势系数分别为 0.001/10a、0.003/10a 和 0.005/10a，其中只有高寒草原类变化趋势通过信度 0.01 的极显著水平检验。主要是因为高寒草原类广泛分布在柴达木盆地四周高寒区，受气温升高、降水增多的有利影响，NDVI 值增加较为明显，而在盆地中分布较多的温性荒漠类受气候干旱的影响，NDVI 值变化不明显（图4.21）。

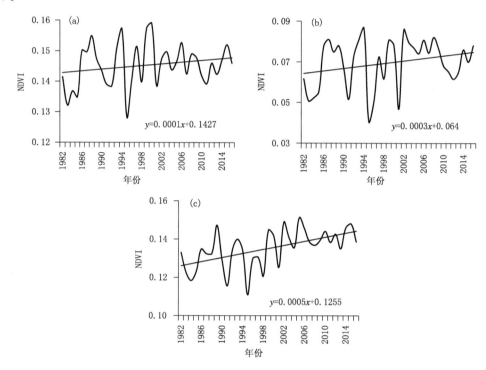

图 4.21　1982—2016 年柴达木盆地低地草甸类(a)、温性荒漠类(b)和高寒草原类(c)NDVI 变化趋势

3. 气候变化对植被 NDVI 的影响

(1)气候条件对不同类型植被 NDVI 的影响

以柴达木盆地低地草甸类、温性荒漠类、高寒草原类为代表性植被，分析气候变化对这 3 种植被 NDVI 的影响。受柴达木盆地植被生长季高温少雨的影响，低地草甸类、温性荒漠类、高寒草原类 3 种主要植被类型生长均受降水和蒸发量影响较大，其中低地草甸类、高寒草原类与降水量呈线性相关，随着降水量的增加，植被 NDVI 值呈增加趋势（图 4.22a,c）。而降水对温性荒漠类植物的影响较为复杂，在降水量开始增加时，随着降水量的增加 NDVI 值呈增加趋势，降水增加到一定程度后 NDVI 值不再增加（图 4.22b）。

蒸发量对植被 NDVI 值具有较明显的负影响（图 2.22d~f），通过相关分析表明，低地草甸类、温性荒漠类与蒸发量的相关系数分别为 -0.49 和 -0.56，通过信度为 0.01 的显著性检验，高寒草原 NDVI 与蒸发量的相关系数为 -0.40，通过了信度为 0.05 的显著性检验。

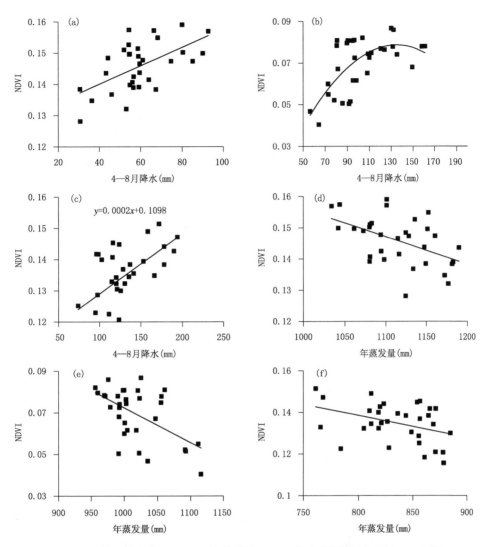

图 4.22　低地草甸类 NDVI、温性荒漠类 NDVI、高寒草原类 NDVI 与 4—8 月
降水量(a)、(b)、(c)以及年蒸发量(d)、(e)、(f)相关性

（2）植被 NDVI 的气候模拟模型

根据 1982—2016 年低地草甸类、温性荒漠类和高寒草原类 NDVI 值和 4—8 月降水量以及蒸发量变化特征，建立不同植被类型气候模拟模型，见表 4.6。

表 4.6　低地草甸类、温性荒漠类和高寒草原类 NDVI 气候模拟模型

植被类型	气候模拟模型	F 值
低地草甸类	$Y=0.196+2.293\times10^{-4}X_1-5.71\times10^{-5}X_2$	10.428**
温性荒漠类	$Y=0.176+1.857\times10^{-4}X_1-1.23\times10^{-4}X_2$	12.079**
高寒草原类	$Y=0.152+1.682\times10^{-4}X_1-4.73\times10^{-5}X_2$	8.671**

注：Y 为 NDVI 值，X_1 为 4—8 月降水量，X_2 为 4—8 月蒸发量，** 表示通过置信度为 0.01 的显著性检验

利用 1982—2016 年 4—8 月降水量和蒸发量模拟低地草甸类、温性荒漠类和高寒草原类 NDVI 值,从图 4.23 中可以看出,3 种类型草地 NDVI 值的气候模拟模型都能很好地地模拟出历年变化趋势。

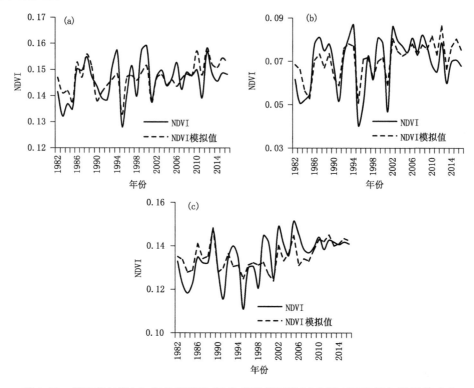

图 4.23　低地草甸类(a)、温性荒漠类(b)和高寒草原类(c)实际 NDVI 值与模拟值对比

4. 植被类型演替特征

利用综合顺序分类法分析柴达木盆地 1961—2016 年植被演替特征,根据相关学者对柴达木盆地气温变化特征的研究发现,该地区在 1987 年发生由冷向暖的突变(李林等,2015),因此以气温发生突变的 1987 年为界和以 10 a 为间隔,计算不同年代植被演替方向。>0 ℃年积温和湿润度 K 值是确定植被类型的气象因子,基于这两个区划因子进行植被演替特征的分析。

(1)气象因子变化特征

1961—2016 年>0 ℃年积温呈显著上升趋势,趋势系数达每 10 a 上升 85.4℃,与柴达木盆地年平均气温变化趋势一致,1998 年以来>0 ℃年积温呈明显增加趋势,1961—1997 年平均>0 ℃年积温为 2157.6 ℃,而 1998—2016 年平均值上升为 2452.4 ℃,前后两个时段平均值相差 294.8 ℃(图 4.24a)。同时,从>0 ℃年积温变化图也可以看出,在 1994 年左右柴达木盆地的热量级由寒温带转为微温带。

从空间变化趋势来看,柴达木盆地的西部积温增加率大于东部地区,其中茫崖、格尔木一带>0 ℃年积温增加幅度较大,平均每 10 a 达到 183.8 ℃,而柴达木盆地的东部天峻、乌兰等地增加率相对较小,平均每 10 a 增加 34.1 ℃(图 4.24 b)。

受柴达木盆地降水量增多的影响,1961—2015 年湿润度 K 值呈微弱增加趋势,整体来看,20 世纪 90 年代以前湿润度 K 值变化幅度较大,位于历史前 4 高的极值均出现在这一时

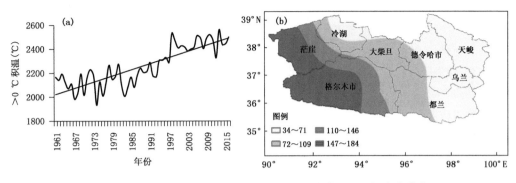

图 4.24　1961—2016 年柴达木盆地>0 ℃积温变化(a)、空间变率分布(b)

段;1990 年以后湿润度 K 值变化平稳,尤其是进入 21 世纪以来增加明显,且一直处在较高水平(图 4.25a)。

　　柴达木盆地各地湿润度指数变化趋势不尽相同,呈明显的东高西低特征,东部地区的德令哈、乌兰、都兰为一个大值区,湿润度指数增加系数为每 10 a 增加 0.052,而柴达木盆地西部的格尔木一带湿润度指数呈降低趋势,平均每 10 a 降低 0.028(图 4.25b)。

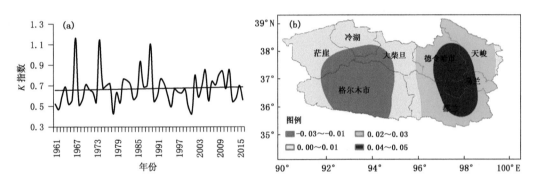

图 4.25　1961—2016 年柴达木盆地湿润度 K 变化(a)、湿润度 K 变率空间分布(b)

(2)以气温突变点为界分析植被演替

　　柴达木盆地气温在 1987 年前后发生了突变,因此以 1987 年为界分析气候突变前后植被演替特征。

　　在气象要素进行空间插值时,发现气候突变前后的>0 ℃积温和湿润度 K 值与海拔存在较高的相关性,为了提高空间插值精度,采用表 4.7 所示的回归方程进行插值。

表 4.7　>0 ℃积温、湿润度 K 回归方程

要素	回归方程	F
突变前积温	$JW_{突变前} = 6725.759 - 1.538 \times HB$	17.380**
突变后积温	$JW_{突变后} = 7761.723 - 1.799 \times HB$	31.521**
突变前湿润度指数	$K_{突变前} = -8.517 + 0.003069 \times HB$	21.559**
突变后湿润度	$K_{突变后} = -8.502 + 0.003066 \times HB$	22.162**

注:表中 HB 表示海拔,** 表示通过显著性水平 0.01 的相关性检验

利用表 4.7 中>0 ℃积温和湿润度 K 值的插值方程对柴达木盆地各格点进行插值,并根据综合顺序分类法对气候突变前和突变后植被进行分类。从表 4.8 可以看出,气候突变植被类型发生了变化,突变前植被类型主要有寒冷潮湿类、寒冷湿润类、寒温潮湿类、冷温干旱类、冷温微干类、冷温微润类、冷温湿润类、微温极干类和微温干旱类,而气候突变后植被类型主要有寒冷潮湿类、寒温潮湿类、冷温干旱类、冷温微干类、冷温微润类、冷温湿润类、冷温潮湿类、微温极干类和微温干旱类。气温突变前后虽然植被类型数量都为 9 类,但突变前的寒冷湿润植被类型消失,气温突变后新增了冷温潮湿类。

由植被类型发生改变的区域可以看出,在盆地四周高寒区和盆地内干旱荒漠区的交错区气候变化对植被的影响最大,植被类型易发生改变。

表 4.8　气温突变前后主要植被类型

序号	突变前主要植被类型	突变后主要植被类型
1	寒冷潮湿类	寒冷潮湿类
2	寒冷湿润类	寒温潮湿类
3	寒温潮湿类	冷温干旱类
4	冷温干旱类	冷温微干类
5	冷温微干类	冷温微润类
6	冷温微润类	冷温湿润类
7	冷温湿润类	冷温潮湿类
8	微温极干类	微温极干类
9	微温干旱类	微温干旱类

从各植被类型面积变化(表 4.9)来看,气温突变前后热量级发生了显著改变,1987 年前植被类型以寒温类为主,而 1987 年以后转为以微温类植被为主。从湿润度面积变化结果来看,植被主要朝着湿润的方向发展,尤以极干类植被变化较为显著,由 1987 年以前的 12.85×10^4 m^2 减少为之后的 9.67×10^4 m^2,减少了近 25%。

表 4.9　气温突变前后不同类型植被分布面积($\times 10^4$ m^2)变化

指标	植被类型	1987 年前	1987 年后
热量级	寒温类植被	20.46	8.37
	微温类植被	5.23	17.32
润度级	极干类植被	12.85	9.67
	干旱类植被	7.50	7.59
	微干类植被	2.45	5.47
	微润类植被	1.40	1.42
	湿润类植被	1.49	1.54

(3)以年代际变化为界分析植被演替

>0 ℃积温和湿润度 K 是植被类型分布的决定性因素,受这两要素的影响,50 多年来,植被类型发生了变化。将 1961—2010 年以 10 a 为间隔进行植被类型演变分析(表 4.10),从表中可以看出柴达木盆地寒温带植被类型逐步减少,微温带植被类型逐渐增多,同时湿润度级别

逐渐升高,尤其是进入 21 世纪以来,出现了微温微干和微温微润的植被类型。

表 4.10　不同年代不同类型植被分布面积变化(×10⁴ m²)

项目	植被类型	60s	70s	80s	90s	21s
热量级	寒温类植被	25.69	24.72	24.73	12.73	6.72
	微温类植被	0	0.97	0.96	12.95	18.96
湿润度级	极干类植被	14.35	15.01	13.13	12.63	11.93
	干旱类植被	7.35	5.64	6.38	6.77	6.43
	微干类植被	2.26	2.71	2.03	3.32	3.34
	微润类植被	1.26	1.46	1.63	1.33	1.68
	湿润类植被	0.47	0.87	1.52	1.58	1.47

注:60s 指 20 世纪 60 年代,以此类推

三、柴达木盆地气候变化对植被的影响分析概述

通过对柴达木盆地不同区域植被 NDVI 指数和不同类型植被 NDVI 指数变化特征、不同时期植被演替特征分析,主要得出以下结论:

按不同海拔、植被分布特征等将柴达木盆地分为盆地四周高寒区和盆地内干旱荒漠区。1982—2016 年两区域植被 NDVI 指数均呈显著上升趋势,趋势系数分别为 0.009/10a、0.007/10a,其中四周高寒区植被 NDVI 变化趋势通过显著性水平 0.05 的检验,而盆地内干旱荒漠植被 NDVI 指数变化趋势通过显著性水平 0.01 的检验。

从不同植被类型 NDVI 指数变化特征可以看出,1982—2016 年温性荒漠类和低地草甸类植被类型 NDVI 呈微弱的增加趋势,但没有通过显著性检验,而高寒草原类植被 NDVI 指数变化明显,趋势系数为 0.0058/10a,通过显著性水平 0.01 的检验。

柴达木盆地气候极其干旱,年降水量和蒸发量是影响植被生长发育的重要气象因子。因此年降水量与植被 NDVI 值呈明显的正相关关系,而蒸发量与植被 NDVI 值呈显著的负相关关系。但值得探讨的是温性荒漠类植被 NDVI 指数与降水量呈非线性相关,当降水量增加到一定程度后,植被 NDVI 指数不再增加,这可能是该植被类型比较适合干旱环境,当生存环境发生较大的改变时,则会抑制生长发育,被其他类型植被所代替。

根据前人研究结果,柴达木盆地在 1987 年发生气温由冷向暖的突变,以气温发生突变的 1987 年为界,1987 年前后植被类型虽然均为 9 类,但突变后植被朝着温暖化及湿润化的方向发展。从植被类型发生变化的区域分布来看,在盆地四周高寒区和盆地内干旱荒漠区的交错区气候变化对植被演替的影响最为明显。

从年代变化特征分析结果表明,寒温带植被类型逐渐减少,微温带植被类型逐渐增多,同时湿润度级别有所升高,尤其是进入 21 世纪以来,出现了微温微干和微温微润的植被类型。

温性荒漠类植被对降水变化响应的特征主要是因为温性荒漠类主要以超旱生灌木和半灌木为优势种,这些植被长期生长于干旱的环境,比较适合于旱生生境,适度的干旱有利于其生长发育,当降水量增大到一定程度后,植被类型就会演替到合适潮湿环境的植被生长,这和相关的研究结论比较一致(杜庆和孙世洲,1990)。

四、未来气候变化对植被的可能影响

1. 不同类型植被 NDVI 变化趋势

RCP4.5 情景下,与 1986—2005 年平均值相比,2016—2100 年低地草甸类、温性荒漠类和高寒草原类植被 NDVI 值有所增加,但增加幅度随时间变化有所降低。其中温性荒漠类植被 NDVI 值下降最为明显,平均每 10 a 下降 1.66%,低地草甸类和高寒草原类植被 NDVI 值下降幅度较小,平均每 10 a 下降 0.29% 和 0.33%(图 4.26)。

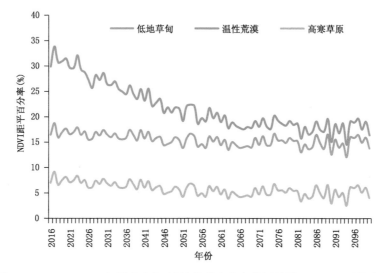

图 4.26　2016—2100 年低地草甸、温性荒漠和高寒草原植被 NDVI 距平值变化

2. 未来植被演替特征

>0 ℃ 积温和湿润度 K 值是决定植被类型的重要因子。受未来气候变暖影响,与 1986—2005 年气候基准年相比,RCP4.5 情景下,2006—2100 年柴达木盆地 >0 ℃ 积温呈显著上升趋势,平均增加率为 37.91 ℃/10a,从图(4.27a)可以看出,2070 年以前 >0 ℃ 积温上升速度较快,2070 年以后 >0 ℃ 积温变化趋于平缓。从空间变化趋势分析可以看出(图 4.27b),冷湖、茫崖、大柴旦一带 >0 ℃ 积温变化幅度较大,而柴达木盆地南部一带变率相对较小。

与 1986—2005 年气候基准年相比,RCP4.5 情景下,2006—2100 年柴达木盆地湿润度 K 值总体呈显著下降趋势,平均变化率为 0.19/10a。长期变化趋势与 >0 ℃ 积温变化基本相似,2070 年以前湿润度 K 值呈急剧下降趋势,而 2070 年以后湿润度 K 值变化趋于平缓(图 4.27c)。从空间变化图可以看出(图 4.27d),各地湿润度 K 值均呈下降趋势,其中柴达木盆地南部湿润度 K 值下降最为明显。

从以上 >0 ℃ 积温和湿润度 K 值变化趋势可以看出,未来柴达木盆地植被类型总体朝着暖干化的方向发展,尤其是柴达木盆地南部暖干化较为明显。

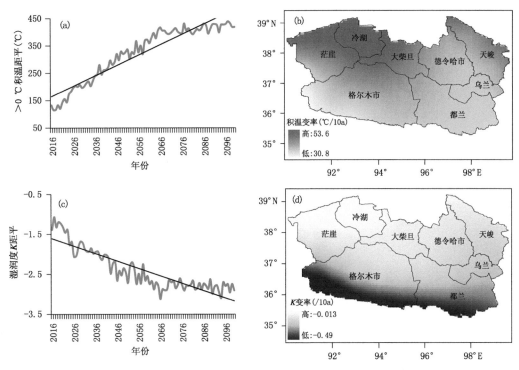

图 4.27　2006—2100 年柴达木盆地>0 ℃积温距平(a)及空间变率分布图(b)、
湿润度 K 距平(c)及空间变率分布图(d)

第五节　气候变化对青海湖流域天然牧草的影响评估

　　近年来,随着全球气候的不断变暖,对植被的影响日益凸显出来,尤其是在地处恶劣气候
条件下的青海高原,由于其脆弱生态平衡条件下的环境因子常常处于临界阈值状态,气候的微
小波动也会引起生态系统的强烈响应与反馈。近十几年来,青海湖流域气温升高、降水量增多
的气候变化趋势对植被生长发育较为有利,返青期提前、黄枯期推后,地上生物量增长,尤其是
2005 年以来生物量增多较为明显。但是,随着未来气温的不断升高、降水量变化不明显的气
候变化条件下,对青海湖流域植被将可能产生负面影响。

一、天然牧草生长状况变化特征

　　近年来,在全球气候变化的影响下,植被发育期、生长高度和生物量等发生了一系列的变
化,以海北牧试站所观测的畜牧资料为代表,分析近年来环湖区植被生长发育变化趋势。

1.牧草生长季延长

　　1997—2010 年优势种牧草西北针茅返青期呈略微提前趋势,平均每10 a 提前 3 d,1997—
2003 年提前日数较为明显,而 2003 年以后(2007 年除外)返青日期虽有波动但总体变化不大。
而黄枯期变化较为明显,平均每10 a 推后 10 d,与 2000 年以前相比,2000—2010 年黄枯期基
本维持在延后的水平(图 4.28a)。受返青期和黄枯期变化的影响,植被生长期也发生了一定

的变化,平均每 10 a 延长 12 d,1997—2003 年生长期天数延长较快,其后转入一个相对稳定的生长时段(图 4.28b)。

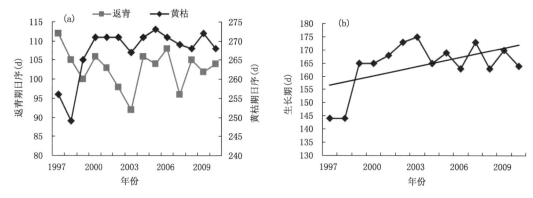

图 4.28　1997—2010 年西北针茅发育期(a)和生长期(b)变化特征

2.牧草高度增高、产量增大

1997—2010 年高草层和低草层高度均呈增高的趋势,其中高草层增高幅度较为明显,变化率为 10 cm/10a,而低草层增高幅度相对较小,变化率为 5 cm/10a(图 4.29a)。

1997—2010 年地上最大生物量干重呈增多趋势,平均每 10 a 增加 546 kg/hm²,1997—2004 年生物量变化幅度不大,2005—2010 年生物量虽然有波动,但总体增加幅度较为明显,尤其是 2010 年生物量为分析时段内的最高值,达 2310 kg/hm²(图 4.29b)。

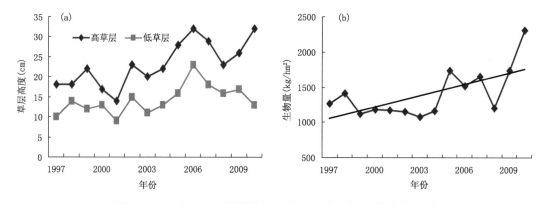

图 4.29　1997—2010 年草层高度(a)和生物量干重(b)变化特征

二、天然牧草生长状况对气候变化的响应

影响植物生长发育的因素众多,仅从气候和生物学意义角度来看,影响植物返青和黄枯期以及产量形成的气候因素主要有返青前期平均气温高低(3 月下旬—4 月上旬平均气温)、上年度土壤封冻前降水量(9—11 月降水量)的多少、植物生长期间积温和降水量的多少等因子。

1997—2010 年 3 月下旬—4 月上旬平均气温在波动中呈升高趋势,升温率为 0.35 ℃/10a;上年度土壤封冻前降水量(9—11 月)呈增多趋势,增加率为 37.7 mm/10a(图 4.30a)。从返青前期气象条件的变化可以看出,在水分条件基本满足的前提下,返青期的早晚和前期平均气温有很好的一致性,但在土壤底墒较差的年份,即使气温高其返青期也会推迟,例如在分析时段内,1996 年土壤封冻前降水量为最小值,1997 年返青期为最迟的年份。

　　1997—2010 年植物生长季(4—9 月)大于 0 ℃积温呈增多趋势,平均每 10 a 增多 62.0 ℃,而降水量也呈明显的增加趋势,增加率为 47.2 mm/10a(图 4.30b)。对比分析生长期期间的积温、降水量的大小和黄枯期的迟早可以看出,在水热条件配合较好的年份,黄枯期有所推迟(例如 2009 年和 2005 年),但在极端年份例如 1998 年(分析时段内积温值最高,降水量较少)和 1997 年(分析时段内积温值最低)是出现黄枯最早的两年。

　　通过分析生物量与生长季期间积温和降水量的关系发现,生物量与生长季积温有较好的对应关系。尽管降水也有影响,但在目前降水总体上可基本满足生物量形成的水分需求。

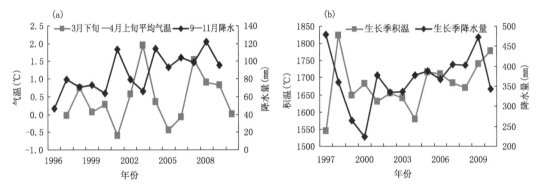

图 4.30　1997—2010 年返青期(a)和生长期(b)气象因子变化

三、未来气候变化对天然牧草的影响

　　在未来气候变化的不同情景下,青海湖流域高寒草地植被气候生产潜力与现实状况存在很大的差别。当气温上升 2 ℃、降水增加 20% 时,植被气候生产力下降 10% 左右;而在气温上升 4 ℃、降水增加 20% 时,植被产量有所提高,但仅提高 1% 左右;气温升高 2.0 ℃,不考虑降水变化的情景下,牧草产量将有所降低,平均仅为 1414 kg/hm^2,比现实状况降低 2028 kg/hm^2。

　　另外,采用开顶式增温小室(OTC)方法研究表明,在模拟增温初期年生物量比对照高,增温 5 a 后生物量反而有所下降。一定的增温可使植物生长期延长,利于增大生物量,但当超过一定阈值时,受热效应作用,植物发育生长速率加快,成熟过程提早,生长期反而缩短,减少了气温日较差,最终导致生物量减少。

四、对策建议

1. 尊重自然规律,制定科学发展规划

　　从保护和可持续发展的双重角度出发,针对高寒草地生态系统的特殊性,尊重自然规律和科学发展观,提出高寒地区草地生态畜牧业产业发展的总体定位、发展格局和发展目标。

2. 加强气候变化工作的科学研究和技术开发工作

　　加强气候变化的科学事实与不确定性、气候变化对草地资源的影响等研究工作。加强草地气候观测系统建设,开发草地气候变化适应技术、固碳技术等方面的开发工作。

3. 以草定畜, 优化控制放牧生态系统

高寒草地生态系统是一个受控放牧系统, 通过调节放牧强度, 即可实现放牧生态系统的优化控制。选择适宜放牧强度和放牧制度等最优放牧策略, 将提高草地初级生产力, 维护草地生态平衡, 有效防止草地退化。

4. 建立稳产、高产的饲草料生产及加工基地

开展种草养畜, 建立稳产、高产的人工草地, 有效减轻天然草地的放牧压力, 解决草畜之间季节不平衡矛盾, 保证冷季放牧家畜营养需要和维持平衡饲养。

5. 农牧业结构和草地农业种植制度调整

全球变暖的总趋势将使未来农作物的产量和品种的地理分布发生变化。农牧业生产必须相应改变土地使用方式及耕作方式。气候是农牧业生产的重要环境因素, 只有把气候变暖纳入农牧业的总体产业规划, 充分利用草地气候资源, 才能最大限度地趋利避害。

第五章　气候变化对三江源区水资源影响及应对

第一节　三江源水资源概述

一、三江源地理概述

三江源地区位于我国的西部,平均海拔 3500～4800 m,是世界屋脊——青藏高原的腹地、青海省南部,为孕育中华民族、中南半岛悠久文明历史的世界著名江河:长江、黄河和澜沧江的源头汇水区。地理位置为北纬 31°39′—36°12′,东经 89°45′—102°23′,行政区域涉及包括玉树、果洛、海南、黄南四个藏族自治州的 16 个县和格尔木市的唐古拉乡,总面积为 30.25 万km²,约占青海省总面积的 43%,占 16 县 1 乡总面积的 97%(青海三江源自然保护区总体规划,2001)。三江源区境内昆仑山脉的巴颜喀拉山、可可西里山、阿尼玛卿山及唐古拉山脉横贯其间,这些山普遍在海拔 5000～6000 m 左右,高大山脉的雪线以上分布有终年不化的积雪,雪山冰川广布,是中国冰川集中分布地之一,河流密布,湖泊、沼泽众多,是世界上海拔最高、面积最大、湿地类型最丰富的地区。面积按流域分为:黄河源区面积 16.7 万 km²,占三江源地区总面积的 46%;长江源区面积 15.9 万 km²,占 44%;澜沧江源区面积 3.7 万 km²,占 10%。长江总水量的 25%,黄河总水量的 49% 和澜沧江总水量的 15% 都来自于三江源地区(徐新良等,2008;王根绪等,2004;马致远,2004;曹建廷等,2007),使这里成为我国乃至亚洲的重要水源地,素有"江河源""中华水塔""亚洲水塔"之称。世界著名的三条江河集中发源于一个较小区域内在世界上绝无仅有,青海省也由此闻名于世(董锁成等,2002;王根绪 和 程国栋,2001;马玉寿等,2002),会直接影响到长江、黄河中下游,乃至我国一半以上土地的生态安全及东亚生态环境的稳定(罗康隆和杨曾辉,2011)。

三江源区气候属于青藏高原气候系统,为典型的高原大陆性气候,表现为冷热两季交替,干湿两季分明,年温差小,日温差大,日照时间长,辐射强烈,无四季区分的气候特征(廉丽姝,2007;徐小玲,2007)。冷季为青藏冷高压控制,长达 7 个月,热量低,降水少,风沙大;暖季受西南季风影响产生热气压,水气丰富,降水量多。由于海拔高,绝大部分地区空气稀薄,植物生长期短。源区年平均气温为 -5.6～3.8 ℃,年平均降水量 262.2～772.8 mm,年蒸发量在 730～1700 mm 之间,年日照时数 2300～2900 h,年辐射量 5500～6800 MJ/m²,沙尘暴日数 19 d左右(周秉荣等,2012;唐红玉等,2006;张占峰,2001;赵静,2009;石磊等,2005;任又成,2012;李军乔,2002;黄琦,2012)。

近年来,三江源区的生态环境急剧恶化,出现草场退化、土地沙漠化、冰川消退、湿地萎缩等一系列以水资源变化和植被退化为核心的生态问题,不仅影响和制约了本地区社会经济的发展,同时也严重影响到江河中下游地区的经济发展、人民生活、社会安定和民族团结。三江源的生态与气候变化问题已经引起党中央、国务院的高度重视。国务院于 2005 年正式批准实施《青海三江源自然保护区生态保护和建设总体规划》,投资约 75 亿元在三江源地区实施生态恶化土地治理、草地鼠害治理、人工增雨工程、生态监测与科技支撑等 22 项建设内容。到2007 年底,治理沙化土地 4434 hm²,人工造林保存面积 98 万 hm²,封山育林 15 万 hm²,森林覆盖率提高了 2.1 个百分点,累计建成围栏草地 652.21 万 hm²,草地补播 4.72 万 hm²,改良草地 145.36 万 hm²。三江源地区水资源减少和生态环境恶化的态势得到初步遏止(马松江,2010)。

尽管科学界开始关注三江源,但目前对于三江源水资源的研究和监测层面依然存在以下问题:水资源本底不清,虽有基础数据,但各方面数据出入很大;三江源水循环机理不清;监测体系松散;监测标准、技术方法亟待完善;气候变化和三江源水资源的耦合机制等等,制约着政府部门采取有效的措施来逆转三江源水资源及生态的变化。在三江源地区建立集约、统一的水资源监测网、实施三江源冰川、冻土产流机理,气候变化响应等机理性的科学研究计划,对于维持三江源水资源平衡,保护源区生态良性发展,保护整个下游地区生态安全有重要意义。

二、三江源水资源现状

三江源区河流密布,湖泊、沼泽众多,雪山冰川广布,是世界上海拔最高、面积最大、分布最集中的地区。三江源区孕育的大小河流约 180 多条,河流面积 0.16 km²,三大主要河流为通天河、黄河、澜沧江水系,流域总面积为 237957 km²,多年平均总流量为 1022.3 m³/s,年总径流量 324.17×10⁸ m³。三江源区湖泊主要分布在内陆河流域和长江、黄河的源头,大小湖泊近1800 余个,湖水面积在 0.5 km² 以上的天然湖泊有 188 个,总面积 5100 km²。三江源内分布扎陵湖、鄂陵湖、玛多湖、岗纳格玛错、依然错、多尔改错等重要湖泊。三江源区自然沼泽类型独特,在黄河源区、长江源区的沱沱河、楚玛尔河与当曲河源头、澜沧江源区都有大片沼泽发育,成为中国最大的天然沼泽分布区。三江源内雪山、冰川约 2400 km²,冰川资源蕴藏量达 2×10¹¹ m³,雪山冰川规模以唐古拉山脉的各拉丹冬、尕恰迪如岗及祖尔肯乌拉山的岗钦 3 座雪山群较大,冰川类型均属大陆性山地冰川。

1. 河流

三江源区河流主要分为外流河和内流河两大类,有大小河流约 180 多条,河流面积 0.16 km²。外流河主要是通天河、黄河、澜沧江(上游称扎曲)三大水系,支流有雅砻江、当曲、卡日曲、孜曲、结曲等大小河川并列组成。流域总面积为 237957 km²,多年平均总流量为 1022.3 m³/s,年总径流量 324.17 亿 m³,理论水电蕴藏量为 542.7 万 kW。长江发源于唐古拉山北麓格拉丹冬雪山,三江源区内长 1217 km,占干流全长 6300 km 的 19%,除正源沱沱河外,区内主要支流还有楚玛尔河、布曲、当曲、聂恰曲等,年平均径流量为 177 亿 m³;黄河发源于巴颜喀拉山北麓各姿各雅雪山,省内全长 1959 km,占干流全长 5464 km 的 36%,主要支流有多曲、热曲等,年平均径流量 232 亿 m³,占整个黄河流域水资源总量的 49%,占三江源区总径流量的 42%;澜沧江发源于果宗木查雪山,三江源区内长 448 km,占干流全长 4600 km 的 10%,占国境内干流全长 2130 km 的 21%，年平均径流量 107 亿 m³，占境内整个流域水资源总量的 15%，占三江源区总径流量的 22%（王菊英，2007；杨应梅，2005）。

2. 湖泊

三江源区是一个多湖泊地区，主要分布在内陆河流域和长江、黄河的源头段，有大小湖泊 16337 个之多，总面积达 2350.77 km²，其中面积在 1 km² 以上的天然湖泊就有 226 个，盐湖共计 28 个，总面积 1480 km²，矿化度大于 35 g/L。列入中国重要湿地名录的有扎陵湖、鄂陵湖、玛多湖、黄河源区岗纳格玛错、依然错、多尔改错等。其中扎陵湖、鄂陵湖是黄河干流上最大的两个淡水湖，具有巨大的调节水量功能（黄桂林，2005）。

3. 沼泽

三江源区是中国最大的天然沼泽分布区之一，总面积达 1428500 hm²，占源区湿地面积的 83%。其中：分布在长江源区的沼泽面积 1104500 hm²，占源区沼泽面积的 77.1%；黄河源区沼泽面积为 203200 hm²，占源区沼泽面积的 14.1%；分布于澜沧江源区的沼泽为 120800 hm²，占源区沼泽面积的 81.5%（赵魁义，1999）。三江源区有沼泽面积约 1.43 万平方千米，占三江源区面积的 13.9%。沼泽大多集中于江源区潮湿的东部和南部，而干旱的西部和北部分布甚少。在唐古拉山北侧，沼泽最高发育到海拔 5350 m，达到青海高原的上限，是世界上海拔最高的沼泽。黄河河源区沼泽发育受到半干旱特征限制，主要分布于河源约古宗到曲、两湖周围及星宿海地区。澜沧江源区大小沼泽总面积为 325 km²，占江源区土地总面积的 3.1%。主要集中在干流扎那曲段和支流扎阿曲、阿曲（阿涌）上游。其中，较大的沼泽群有扎阿曲、扎尕曲间沼泽、阿曲、干流扎那曲段流域内沼泽（黄翀等，2012；李凤霞等，209）。

4. 冻土

多年冻土是大气与地面间热交换的产物，因此，气候变化的地带性同时也导致了多年冻土在空间分布上满足高度和纬度地带性规律。而构成地层的岩性、水分状况和地中热流等非地带性因素则引起了相同气候条件下的多年冻土区域分异特征（李述训和程国栋，1996）。在青藏高原多年冻土地带内，表部季节性活动层中的水分受其下部不透水的多年冻土层阻隔，成为植被可利用水分的主要来源，也为成片、成带分布的沼泽草甸与沼泽湿地发育提供了必要的条件。因此，多年冻土层的存在不仅可提高表土层湿度，利于植被、沼泽湿地发育，抑制荒漠化，也成为控制区域水环境的重要因素（张森琦等，2004）。三江源冻土区主要分布在长江源区以及黄河源区和澜沧江源区的西北部地区。长江源区平均海拔 4700 m，年平均气温在 −1.5～−5.6 ℃，年降水量在 200～400 mm 之间，这种高寒干旱气候为长江源区多年冻土的形成和发育创造了有利条件，在昆仑山以南、唐古拉山以北、巴颜喀拉山以西、乌兰乌拉山和祖尔肯乌拉山以东地区，除局部有大河融区和构造地热融区外，多年冻土呈大片连续分布。黄河源区属于多年冻土区，但源区内分布有大片连续冻土、岛状冻土和季节性冻土。由于黄河源区地势较低，海拔一般 3500～4200 m，源区周边兀立着布尔汗布达山、阿尼玛卿山和巴颜喀拉山等海拔 5000 m 以上的山峰，在这些高山区分布片状多年冻土，而在黄河谷地，沿河两岸则分布少量季节冻土（杨建平等，2004）。

5. 雪山冰川

三江源内雪山、冰川约 2400 km²，冰川资源蕴藏量达 2000 亿 m³，现代冰川均属大陆性山地冰川。长江源区以当曲流域冰川覆盖面积最大,沱沱河流域次之,楚玛尔河流域最小,冰川总面积 1247 km²,冰川年消融量约 9.89 m³。雪山冰川规模以唐古拉山脉的各拉丹冬、尕恰迪如岗及祖尔肯乌拉山的岗钦 3 座雪山群为大,尤以各拉丹冬雪山群最为宏伟。黄河流域在巴颜喀拉山中段多曲支流托洛曲源头的托洛岗(海拔 5041 m),有残存冰川约 4 km²,冰川储量 0.8 亿 m³,域内的卡里恩卡着玛、玛尼特、日吉、勒那冬则等 14 座海拔 5000 m 以上终年积雪的多年固态水储量,约有 1.4 亿 m³。澜沧江源头北部多雪峰,平均海拔 5700 m,最高达 5876 m,终年积雪,雪峰之间是第四纪山岳冰川,东西延续 34 km 长、南北 12 km 宽的地带。面积在 1 km² 以上的冰川 20 多个。澜沧江源区雪线以下到多年冻土地带的下界,海拔 4500～5000 m,呈冰缘地貌,下部因热量增加,冰丘热融滑塌、热融洼地等类型发育。山北坡较南坡冰舌长 1 倍以上,冰舌从海拔 5800 m 雪线沿山谷向下至末端海拔 5000 m 左右,最长的冰舌长 4.3 km。源区最大的冰川是色的日冰川,面积为 17.05 km²,是查日曲两条小支流穷日弄、查日弄的补给水源(张胜邦,2012)。

6. 地下水

三江源区不但水资源蕴藏量多、地表径流大,而且地下水资源也比较丰富,据估算,仅玉树州的地下水贮量就约达 115 亿 m³。地下水属山丘区地下水,分布特征主要为基岩裂隙水和碎屑岩空隙水。地下水补给方式主要为降水的垂直补给和冰雪融水。

第二节　气候变化背景下三江源水资源的变化情况

近几十年,受源区自然条件的限制以及人类活动影响,三江源生态环境问题日渐突出,主要表现在温度升高、降水减少、冰川退缩、草地退化、水土流失严重、水源涵养能力不断降低等一系列的水资源问题。若该地区上述问题得不到有效遏制,三江源流域上、中、下游地区经济和社会的可持续发展将会受到严重影响(赵静,2009),甚至引起全球粮食安全问题及影响全球经济的发展(Brown 等,1998,Immerzeel,2010)。

一、过去 50 a 黄河流量呈减少趋势,长江流量季节分配不均

1956—2004 年长江平均流量基本经历了一个"丰—枯—丰—枯"的历史演变过程,雨季和过渡季节降水量、季节积雪融水量和高山冰雪融水量的总量呈下降趋势。枯季平均流量的变差系数较小,为 0.15,雨季和过渡季节 5 月及 10 月平均流量的变差系数较大,分别为 0.29、0.32、0.29,近 14 a 直门达水文站年径流共减少了 96 亿 m³(时兴合等,2006)。张永勇等人研究表明过去 48a(1958—2005)三江源区出口唐乃亥站(黄河)年径流和非汛期径流过程呈显著减少趋势,而直门达径流过程变化趋势并不显著。这将导致对黄河中下游地区的水资源补给显著减少,加剧黄河流域水资源短缺。2001 年黄河上游连续 7 a 出现枯水期,年平均径流量减少 22.7%,1997 年第一季度降到历史最低点,源头首次出现断流(何友均和邹大林,2002),目前黄河中下游地区断流日期逐年增加,长江中下游地区同样面临断流的危险。

二、源区冰川总体处于退缩状态

冰川物质平衡是联结冰川波动与气候变化的关键因子,与冰川的末端、面积及厚度变化不同,冰川物质平衡变化是冰川对气候变化的直接反应。蒲健辰等研究表明七一冰川物质平衡

变化对气温的敏感性要比对降水强。特别是 20 世纪 90 年代以来,随着气温的急剧升高,物质平衡亏损严重,许多冰川出现巨额"赤字",最终导致了冰川的全面退缩(蒲健辰等,2005)。近年来,三江源大多数冰川呈退缩状态,在 1969—2000 年期间,研究区内的 70 条冰川,有 6 条冰川前进,26 条冰川没有明显变化,其余的 38 条则普遍处于退缩状态。退缩长度最大的冰川是姜古迪如南侧冰川,在 1969—2000 年期间退缩了 1288 m,平均每年退缩 41.5 m;退缩幅度最大的冰川是冰川编目为 5K451F3 冰川,其退缩量是 1966 年冰川长度的 −19.4%。在 1966—2000 年期间,黄河源区阿尼玛卿山地区的冰川退缩比较严重,退缩的冰川占到冰川总数的 91%,冰川总面积减少 17.3%(鲁安新等,2005);长江源各拉丹冬地区 1969—2000 年冰川总面积减少了 1.7%,而黄河源阿尼玛卿山地区冰川面积减少是长江源区的 10 倍,同期,长江源区冰川末端的最大退缩速率为每年 41.5 m,而黄河源区每年为 57.4 m(杨建平等,2003)。从 20 世纪初以来的考察研究都说明,近百年来青藏高原地区大多数冰川末端变化的总趋势是处于退缩状态,在总的退缩过程中,也曾出现过两次退缩速度减缓或相对稳定甚至前进的过程(蒲健辰等,2004)。三江源冰川的加剧退缩可能会导致"中国水塔"地位的坍塌改变江源水系的分布格局,甚至失去源区河流的补给条件,使源区自然环境演变向时令河—内流河—荒漠化—沙漠化过程发展,最终形成与可可西里荒漠区、塔克拉玛干沙漠、罗布泊沙漠戈壁相连的干旱区(周长进和汪诗平,2000)。

三、湖泊数量减少,水位下降,沼泽湿地萎缩退化

"三江源"地区湖泊广布,众多湖泊出现面积缩小、湖水咸化、内流化、矿化度不断升高而趋于盐化,长江源区许多湖泊水已呈微咸—咸水湖,矿化度达 1~35 g/L 左右。面积 600 km² 的赤布张湖解体萎缩成 4 个串珠状湖泊,湖水呈咸化;雀莫错湖水现已减少了 1/2。素有"千湖县"之称的玛多县境内原有天然湖泊 4077 个,但如今已有 2000 多湖泊完全干涸(阿怀念等,2003),现有湖泊的水位下降明显,鄂陵湖、扎陵湖水位下降 2 m 以上。长江河源地区地下水位明显下降,如曲麻莱县县城原有的 117 眼水井已干涸 112 眼,严重影响了全县的人、畜饮水问题(董锁成等,2002;周长进和汪诗平,2000)。1969—2001 年期间,黄河源区的湖泊基本上全面萎缩。这种状况可能与黄河源区气温升高、蒸发加大,而降水量基本稳定以及黄河源区生态退化有直接关系。

黄河源区 20 世纪 80 年代初有沼泽面积 3895.2 km²,90 年代卫星解译结果,沼泽面积减少为 3247.45 km²,其面积减少了 647.75 km²,平均每年递减达 58.89 km²。长江源区许多山麓及山前坡地上的沼泽湿地已停止发育,部分地段出现沼泽泥炭地干燥裸露的现象。随着沼泽湿地的退化,沼泽湿地边缘中、旱生植物种类逐渐侵入,植物群落类型向草甸化的方向演替(陈桂琛等,2002)。且湖水呈现咸化、内流化和盐碱化趋势,大面积沼泽由于缺乏水源补给而枯竭。

四、冻土面积萎缩、下界上升呈总体退化趋势

三江源冻土呈现地温显著升高、冻结持续日数缩短、最大冻土深度减小和多年冻土面积萎缩、季节冻土面积增大以及冻土下界上升等总体退化的趋势。江河源区多年冻土总体上保存条件不利,区域上呈退化趋势,岛状多年冻土和季节冻土区年均地温升高约 0.3~0.7 ℃,大片连续多年冻土区升幅较小,为 0.1~0.4 ℃。多年冻土上限以 2~10 cm/a 的速度加深。在黄

河源多年冻土的边缘地带,垂直向上形成不衔接冻土和融化夹层,多年冻土分布下界上升 50～70 m。巴颜喀拉山北坡融区范围扩大,多年冻土下界由海拔 4320 m 升到 4370 m,退化幅度达 50 m;巴颜喀拉山南坡多年冻土下界由 4490 m 上升到 4560 m,下界上移约 60 m(臧恩穆和吴紫汪,1999)。冻土退化已对江河源寒区经济和生态环境产生了一系列重要影响(杨建平等,2004)。因多年冻土退化,多年冻土上限下移,季节性融化层及包气带增厚,区域地下水位(冻结层上水)下降可导致短根系植物枯死,植被盖度降低,生物多样性减少。因冻结层上水滋养的沼泽湿地干涸,生态环境变得更适宜鼠类生存。出现沼泽湿地干涸－鼠类致灾的"黑土滩"型次生裸地扩大－风、水蚀加剧－荒漠化－植被丧失－地面粗糙化恶性链式反应(张森琦等,2004)。

五、降水变化、冰川与冻土消融对地表水资源的影响

1. 江河径流以降水补给为主,受降水变化的影响较大

江河源区地表水资源总量(即多年平均河川径流量)为 493 亿 m³,其中长江流域 177 亿 m³,黄河流域 209 亿 m³,澜沧江流域 107 亿 m³。径流区域性分布特点与降水基本一致,年径流深为 0～500 mm,由东南向西北呈递减趋势,且各地差异较大。年径流深的流域分布为长江流域平均 182.7 mm,变幅为 350～25 mm;黄河流域平均 136.9 mm,变幅为 300～50 mm;澜沧江流域平均 285.5 mm,变幅为 350～150 mm。长江、黄河、澜沧江径流因以降水补给为主,故受降水变化的影响较大。对三大流域的直门达、唐乃亥、香达 3 个站点的多年径流统计发现,年径流的 60%～70%集中在 6—9 月份(蓝永超等,2004)。长江源区地表水资源近年来总体呈增加趋势,特别是 2004 年后,这与青藏高原加热场增强,高原季风进入强盛期,流域降水量显著增加有关(李林等,2012)。近 51 a 黄河源流量丰枯转化频繁,1955—2005 年的 51 a 中至少出现了 5～6 次丰枯转换,平均流量丰水年出现了 16 a,而枯水年则为 29 a,正常年仅为 6 a,枯水年数为丰水年数的 1.8 倍,尤其是 20 世纪 90 年代以来的 15 a 中枯水年出现了 13 a,丰水年仅为 1 a。在 51 a 中有 1961、1980、2000、2001 和 2004 年黄河源出现了短时断流,20 世纪 90 年代以来断流次数占总次数的 60%(常国刚等,2007),近 10 余年受降水大幅减少影响,黄河源区产水量呈持续递减的态势(蓝永超等,2006)。

2. 冰川冻土在夏季消融对江河径流提供补充

虽然降水在径流的补给中起着主要作用,但处于三江源的高寒特性也决定了冰川、冻土消融在河川径流中的重要作用。甚至有学者认为:气候及冻土因子对流量的作用大小依次为冻土、降水、蒸发和气温,显然多年冻土对于黄河源区地表水资源的形成和发育有着至关重要的作用(常国刚等,2007)。

黄河、长江、澜沧江径流年变化中没有出现如降雨一样的"双峰型"曲线,其原因是冰川冻土在气温最高的 7、8 月份消融,冰雪融水的补充弥补了降水的不足,使曲线呈现光滑的"单峰型",极大值只在 7 月份出现 1 次。高原冬季严寒,累积的冰川冻土在夏季消融对径流是一种补充,所以径流的丰枯变化并不与降水的变化完全同步,表现为光滑的单峰曲线(胥鹏海等,2004);气候变化导致冰川融水增多,是引起长江源区地表水资源增加的气候归因之一。平均最低气温与平均流量总体上呈正相关关系,表明平均最低气温越高,越有利于冰川消融,使河川径流增加。剔除降水的影响后,夏季平均最低气温对于流量的影响最为显著,其与年、夏、秋

季平均流量的相关系数分别为 0.568、0.486 和 0.587,均达到了 99.9％信度的置信水平,表明除降水外夏季平均最低气温对于长江流量起着重要作用(李林等,2012)。但是,不能忽视以下事实:一般情况下,三江源夏季冰川和雪盖减少,冬季增加。如果气候进入变暖周期,则冰川和雪盖面积会逐渐减少,在短时间内,会增加江源河流径流量,但长时间气候变暖会对生态环境产生巨大的影响(陈进,2013)。

3. 蒸发加大导致以径流补给为主的湖泊退缩、咸化乃至消亡

青藏高原湖泊分布不均,呈现内流区多,外流区少;内流湖多,排水湖少;咸水湖多,淡水湖少的特点。由于青藏高原严寒干旱、降雨稀少和蒸发强烈,降水、冰雪融水、地下水以及冻土中的水分释放是青藏高原湖泊补给的主要形式(鲁安新等,2005)。对于以径流补给为主的湖泊而言,蒸发量的增大将导致水位下降,含盐量增大。蒸发量增大是三江源区湖泊萎缩和湿地退化的主要影响因素(赵静等,2009)。近 50 a 来三江源区众多以降水径流补给的湖泊退缩、咸化乃至消亡,已成为区域气候暖干化趋势的直接后果。如黄河源著名的星宿海湖群近年来已大部分疏干而成为沼泽,内陆湖泊龙木错退缩了将近 1/2。长江源区内的乌兰乌拉湖现已分离为 5 个小湖泊,并发育了多级湖滨阶地。

4. 冰川冻土融水,致使依赖冰川补给的湖泊扩张淡化

在区域气温不断升高,冰川消融退缩的背景下,夏季河流的冰川水量补给增加,导致部分通江或依赖冰川补给的湖泊扩张淡化。如位于沱沱河北岸(沱沱河沿附近)的雅西错,由于沱沱河水量增加、水位抬升,河水倒灌入湖,导致湖泊面积明显扩张,其湖泊扩张造成的湖水侵蚀湖岸现象清晰可见,湖水含盐量 1.80 g/L,与沱沱河河水的含盐量相近。冰川消融,冻土退化、湖泊沼泽湿地萎缩的加剧是气候暖干化的结果,同时又将促进区域内生态环境进一步恶化。冰川、冻土的消融退化,虽然对径流量的短期补给是有利的,但作为多年稳定的固态水资源,过度的消融退缩必将导致对径流及其他地表水资源调节作用的减弱乃至丧失。湖泊和沼泽湿地的减少,将导致区域水汽补给通量减少,沙化和荒漠化面积增加,干旱化趋势加速;而扩张将造成因蒸发水面扩大、蒸发量增加而丧失区域内更多的水汽。加强冰川、冻土、湖泊、沼泽等水文环境要素变化趋势的研究,是明确长江－黄河源区水文环境变迁的有效方法。

第三节　三江源水资源对未来气候变化响应与应对

一、21 世纪中叶,三江源冰川将出现大面积退缩

近百年来中国青藏高原地区大多数冰川末端总的变化趋势是退缩,在总的退缩过程中,曾出现两次相对稳定甚至前进的过程。稳定和前进过程分别发生在 20 世纪初至 20—30 年代和70—80 年代。40—60 年代和 80 年代以来为高原现代冰川普遍退缩时期,且 90 年代以来有加剧趋势。冰川末端变化受气候变化的影响,但对气候变化的响应不能立即体现出来,而是需要一个滞后的过程,需要经过一段时间才能在冰舌末端反映出来。在影响冰川进退变化的多种因素中,气温是影响其变化的关键因素(段建平等,2009)。

长江源区是青藏高原冰川分布集中的地区之一,冰川总面积达 1276.02 km²。研究表明,该区属于青藏高原升温幅度最大的地区之一,到 2050 年气温将比 1961—1990 年平均气温高

出 2.3～2.7 ℃,降水增加 1%～33%。基于冰川编目资料,采用有关对长江源区未来 50 a 内的气温和降水预测数据,应用冰川系统对气候响应的模型,对该区未来 50 a 内冰川变化趋势进行预测。结果表明:到 2010 年、2030 年、2050 年该区冰川面积平均将减少 3.2%、6.9%和11.6%;冰川径流平均将增加 20.4%、26%和 28.5%;零平衡线上升值为 14 m、30 m 和 50 m左右(王欣,2005)。较为悲观的预测,到 2050 年左右青藏高原温度可比长江冰舌区消融冰量超过积累冰区运动来的冰量,冰川出现变薄后退,初期以变薄为主融水量增加,后期冰川面积大幅度减少,融水量衰退,至冰川消亡而停止(施雅风,2001)。

二、多年冻土退化,活动层大幅增加

多年冻土占据着青藏高原一半以上的疆土面积,受全球气候变化和人为活动的共同影响,在过去的几十年中已发生了不同程度的变化,且随着人类活动增强,变化必将加剧,冻土问题也将显得日益突出。多年冻土的变化主要表现为多年冻土的地温升高、上限下降和面积缩减。同时,由于气候变化、过度放牧和工程活动的影响,地面水热状况改变,尤其是地表土壤层中水分含量的降低,导致了草场退化,生态环境恶化。由于全球工业化和森林砍伐导致了大气中温室气体含量的急剧增加,在温室效应的作用下,全球气温将逐渐升高,政府间气候变化委员会(IPCC)在 1995 年的评估报告中预测下个世纪气温将以 0.3 ℃/10a 的速度上升,并指出高纬度和高海拔区对气候的变化更为敏感,这势必要导致多年冻土的退化(程国栋和赵林,2000)。

李述训等利用多年冻土中热量平衡的微分方程,采取三层半显式有限差分格式,以未来50 a 间平均升温率 0.04 ℃/a 的气候变化情景对未来 20a 多年冻土的变化进行了模拟,结果表明,青藏高原厚度小于 10m 的多年冻土将消失,冻土面积减少量在 3%～5%之间。政府间气候变化委员会(IPCC)估计,21 世纪全球平均气温将增加 1.4～5.8 ℃。据预测未来 50 a青藏高原气温可能上升 2.2～2.6 ℃。在建立冻土数值预测模型的基础上,计算了在两种气温年升温率情景下青藏高原多年冻土自然平均状态 50 a 和 100 a 后可能发生的变化。预测结果表明,气候年增温 0.02 ℃情形下,50 a 后多年冻土面积比现在缩小约 8.8%,年平均地温 T_{cp}>-0.11 ℃的高温冻土地带将退化,100 a 后,冻土面积减少 13.4%,T_{cp}>-0.5 ℃的区域可能发生退化;如果升温率为 0.052 ℃/a,青藏高原在未来 50 a 后退化 13.5%,100 a 后退化达 46%,T_{cp}>-2 ℃的区域均可能退化成季节冻土甚至非冻土(李述训和程国栋,1996;张中琼等,2012;南卓铜等,2004;程志刚和刘晓东,2008)。

到 21 世纪中期(2030—2049 年),青藏高原多年冻土面积将减少为 87.26 万 km²,退化率达到 31.82%;而到 21 世纪末(2080—2099 年),高原多年冻土面积只有 69.25 万 km²,较目前将退化 45.89%(程志刚和刘晓东,2008)。以 A1B、A2、BB1 气候变化情景模式为基础,研究了青藏高原多年冻土活动层厚度变化情况。随着气温升高而增加,A1B、A2 模式下活动层厚度变化大,相对人类活动强度较小的 B1 模式活动层厚度变化较小,到 2050 年时 A1B 情景活动层厚度平均约为 3.07 m,相对于 2010 年活动层厚度约增加 0.3～0.8 m,B1 情景活动层厚度增加 0.2～0.5 m,A2 情景增加 0.2～0.55 m。到 2099 年 A1B 情景活动层的平均厚度将约为 3.42 m,A2 情景将可达 3.53 m,B1 情景将可达 2.93 m,气候变暖将可能加深活动层。百年后将大范围改变多年冻土的空间分布(张中琼和吴青柏,2012;程志刚和刘晓东,2008)。

三、水量的年际分布也将越来越不均匀,旱涝威胁日趋严峻

利用气候模型结果和大尺度分布式水文模型评估黄河源区未来的水资源。根据 IPCC

DDC 的 13 个系列的 GCMs 成果,结合黄河源区的实测气象资料,分析了该地区气候在未来 100 a 内的可能变化。结果显示黄河源区的水资源量总体趋势是不断降低,水量的年际分布也将越来越不均匀,旱涝威胁日趋严峻(郝振纯等,2006)。黄河上游的温度与全球变暖有着明显的对应关系,近几十年来,流域各个地方的温度有不同程度的上升。降水变化因流域各地所处位置、地势、地形的不同而差异较大,受温度上升和主要产流区域降水大幅减少的影响,近 10 余年来黄河上游的径流量呈持续递减的态势。在未来几十年,如果遭遇到气温升幅与降水减幅较大的暖干气候组合时,流域产水量将有较大的减幅(蓝永超等,2012);蒲健辰等人根据水量平衡原理建立了黄河月水文模型,MPI、UKMOH 和 LLNL 气候情景模型对黄河径流量进行预测,认为黄河未来几十年径流量呈减少趋势;就平均状况而言,汛期和年径流约分别减少 25.4×10^8 m³ 和 35.7×10^8 m³(郝振纯等,2006)。统计降尺度(SDS)情景模拟表明,黄河源区未来径流量的减少趋势不可避免,未来 3 个时期(2020s、2050s 和 2080s)将分别减少 88.61 m³/s(24.15%)、116.64 m³/s(31.79%)和 151.62 m³/s(41.33%),而 Delta 情景下研究区年平均流量变化相对较小,与基准期相比未来 2020s 和 2050s 分别减少 63.69 m³/s(17.36%)和 1.73 m³/s(0.47%),而 2080 s 将增加 46.93 m³/s(12.79%)(赵芳芳和徐宗学,2009)。

李林等人利用 SRESA1B 情景下未来 20 a 长江源区气候变化资料,对长江源区年平均流量可能的变化趋势进行预估。与基准期(1981—2010 年)相比,未来 20 a 长江源区流量以增加为主,其中 2010s 增加 7%,2020s 增加 12%(李林等,2012)。俞烜等人利用年径流预测的混合回归模型,在 1961—1990 年资料基础上加上相对于 2031—2060 年不同变幅代入模型得出不同径流变幅,预测长江区径流量出现可能较强的增加趋势(俞烜等,2008)。

气候变化背景下,未来 30 a 黄河源区径流量与现状相比有所减少,尤其是在非汛期,将持续加剧黄河中下游流域水资源短缺的现象。长江源区在汛期径流量将呈增加趋势,而且远远高于现状流量,长江中下游地区防洪形势严峻(张永勇等,2012)。值得注意的是,SRESA1B 情景下未来 20 a 长江源区降水量和蒸发量均呈微弱增加趋势,两者对于流量的作用可基本相互抵消,而流量的增加量可能主要来自冰川融水的增加。如果未来趋势果真如此,这种以冰川消融为代价的流量增加趋势未必真正值得乐观,而气候变暖趋势下冰川消融可能会带来的一系列不利影响更应得到及早关注。

四、冰川加剧退缩引发下游的冰川湖水上涨

研究表明,一些有冰川补给的湖泊出现了面积增加,水位上升的趋势。湖泊环境变化的时间序列研究显示,在气候变暖初期,由于蒸发加强引起下游湖泊的退缩,但是由于冰川退缩加剧,冰雪融水增加后很快表现为补给水流的加大。随着气候的持续变暖,融水量将趋于减少,水资源量也将减少(吴艳红等,2007)。

冰川加剧退缩可能引发下游的冰川湖水上涨,造成冰川湖溃决,带来灾难。三江源可可西里地区卓乃湖的溃跨也反映了这一事实(Harrison 等,2006)。

五、对策研究

1. 加强基础研究,提升气候变化对地表过程影响的理解

提高对三江源冰川、冻土、湿地、河流、湖泊等水资要素之间相互转化、地表水资源、空中水

资源相互转化等物理过程的理解；提高气候模型对三江源水资源过程的描述能力，以减少气候模拟和气候变化预测的不确定性；评估和量化过去和未来气候变化所导致的水资源各分量的变化及其影响；强化区域内水资源的观测与监测，以便开展其变化过程的模拟与诊断研究。

2. 源区以冰川、冻土、湿地为核心的水循环机理及源区气候和水文过程研究

冰川、冻土与外部驱动因素之间的关系及其气候、环境效应等的定量研究、关系模型研究；冻土水文特性、冻土水文效应下的水分动态规律、地下水补排关系、冻土影响下的产流机制等方面研究及流域尺度冰川、冻土径流变化的模拟研究；冰川、冻土产流与三江径流、湖泊变化关系模型研究（陈进，2013；程国栋和赵林，2000；宁宝英等，2008）。

3. 气候变化对三江源水资源影响的不确定性研究

三江源地区未来气候变化情景预测研究，气候模型降尺度应用研究；源区冰川、冻土、湿地与气候系统之间相互作用的物理过程与反馈机制研究；未来气候与源区冰川、冻土、湿地之间水文响应与气候耦合模型研究；评估和量化过去和未来气候变化所导致的冰川、冻土湿地变化及其影响；气候变化背景下三江源水资源安全。

4. 大气、水文、生态等综合水资源监测网

整合三江源区域内气象、水文、中科院、环保、黄河水利管理委员会等单位水资源观测站点，形成统一、数据共享的三江源水资源观测网。以现有气象、水文监测站为依托建设或按照合理布局实施降水、河流水文观测站网建设；将现有中科院短期冰川观测站改建为长期观测站、新增冰川长期监测站；加强三江源区域冻土观测站点建设，实施流域内冻土观测；选择区域内典型湖泊新增湖泊水位、面积监测站点。

第六章　青海高原土地利用/覆盖的气候效应研究

第一节　西宁城市热岛效应分析

一、资料与方法

所用资料为西宁市二十里铺气象观测站和五四大街 19 号区域气象站 2012—2014 年逐小时气温,所有资料均通过质量控制。

五四大街 19 号区域气象站定义为城市站,该气象站位于西宁市城市中心,是西宁市人口最密集,高大建筑物最多,城市化程度最高的区域,台站所在位置海拔高度为 2261.2 m。将二十里铺气象观测站定义为乡村站,该气象站位于西宁市郊区,周围几乎没有较高的建筑群,人口密度较小,台站所在位置海拔高度为 2295.2 m。城市站和乡村站海拔高度相差 33 m,海拔高度差对气温的影响较小,因此在分析时不考虑海拔高度引起的气温差异。

北京时间 08:00—20:00 定义为白天,20:00—次日 08:00 定义为夜晚。

二、西宁热岛强度日内变化特征

1. 热岛强度日内总体变化

受城市下垫面性质的影响,城区柏油路面、水泥等反射率小,白天吸收热量多,同时城区大气污染浓度大,气溶胶微粒多,虽然白天对太阳辐射具有一定的阻挡作用,削弱气温的升高幅度,但夜晚能吸收更多的地面长波辐射,导致夜晚气温较高。从图 6.1a 可以看出,西宁市城区平均气温日内变化幅度明显偏小,为 9.27 ℃,而郊区平均气温日内变化幅度为 13.37 ℃,较城区偏大 4.10 ℃。从图 6.1b 可以看出,14—17 时为热岛强度最弱的时段,在这一时段,西宁城区表现为弱的冷岛,热岛强度可达 −0.37 ℃,而日出前的 6—7 时为热岛强度最明显的时段,热岛强度最高可达 3.86 ℃。

2. 逐月热岛强度日内变化

从图 6.2 可以看出,一年中夜晚均表现为热岛效应,但在白天各月热岛强度差异较大。在冷季(10 月—次年 3 月)白天受燃烧采暖造成空气污染削弱太阳辐射,同时太阳高度角偏小,高大建筑物易遮挡太阳辐射到达地面,造成城区气温上升较慢,在气温最高的时段(14—17时)表现为冷岛效应,尤其是在 12 月份和 1 月份,冷岛效应表现突出,在 14—17 时平均冷岛效应达 1.51 ℃和 1.72 ℃。在暖季(4—9 月)白天空气污染减轻,太阳高度角变大,地面吸收热

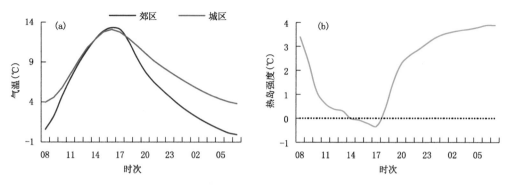

图 6.1　西宁城市和郊区气象站(a)平均气温、城市热岛强度(b)日内变化特征

量增多,加上城区建筑物、路面等的热容量较小,气温上升较快,因此在白天表现出热岛效应。(在白天,夏季表现为热岛,而冬季表现为冷岛效应)。

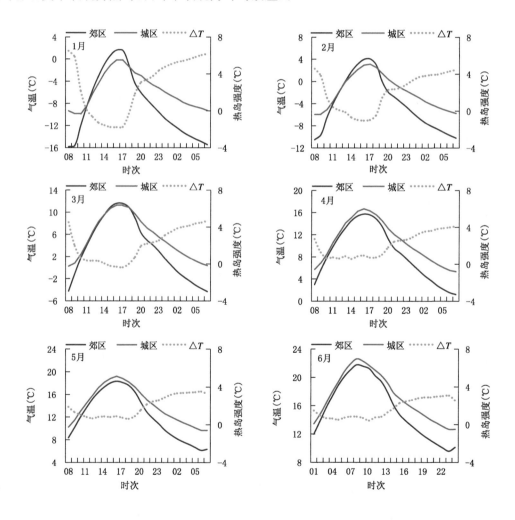

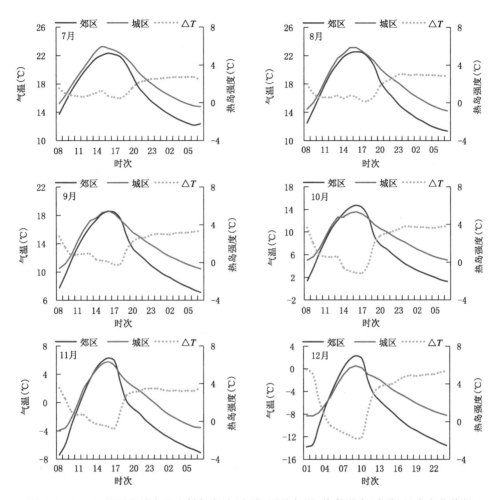

图 6.2　1—12 月西宁城市和乡村气象站(实线)平均气温、热岛强度(虚线)日内变化特征

3. 城市热岛强度逐候变化

分析图 6.3 城区和郊区逐候平均气温变化特征可以看出,城区候平均最高气温是 20.56 ℃,出现在 8 月第 1 候,郊区候平均最高气温是 19.21,出现在 7 月第 6 候,城区比郊区候平均最高气温偏高 1.35 ℃,且出现时间滞后 1 候。城区候平均最低气温是−6.12 ℃,出现在 12 月第 6 候,郊区候平均最低气温是−9.18 ℃,出现在 1 月第 3 候,城区候平均最低气温比郊区偏高 3.06 ℃,出现时间提前 3 候。郊区年变化幅度比城区大,主要是由于冬季郊区气温下降明显所致。

从西宁逐候热岛强度变化特征可以看出,热岛强度在 1 月第 3 候最大为 3.44 ℃,7 月第 2 候是热岛强度最弱的时期为 1.33 ℃。

将各候热岛强度进行月平均,从 1—12 月逐月平均气温热岛强度日内变化特征可以看出(图 6.4),由于郊区夜晚地面长波辐射散热较多,气温下降较快,因此城市热岛效应夜晚表现明显,1—12 月份夜晚热岛强度均大于白天,夜晚平均热岛强度是 3.34 ℃,白天是 0.75 ℃(表 6.1)。夜晚 1 月份平均热岛强度最强为 4.90 ℃,7 月份平均热岛强度最弱为 2.49 ℃,两月之

间相差 2.41 ℃。白天 4 月份平均热岛强度最强为 0.99 ℃,10 月份平均热岛强度最弱为 0.53
摄氏度,两月相差 1.09 ℃。

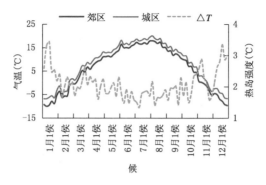

图 6.3　西宁城市和郊区气象站逐候平均热岛强度变化特征

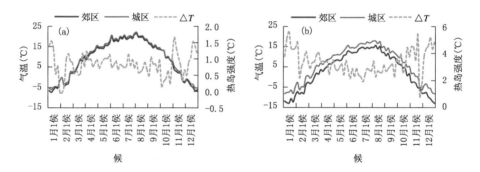

图 6.4　西宁城市和郊区气象站逐候白天(a)和夜晚(b)热岛强度变化特征

表 6.1　1—12 月平均热岛强度

月份	1月	2月	3月	4月	5月	6月	7月	8月	9月	10月	11月	12月	平均
夜晚	4.90	3.49	3.45	3.25	2.94	2.56	2.49	2.78	2.96	3.54	3.33	4.67	3.36
白天	0.61	0.64	0.68	0.99	0.95	0.79	0.86	0.71	0.78	0.53	0.88	0.88	0.77
平均	2.76	2.06	2.07	2.12	1.94	1.67	1.67	1.75	1.87	2.04	2.10	2.77	2.07

三、西宁市城市热岛效应概述

(1)受城市化影响,城区站气温日内变化幅度明显偏小,郊区较城区偏大 4.10 ℃。14—
17 时为热岛强度最弱的时段,而日出前的 06—07 时为城区热岛强度最明显的时段,热岛强度
最高可达 3.86 ℃。

(2)西宁市全年夜晚均表现为热岛效应,平均热岛强度为 3.34 ℃,但在白天各月热岛强度
差异较大,夏季白天表现为热岛,而冬季的白天尤其是 14—17 时热岛效应减弱,甚至表现为冷
岛效应。

(3)西宁城市热岛强度在 1 月第 3 候最大为 3.44 ℃,7 月第 2 候是热岛强度最弱的时期
为 1.33 ℃。

(4)城区比郊区候平均最高气温偏高 1.35 ℃,且出现时间滞后 1 候,城区候平均最低气温

比郊区偏高 3.06 ℃,出现时间提前 3 候。

第二节　青海湖湖泊气候效应分析

一、资料与方法

1. 资料

利用青海湖周边地区 17 个自动气象站 2009—2014 年 6a 暖季内逐小时平均气温、最高最低气温资料,所用资料均已通过初步质量控制。台站分布位置表示在图 6.5 中。NDVI 值和青海湖开始结冰、完全解冻日期采用青海省遥感中心 EOS/MODIS 系统接收的数据进行计算。

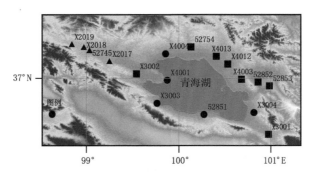

图 6.5　青海湖周边气象站点分布图

2. 方法

根据各气象站点距离湖岸线直线距离,将其分为三类:距离在 10 km 以内定义为湖岸区,10~30 km 以内定义为近岸区,30~105 km 定义为远岸区(表 6.2)。以远岸区气象站为参考点,分别计算湖岸区和近岸区各站与参考站气温的差值,作为反映湖泊气候效应的指示。表 6.3 表明,湖岸区、近岸区和远岸区三个区域气象站的平均纬度分别是 36.85°、37.01° 和 37.29°,纬向距离相差很小,平均高度分别是 3234 m、3223 m 和 3408 m,这样由于纬度和高度因素引起的地面气温差异不大,可以使用这种方法分析湖泊水体对周边地点地面气温的影响。

日最高气温是每日最高的小时平均气温,比传统的日最高气温要低;而日最低气温是指每日最低的小时平均气温,比传统的日最低气温要高。每日最高小时平均气温与最低小时平均气温的差值,称作气温日变幅。候平均从第 21 候开始计算分析,到第 68 候结束,是指期间每一个月内每 5(6)d 平均,其中具有 31 d 的月份,最后 1 候为 6 d。日内变化时间统一采用北京时间,青海湖当地地方时和北京时间之间存在约 1.2 h 的时差。

将 2009—2014 年 MODIS 监测青海湖湖面开始结冰、完全解冻日期进行平均,确定 12 月10 日至次年 4 月 13 日为封冻期或者寒季,4 月 14 日至 12 月 9 日为解冻期或者暖季。各站点NDVI 值根据 MVC(maximum value composites)方法合成每月的 NDVI 值,挑选出每年的最大值,将 2009—2014 年逐年 NDVI 最大值进行平均。

表 6.2　环青海湖气象站点基本资料

区域	台站编号	经度(E)	纬度(N)	海拔高度(m)	NDVI值	距湖岸距离(km)
湖岸区	X4001	99.87°	36.98°	3201	0.67	0.00
	X3003	99.76°	36.73°	3205	0.71	1.65
	52851	100.27°	36.62°	3241	0.62	2.20
	X4004	99.86°	37.26°	3229	2.54	4.18
	X3004	100.81°	36.64°	3296	0.59	7.48
近岸区	X4013	100.41°	37.24°	3266	0.59	12.98
	X3002	99.54°	37.05°	3241	0.76	13.11
	52754	100.13°	37.33°	3302	0.72	14.08
	52853	100.98°	36.92°	3010	0.72	26.40
	X4003	100.68°	36.99°	3280	0.62	16.94
	X4012	100.53°	37.15°	3265	0.41	17.60
	52852	100.86°	36.96°	3140	0.67	18.50
	X3001	100.97°	36.40°	3283	0.5	29.34
远岸区	X2017	99.25°	37.18°	3335	0.59	55.00
	52745	99.03°	37.30°	3417	0.57	75.92
	X2018	98.97°	37.33°	3421	0.58	84.73
	X2019	98.84°	37.36°	3459	0.56	102.36

表 6.3　湖岸区、近岸区和远岸区平均参数

区域	海拔(m)	纬度(N)	经度(E)	暖季平均气温(℃)	暖季平均最高气温(℃)	暖季平均最低气温(℃)	NDVI值
湖岸区	3234	36.85°	100.11°	6.21	11.9	0.74	0.64
近岸区	3223	37.01°	100.51°	5.51	12.4	−1.20	0.62
远岸区	3408	37.29°	99.02°	4.85	12.3	−2.54	0.58

二、青海湖湖泊气候效应分析

1. 气温空间分布特征

在暖季内,受青海湖水体影响,湖岸区平均气温较高,在 5.8～6.5 ℃之间,近岸区平均气温在 5.0～5.7 ℃之间,受远离水体和海拔高度的共同影响,远岸区平均气温较低,平均在 4.4～4.9 ℃之间(图 6.6a)。

从各气象站点平均最高气温和平均最低气温可以看出,离湖岸越近,平均最高气温越低(图 6.6b),而平均最低气温越高(图 6.6c)。受此影响,湖岸区平均气温日变幅最小,在 10.6～11.9 ℃之间,近岸区平均气温日变幅在 12.0～14.5 ℃之间,而远湖岸区日变幅较大,在 14.6～16.8 ℃之间(图 6.6d)。

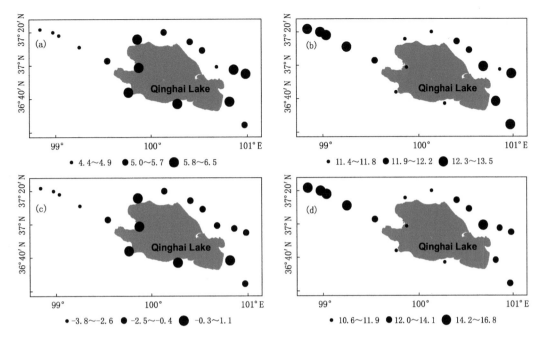

图 6.6　青海湖平均气温(a)、平均最高气温(b)、平均最低气温(c)和
平均气温日变幅(d)分布图(单位：℃)

2. 气温日内变化特征

图 6.7 表示青海湖周边不同区域地面气温日内变化特征及其差异。从图 6.7a 可以看出,青海湖对周边地区气温产生了明显的影响,表现为离湖岸越近,夜间平均气温越高,午后平均气温越低,气温日内变化幅度越小。以湖岸区来看,从午夜到上午 11 时左右,小时平均气温始终高于近岸区和远岸区;11 时到 16 时左右,小时平均气温略低于近岸区和远岸区;16 时以后,小时平均气温再次超出近岸区和远岸区。湖岸区、近岸区和远岸区日变幅分别为 8.7 ℃、10.9 ℃和 12.3 ℃。

距离湖岸线越近,夜间气温越高,午后气温越低,气温日内变化幅度越小,这种日内变化特征是典型的湖泊水体影响的结果。由于湖泊水体有更大的热容量,湖泊水面上和湖泊附近地点的气温日内变化通常较小,白天特别是午后气温上升慢,上升幅度小;夜晚气温下降也慢,下降幅度小,导致日内变化幅度比远岸区明显偏弱。湖陆风环流的日夜转换,可能也是湖岸区和近岸区气温日内变化幅度较小的直接原因之一。这种局地环流会使得白天特别是中午和午后出现从湖泊吹向陆地的表面风,把湖泊表面较凉的空气带到湖岸区和近岸区,抑制了气温的上升;夜晚的陆风环流也可以把湖泊表面热量带到不同陆地区域,但其具体机制还需要进一步探讨。

在距离湖岸线远近不同的地区,气温日内变化呈现出不同的特点。湖岸区气温变化缓慢,各气象站点中气温日内变化幅度最小为 7.9 ℃,最大为 9.5 ℃。分析湖岸区各气象站点气温日内变化幅度可以看出,湖泊对气温日变化影响明显,5 个观测站距离湖泊由近到远分别为X4001、X3003、52851、X4004、X3004,相应的日变化幅度分别为 7.9 ℃、8.4 ℃、8.6 ℃、9.1 ℃和 9.5 ℃(图 6.7b)。

　　近岸区中各气象站点气温日内变幅最小为9.6 ℃,最大为11.9 ℃。各气象站点距离湖岸由近到远分别为X4013、X3002、X4012、52754、X4003、52852、52853和X3001,日内气温变化幅度分别为10.7 ℃、10.4 ℃、11.7 ℃、10.9 ℃、11.9 ℃、9.6 ℃、10.8 ℃和11.2 ℃。分析各站点气温变化特征发现,近岸区气温除了受湖泊影响以外,植被覆盖状况对气温的日内变化可能也有较大的影响。例如植被NDVI值高的52852和52853站点日内变化幅度较小,而X4003站点周围植被覆盖较差,平均气温日内变化较大(图6.7c)。

　　远岸区(图6.7d)多数分布在青海湖的西北部,海拔较高,处于青海南山和大通山之间的冲积平原上。该区气温日内变幅最大为13.2 ℃,最小为11.1 ℃。各气象站点离湖岸由近到远依次为X2017、52745、X2018和X2019,日内气温变化幅度分别为11.1 ℃、12.5 ℃、12.4 ℃和13.2 ℃,各站点气温日内变化大小除和距离湖泊远近有关外,还和海拔高度有联系,即海拔高的地区日内气温变化亦较大,这主要是因为该地区海拔高,空气稀薄导致总水汽少,白天太阳短波辐射强,而夜间地表向太空红外热辐射强,造成地表温度日内变化增大。

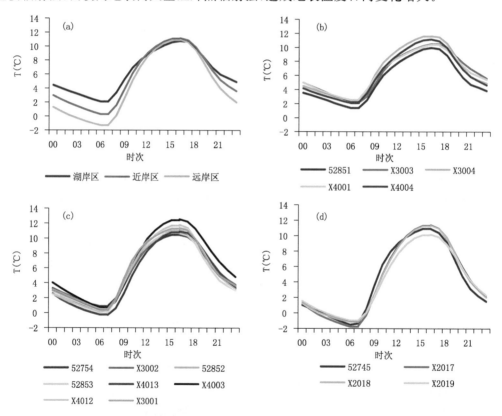

图6.7　不同区域平均(a)以及湖岸区(b)、近岸区(c)和远岸区(d)站点地面气温日内变化特征

　　图6.8表示所有站点日平均最高气温、平均最低气温和气温日变幅与其距离湖岸线垂直距离之间的关系。可以看出,在30 km以内,即在湖岸区和近岸区,湖泊水体对日平均最高气温和日平均最低气温影响明显,随着距湖岸线距离的增加,最高气温迅速上升,最低气温迅速下降;在距湖岸线大约50 km左右以上的远岸区,湖泊水体的影响不再明显,最高、最低气温与距离湖岸线远近无明显的关系;和日平均最高、最低气温相似,气温日变幅也在大约50 km以内受湖泊影响较大,而在大部分远岸区湖泊影响不明显。

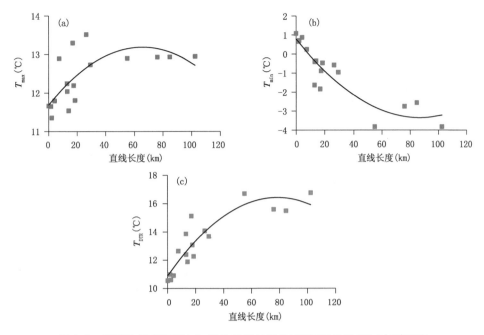

图 6.8　日平均最高气温(a)、平均最低气温(b)和气温日变幅(c)与其距离
湖岸线直线长度之间的关系

从表 6.4 可以看出,日平均最高气温、最低气温和日变幅与距湖岸距离的拟合曲线呈半个抛物线形式,拟合方程均通过了显著性水平 0.01 的检验。由此可以说明,在一定距离内,湖泊水体对最高气温、最低气温影响明显,但超过一定距离,湖泊效应逐渐消失。

表 6.4　日平均最高气温、最低气温和日变幅与距湖岸距离的拟合方程

气象要素	拟合曲线	R^2	显著性水平
最高气温	$Y=-0.000X^2+0.046X+11.686$	0.492	＊＊
最低气温	$Y=0.001X^2-0.095X+0.784$	0.827	＊＊
气温日变幅	$Y=-0.001X^2+0.141X+10.897$	0.822	＊＊

注:Y 表示气温,X 表示距湖岸距离,＊＊表示通过显著性水平 0.01 的检验

3. 气温季节变化特征

在湖岸区、近岸区和远岸区候平均气温均呈单峰型,最高值出现在第 42 候(7 月 26—31 日),最低值出现在第 68 候(12 月 6—10 日)。在暖季内,湖岸区、近岸区和远岸区候平均气温极差分别为 19.7 ℃、22.1 ℃和 22.9 ℃。由图 6.9a 中的虚线可以看出,湖岸区、近岸区与远岸区候平均气温差值始终为正值,说明与远岸区相比,湖岸区和近岸区候平均气温一直高于远岸区。湖岸区与远岸区的差值从 36 候到 52 候缓慢上升,但只有 1.0 ℃左右,52 候以后直到暖季结束快速上升,最高达到 4.0 ℃左右。湖岸区进入 9 月后气温下降尤其缓慢,湖泊水体的保温效果明显,而近岸区从 10 月开始湖泊的调节作用开始突显。

值得提出的是,与内地众多湖泊气候冬暖夏凉变化趋势不同,湖岸区候平均气温一直处于较高值,明显高于近岸区和远岸区,说明夏季青海湖的气候效应与大多数内陆湖泊相反。这可能主要是因为高原地区夜晚湖泊周边地区地表向太空的红外热辐射强烈,大气水汽含量低,夜

间气温下降迅速,夜间气温下降幅度远大于白天的气温增幅,从而使得远离湖泊的区域在夏季温度更明显的低于湖泊表面和湖岸区。湖岸区和近岸区由于有湖泊水体的调节作用,夜间地面气温下降较慢,下降幅度也较小,因而使得平均气温一般比较高。

与平均气温日内变化特征基本相似,在湖岸区离湖面越近候平均气温变化幅度越小,例如离湖面最近的 X4001 站点候平均气温极差为 18.3 ℃,而湖岸区中离湖面最远的站点 X3004 候平均气温极差为 21.6 ℃(图 6.9b)。

在近岸区,除受到湖泊影响外,植被等其他因素可能也对气温季节变化有一定影响。例如,离湖岸线最近的 X4013 站点虽然 NDVI 值处于中等水平,但由于离湖面较近,因此候平均气温变幅较小为 21.6 ℃;而离湖岸线较远的 52852 站点,由于 NDVI 值较高,候平均气温变幅最小为 21.3 ℃。近岸区中 NDVI 值最小的 X4003 虽然离湖面较近,但候平均气温变幅却最大,为 23.2 ℃(图 6.9c)。

远岸区海拔较高,暖季内候平均气温变化幅度主要受海拔高度的影响。例如,海拔高度最低的 X2017 候平均气温变幅最小为 22.3 ℃,海拔高度最高的 X2019 候平均气温变幅最大为 23.4 ℃(图 6.9d)。但远岸区气温季节变化仍然可以看到青海湖水体影响的信号,例如,

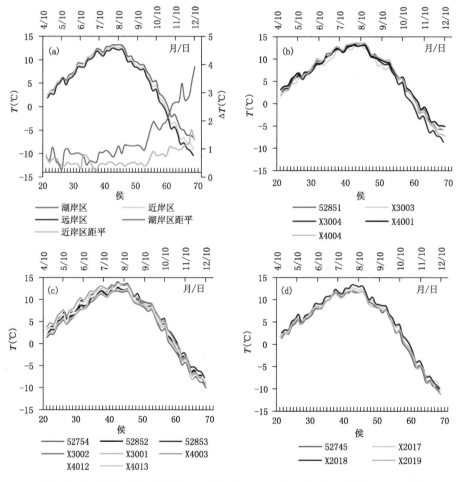

图 6.9　不同区域候平均气温及其湖岸区、近岸区与远岸区候平均气温差值(a),以及湖岸区(b)、近岸区(c)和远岸区(d)站点候平均气温变化

52745 和 X2018 海拔高度基本相同,分别为 3417 m 和 3421 m,但由于 52745 距离湖岸线相对较近,候平均气温变幅为 22.6 ℃,而距离湖岸线相对较远的 X2018 候平均气温变幅为23.3 ℃。

4. 候平均最高、最低气温变化特征

(1)候平均最高气温变化特征

图 6.10 表示不同区域候平均最高气温及其湖岸区、近岸区与远岸区候平均最高气温的差值(图 6.10a),以及候平均最高气温出现时间及其湖岸区、近岸区与远岸区候平均最高气温出现时间的差值(图 6.10b)。湖岸区、近岸区和远岸区候平均最高气温的极差分别为 20.3 ℃、21.7 ℃和 22.6 ℃。与远岸区相比,湖岸区从湖面完全解冻至 10 月上旬以前候平均最高气温一直处于负距平,表明每日最高小时气温比远岸区低;10 月上旬以后湖岸区候平均最高气温略高于远湖岸区;近岸区候平均最高气温基本与远湖岸区持平。湖岸区在 4—9 月由于水体可以吸收大量的太阳辐射热量,因此最高气温上升较慢,候平均气温相对较低;10 月上旬气温下降以后,湖岸区和近岸区受湖泊影响,气温下降较慢,因此与远岸区相比略高或基本相同(图6.10a)。

与远岸区相比,湖岸区最高气温出现时间较晚,尤其是 5 月下旬至 8 月下旬和 10 月初以后偏晚时间较多,最高气温出现时间平均相差接近 1 h。10 月上旬以前近岸区最高气温出现时间基本与远湖岸区相同,10 月上旬以后出现时间偏晚(图 6.10b)。由于湖泊水体对大气温度的调节作用,夏秋季湖泊表面及其附近地带每日最高气温出现时间滞后,表现出类似海洋性气候的特点。

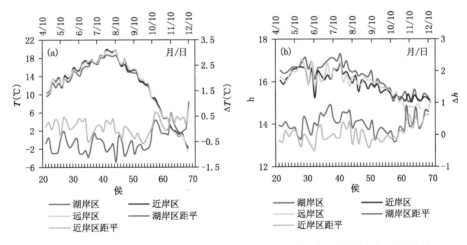

图 6.10　不同区域候平均最高气温及其湖岸区、近岸区与远岸区候平均最高气温的差值(a),
候平均最高气温出现时间及其湖岸区、近岸区与远岸区候平均最高气温出现时间的差值(b)

(2)候平均最低气温变化特征

湖岸区、近岸区和远岸区候平均最低气温的极差分别为 23.3 ℃、25.6 ℃和 26.7 ℃。由图 6.11a 可以看出,湖岸区和近岸区候平均最低气温均高于远湖岸区,自 9 月中旬开始,湖岸区最低气温明显高于远湖岸区,而近岸区可能受植被黄枯等其他因素影响,最低气温偏高幅度有所下降。

与远岸区相比,湖岸区和近岸区最低气温出现时间相对较迟,约推迟半小时左右。分析各

地区最低气温出现时间变化幅度可以看出,9月以前变化幅度较小,而9月以后最低气温出现时间变化幅度增大(图6.11b)。这种现象可能和9月以后冷空气入侵频繁,造成每日最低气温出现时间波动比较大。

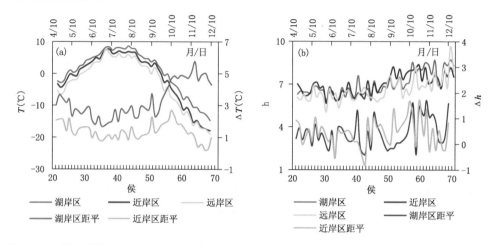

图6.11　不同区域候平均最低气温及其湖岸区、近岸区与远岸区候平均最低气温的差值(a),以及候平均最低气温出现时间及其湖岸区、近岸区与远岸区候平均最低气温出现时间的差值(b)

三、青海湖湖泊气候效应概述

利用青海湖周边气象观测站逐小时观测资料,分析了这一大型内陆高原湖泊对周边地带暖季平均气温季节变化和日变化的影响,主要得到以下4点结论。

(1)在暖季的青海湖周边地区,受湖泊水体影响,总体表现为离湖岸线越近,平均气温越高,气温日变幅越小;湖岸区、近岸区和远岸区日变化幅度分别为8.7 ℃、10.9 ℃和12.3 ℃。湖岸区气温日变化主要受湖泊水体影响,而近岸区和远岸区气温日变化除了受湖泊影响外,植被覆盖状况和海拔高度可能也是重要的。

(2)湖岸区、近岸区和远岸区候平均气温极差分别为19.7 ℃、22.1 ℃和22.9 ℃。与远岸区相比,湖岸区和近岸区候平均气温均偏高,其中湖岸区进入9月后气温下降速率和幅度明显偏小,湖泊水体调节效应显著,而近岸区从10月开始湖泊调节效应也开始变得明显。夏季青海湖湖泊气候效应显示出独特性,主要表现在夏季湖面和湖岸线附近比远离湖岸线的内陆地点要温暖而不是更凉快。

(3)湖岸区、近岸区和远岸区候平均最高气温的极差分别为20.3 ℃、21.7 ℃和22.6 ℃。与远岸区相比,湖岸区10月上旬以前候平均最高气温一直低于远岸区,10月上旬以后则略高于远岸区,而近岸区候平均最高气温与远岸区相近。在一日内,湖岸区最高气温出现时间较晚,尤其是5月下旬至8月下旬和10月初以后偏晚更多;10月上旬以前近岸区最高气温出现时间与远湖岸区相同,10月上旬以后出现时间也偏晚。

(4)湖岸区、近岸区和远岸区候平均最低气温的极差分别为23.3 ℃、25.6 ℃和26.7 ℃。湖岸区和近岸区候平均最低气温均高于远岸区,自9月中旬开始,湖岸区最低气温更明显高于远岸区,而近岸区最低气温偏高幅度有所减小。在一日内,与远岸区相比,湖岸区和近岸区最低气温出现时间均相对较迟,约推迟半小时左右。

第三节　三江源植被覆盖变化气候效应

一、资料与方法

1. 资料来源

植被覆盖度、草层高度等牧草资料利用资料年限较长的曲麻莱气象站观测的 1994—2013 年资料。

植被 NDVI 值利用 GIMMS 和 MODIS 两个卫星源的 NDVI 数据开展研究。GIMMS 数据是美国航空航天局（NASA）全球监测与模型研究组（Global Inventor Modeling and Mapping Studies，GIMMS）发布的 NDVI 半月最大值合成值（maximum value composites，MVC），空间分辨率为 8 km×8 km，时段为 1982 年 5 月—2006 年 12 月。MODIS 数据采用青海省遥感中心 EOS/MODIS 系统接收的数据，空间分辨率为 250 m×250 m，时段为 2002 年 1 月—2013 年 12 月。两种 NDVI 数据集都已经过几何精纠正、辐射校正、大气校正等预处理，并采用最大值合成法（maximum value composite，MVC）减少云、大气、太阳高度角等的影响。

2. 遥感资料的处理

由于 GIMMS 和 MODIS 数据采用了不同的传感器，利用 1982—2006 年 GIMMS 资料和 2001—2013 年 MODIS 资料相重叠的 2001—2006 年 NDVI 值进行相关性分析。从图 3.1 可以看出 GIMMS 数据和 NDVI 数据均存在较高的相关性，通过了信度为 0.01 的极显著检验（图 6.12）。根据 GIMMS 和 MODIS 两者关系，利用 2007—2013 年 GIMMS NDVI 值插补 MODIS NDVI 值，建立三江源区 1982—2013 年 NDVI 数据序列。

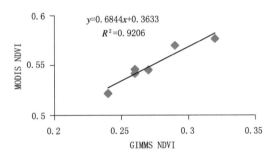

图 6.12　2001—2006 年三江源区 GIMMS NDVI 和 MODIS NDVI 相关性图

3. 研究方法

利用气象要素的时间序列，以时间为自变量，要素为因变量，建立一元回归方程。设 y 为某一气象变量，t 为时间（年份或序号），建立 y 与 t 之间的一元线性回归方程：

$$y'(t) = b_0 + b_1 t \tag{6.1}$$

其趋势变化率为：把 $b_1 \times 10$ 称为气候变化倾向率，单位为 ℃/10a 或 mm/10a。趋势方程中系数 b_1 的计算式为：

$$b_1 = \frac{\sum_{i=0}^{n} (y_i - \bar{y})(t_i - \bar{t})}{\sum_{i=0}^{n} (t_i - \bar{t})^2} \tag{6.2}$$

b_1 值的符号反映上升或下降的变化趋势，$b_1 < 0$ 表示在计算时段内呈下降趋势，$b_1 > 0$ 表示呈上升趋势。b_1 值绝对值的大小可以度量其演变趋势上升、下降的程度。

突变检验主要利用 M−K 检验，当 M−K 检验存在疑问时，利用滑动 t 检验再次进行检验。

二、三江源植被覆盖变化气候效应分析

1. 气候变化特征

(1)气温变化特征

1982—2013 年三江源区年平均气温急剧上升，平均每 10 a 上升 0.62 ℃，尤其是 1997 年以来气温升高明显。1982—1997 年平均气温为 0.88 ℃，1998—2013 年平均气温上升为 0.25 ℃(图 6.13a)。三江源区各地变化趋势不尽相同，其中五道梁、沱沱河一带升温幅度较大，而三江源的东部地区升温幅度相对较小(图 6.13b)。

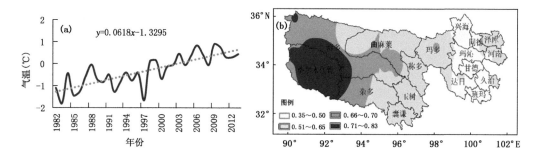

图 6.13　1982—2013 年三江源区气温变化(a)及气温变率空间分布图(b)(单位:℃,℃/10a)

(2)降水变化特征

1982—2013 年三江源年降水量总体呈增多趋势，平均每 10 a 增多 13.33 mm，从图 6.14a 可以看出，年降水量阶段性变化明显，80 年代为多雨期，90 年代降水量相对较少，2000 年以来尤其是 2003 年以来三江源区年降水量增多幅度较大，且一直维持在较高值。从图 6.14b 可以看出，三江源区年降水量变化趋势差异较大，其中杂多、久治、班玛一带年降水量呈略微减少趋势，治多、曲麻莱一带年降水量增加趋势明显。

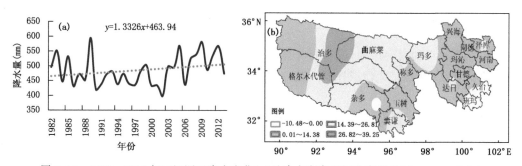

图 6.14　1982—2013 年三江源区降水变化(a)及降水变率空间分布图(b)(mm,mm/10a)

2. 植被变化特征

(1)天然牧草生长量变化特征

从 1994—2013 年曲麻莱天然牧草草层高度(图 6.15a)、覆盖度(图 6.15b)和生物量(图 6.15c)变化趋势可以看出,20 年来牧草生长状况趋好,草层高度升高,牧草覆盖度和生物量均呈增大趋势,平均每 10 a 分别增加 3.44 cm、23.34%、467.23 kg/hm²。

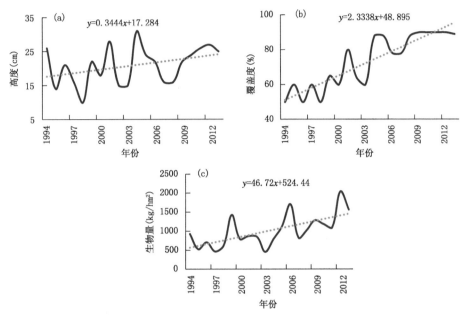

图 6.15　1994—2013 年曲麻莱牧草高度(a)、覆盖度(b)和生物量(c)变化特征

(2) 天然牧草 NDVI 值变化特征

1982—2013 年三江源区 NDVI 平均值总体呈增加趋势,但阶段性变化差异较大,1999 年以前 NDVI 值呈下降趋势,1999 年以来 NDVI 值增加明显(图 6.16a)。三江源西部地区 NDVI 值增加明显,而囊谦、久治、泽库、河南一带 NDVI 值呈减小趋势(图 6.16b)。

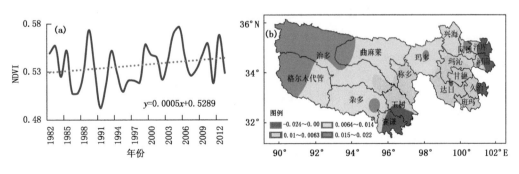

图 6.16　1982—2013 年三江源区 NDVI 变化特征

3. 植被覆盖变化对气候的影响

(1) 植被 NDVI 与气候条件的关系

根据三江源 1982—2013 年植被 NDVI 值和年平均气温逐年特征可以看出(图 6.17a),年

平均气温和 NDVI 值相关性不高,图 6.17b 为三江源各区域 NDVI 和年平均气温的相关系数分布图,可以看出,各区域 NDVI 值和年平均气温的相关性均不高,没有通过显著性检验。

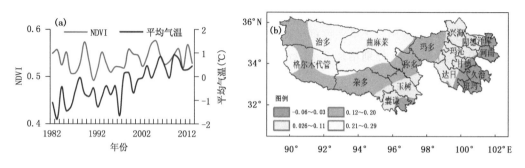

图 6.17　1982—2013 年三江源区 NDVI 与平均气温变化(a)及相关系数空间分布(b)特征

　　1982—2013 年三江源植被 NDVI 值与年降水量同步性较好(图 6.18a),降水量多的年份,植被 NDVI 值亦相对较大,区域平均 NDVI 与年降水量相关系数为 0.349,通过了显著性水平 0.05 的检验(图 6.18b)。分析 NDVI 值与降水量相关系数的空间分布图可以看出,除河南、久治、班玛、囊谦等地相关系数较低外,其余大部分地区均通过了显著性水平 0.05 的检验,个别地区通过显著性水平 0.01 的检验。

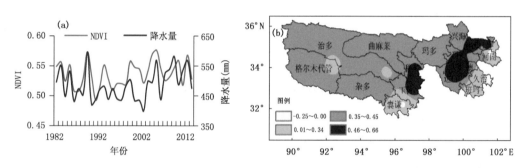

图 6.18　1982—2013 年三江源区 NDVI 与降水量变化(a)及相关系数空间分布(b)特征

　　(2)植被 NDVI 值的模拟模型

　　利用三江源区 18 个气象台站 1982—2013 年降水量及植被 NDVI 值,建立各气象站点 NDVI 值模拟模型(表 6.5)。以 1982—2013 年为降水量和 NDVI 值为基准值,分别模拟降水量增加 10%、30% 和 50% 条件下 NDVI 值距平百分率变化特征,由于治多、河南、久治、囊谦和班玛利用降水量建立的 NDVI 模拟模型没通过显著性水平检验,因此在空间插值时利用了 13 个气象站点资料。

　　(3)降水量对植被 NDVI 值的影响

　　三江源区 1982—2013 年平均 NDVI 值分布如图 6.19 所示,可以看出,植被 NDVI 值基本呈经向分布,从东向西呈逐渐减少的趋势(图 6.19a)。当三江源区年降水量增加 10% 时,各地植被 NDVI 值变化幅度不大,全区平均 NDVI 值增加 2.22%(图 6.19b);降水量增加 30% 时,全区平均 NDVI 值增加 4.13%,三江源区的东部边缘及囊谦等地植被 NDVI 值减小,治多、五道梁、沱沱河、兴海等地植被 NDVI 值增加幅度较大(图 6.19c);降水量增加 50% 时,全区平均 NDVI 值增加 10.24%,其中河南、久治、班玛、囊谦等地植被 NDVI 值减小幅度较大,减小幅度可达 10%，兴海、同德、称多、治多等地植被 NDVI 值增加幅度较大，最大可达 25%（图 6.19d）。

表 6.5　NDVI 值与年降水量相关关系

站名	模拟模型	R^2	显著性检验
伍道梁	$0.1228 \times 2.718^{(0.0013X)}$	0.18	*
兴海	$0.245 \times 2.718^{(0.0011X)}$	0.19	*
同德	$0.0005X + 0.3191$	0.37	* *
泽库	$0.0003X + 0.5467$	0.44	* *
托托河	$0.1461 \times 2.718^{(0.0008X)}$	0.11	*
杂多	$0.0003X + 0.358$	0.19	*
曲麻莱	$0.0003X + 0.3858$	0.18	*
玉树	$0.0003X + 0.4627$	0.31	* *
玛多	$0.1152 \times \ln X - 0.3372$	0.16	*
清水河	$0.0004X + 0.4231$	0.23	* *
大武	$0.5212 \times 2.718^{(0.0004X)}$	0.19	*
甘德	$0.0004X + 0.4441$	0.36	*
达日	$0.0003X + 0.5194$	0.23	* *

注：X 为年降水量，* * 表示通过信度为 0.01 的显著性水平，* 表示通过信度为 0.05 的显著性水平

综合降水量不同增加幅度条件下 NDVI 值的变化特征可以得出，在水分条件比较充足的地区久治、班玛、河南等地降水量已基本满足天然牧草生长发育的需求，降水量增加会导致温度的降低，不利于牧草的生长。而在三江源的西部降水量相对较少，降水量不能满足天然牧草的需水要求，因此适当增加降水量则植被 NDVI 值明显增大。

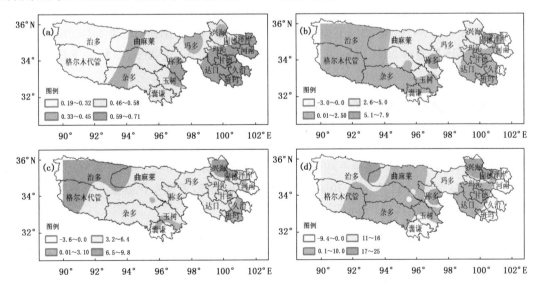

图 6.19　三江源区平均 NDVI(a)和降水量增加 10%(b)、降水量增加 30%(c)、降水量增加 50%(d)条件下 NDVI 距平百分率变化特征(%，%，%)

三、三江源植被变化气候效应概述

(1)1982—2013 年三江源区年平均气温急剧上升,平均每 10 a 上升 0.62 ℃,五道梁、沱沱河一带升温幅度较大。降水量总体呈增多趋势,平均每 10 a 增多 13.33 mm,治多、曲麻莱一带年降水量增加趋势明显。

(2)1982—2013 年三江源牧草生长状况趋好,草层高度升高,牧草覆盖度和生物量均呈增大趋势,平均每 10 a 分别增加 3.44 cm、23.34%、467.23 kg/hm²。植被 NDVI 值呈增加趋势,平均每 10 a 增加 0.005。

(3)经分析植被 NDVI 值与年平均气温和降水量的相关关系可以得出,在三江源大部分地区植被 NDVI 值与年降水量相关关系较好。

(4)三江源区植被 NDVI 呈经向分布,且从东向西呈逐渐减小的趋势。当年降水量分别增加 10%、30%和 50%时,全区植被 NDVI 值分别增加 2.22%、4.13%和 10.24%。增加降水量对植被 NDVI 值的影响程度各地不同,在年降水量较少的地区,降水量增多,则植被 NDVI值增加明显,而在降水量多的地区植被 NDVI 值增加不明显,甚至为负效应。

第四节　柴达木盆地荒漠化气候效应

一、资料与方法

利用柴达木盆地 2003—2013 年茫崖、冷湖、小灶火、格尔木、乌兰和大柴旦 6 个生态监测站的土壤风蚀(积)观测资料和大柴旦沙丘移动观测资料,1982—2013 年 MODIS 和 GIMMS遥感监测 NDVI 值。

将茫崖、冷湖、小灶火、格尔木、乌兰和大柴旦 6 个生态监测站的土壤风蚀(积)观测资料进行平均以此代表柴达木盆地土壤风蚀(积)状况。根据青海省遥感监测中心定义的荒漠化指标,将 MODIS 监测 NDVI 值<0.08 定义为荒漠化指标,根据 GIMMS 和 MODIS 的相关关系,确定 GIMMS 监测的 NDVI 值<0.035 定义为荒漠化指标,在 ArcGIS 软件下提取柴达木盆地荒漠化面积。

二、柴达木盆地荒漠化气候效应分析

1. 气候条件变化特征

1982—2013 年柴达木盆地年平均气温呈显著升高趋势,平均每 10 a 升高 0.60 ℃。年降水量总体呈增多趋势,全区平均每 10 a 增多 12.03 mm,但阶段性变化明显。年蒸发量呈减小趋势,平均每 10 a 减小 10.72 mm(图 6.20)。

2. 荒漠化变化特征

(1)风蚀(积)、沙丘移动变化特征

2003—2013 年年风积累计值呈减少趋势,平均每 10 a 减少 0.61 cm。从图 6.21a 可以看出,2009 年以前风积值变率较大,最大值与最小值相差 1.15 cm。2009 年以来风积值变化平稳,呈持续减小趋势,最大值与最小值相差 0.33 cm。

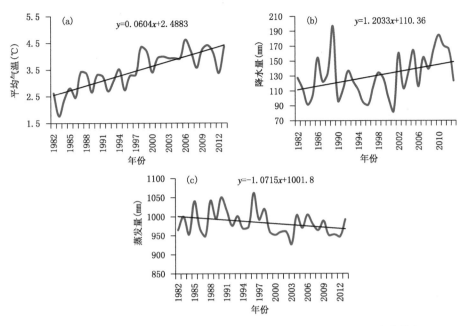

图 6.20 1982—2013 年柴达木盆地气温(a)、降水(b)和蒸发量(c)变化特征

2003—2013 年风蚀累计值呈减少趋势,平均每 10 a 减少 0.99 cm,从图 6.21b 可以看出,大致以 2008 年为界,2003—2007 年年风蚀累计值较大,平均为 5.67 cm,2008—2013 年年风蚀累计值迅速减小,平均值为 4.67 cm。

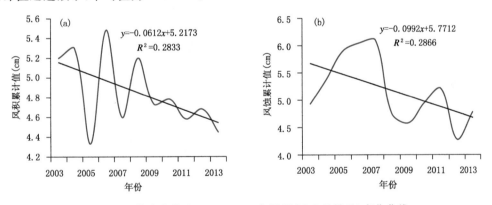

图 6.21 柴达木盆地 2003—2013 年风积(a)和风蚀(b)变化曲线

(2) 荒漠化面积变化特征

利用 MODIS 监测 NDVI 值,将 NDVI 值小于 0.08 定义为荒漠化区域,根据 1982—2013 年柴达木盆地各格点 NDVI 值,提取每年荒漠化面积(图 6.22),从图中可以看出,2002—2013 年柴达木盆地荒漠化面价呈减小趋势,平均每 10 a 减少 4228 km²,尤其是 2009 年以来荒漠化面积减小幅度较大,2003—2008 年平均荒漠化面积为 9424.79 km²,而 2009—2013 年减小为 7759.244 km²。

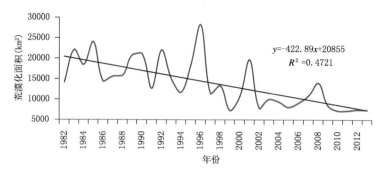

图 6.22　柴达木盆地 2003—2013 年荒漠化面积变化曲线

3. 气候变化对荒漠化的影响

（1）气候变化对荒漠化影响分析

气温、降水和蒸发是影响土地荒漠化的重要气象因子，1982—2013 年柴达木盆地年平均气温呈显著上升趋势，升温率达 0.60/10a，年降水量呈增多趋势，趋势系数为 9.89 mm/10a，年蒸发量呈减小趋势，趋势系数为 10.7 mm/10a。

由于盆地地形封闭，流域面积局限，其水系具有内陆性的特点，均是短小的河流，并呈向盆底中心流去的模式。在柴达木盆地哺育绿洲的河流主要靠昆仑山山地冰雪融水和山区降水补给。近年来，由于气温升高，冰川融水增加，昆仑山上大量冰雪融化，进入绿洲的地表径流和地下水明显增多，大量河水补给，使得临近河流的荒漠地区开始有植物生长，部分荒漠化草原得到了水的补给，植被生长茂盛，转变成了绿洲。从图 6.23 气温、降水、蒸发与荒漠化面积变化趋势可以看出，年平均气温、年降水量与荒漠化面积变化存在很好的负相关关系，相关系数分别为 0.66 和 0.47，而蒸发量与荒漠化面积呈显著的正相关关系，相关系数为 0.52。1982—2013 年在气候变暖，降水增多和蒸发量略有减少共同影响下，柴达木盆地的荒漠化面积呈减小趋势，尤其是 1998 年以来，荒漠化面积明显减小。

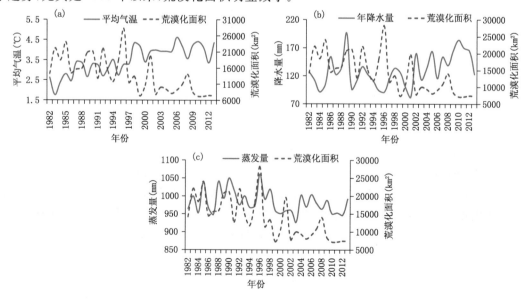

图 6.23　2002—2013 年气温(a)、降水(b)、蒸发量(c)与荒漠化面积的变化特征曲线

（2）荒漠化面积与气象因子的模拟模型

利用气温、降水和蒸发量对荒漠化影响建立荒漠化面积模拟模型如下：

$$Y = -37076.9 - 41.438 \times x_1 - 4765.277 \times x_2 + 74.045 \times x_3 \qquad (6.3)$$

式中，Y 代表荒漠化面积，X_1 代表年降水量，X_2 代表年平均气温，X_3 代表年蒸发量，该模型 F 检验值为 22.098，通过 0.01 水平的极显著性检验。

利用 1982—2013 年年平均气温、年降水量和蒸发量资料回代计算逐年的荒漠化面积，如图 6.24 所示，从图中可以看出模拟值与实际值变化趋势基本一致，此模型可以很好地模拟出在气候变化背景下荒漠化的变化特征。

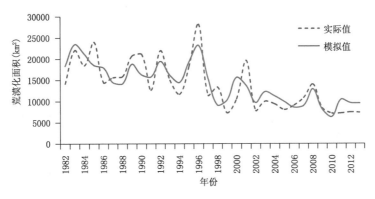

图 6.24 柴达木盆地荒漠化面积模拟模型检验

将 1982—2013 年平均荒漠化面积、年平均气温、年降水量和蒸发量作为基准值，分别将年平均气温、降水量、蒸发量增加 10％、30％和 50％，计算柴达木盆地荒漠化面积变化趋势。

利用上面建立的荒漠化面积计算模型，相对于 1982—2013 年平均值，当年平均气温、降水量、蒸发量分别增加 10％、30％和 50％时，荒漠化面积分别增加 5.35％、73.08％和 140.81％。这主要是由于 1982—2013 年柴达木盆地平均降水量较少，而平均气温较高、蒸发量大，当平均气温、降水量、蒸发量增加幅度越大时，随着气温的迅速升高，降水量的增加量不足以抵消蒸发量的消耗量，导致荒漠化面积呈现大幅度的增加。

三、柴达木盆地荒漠化气候效应概述

（1）2003—2013 年年风积累计值和风蚀累计值均呈减少趋势，平均每 10 a 减少 0.61 cm 和 0.99 cm。

（2）1982—2013 年荒漠化面积呈减小趋势，平均每 10 a 减少 4228 km^2，尤其是 2009 年以来荒漠化面积减小幅度较大。

（3）年平均气温、年降水量与荒漠化面积呈负相关，而蒸发量与荒漠化面积呈正相关关系。

（4）相对于 1982—2013 年平均值，年平均气温、降水量、蒸发量分别增加 10％、30％和 50％，柴达木荒漠化面积分别增加 5.35％、73.08％和 140.81％。

第七章 青海高原极端气候事件及气象灾害

第一节 青海高原极端气候指标变化特征

IPCC第四次评估报告指出,全球变暖正在导致并将继续导致更多的极端天气事件发生。虽然极端气候事件是发生概率极小的事件,但是与此相关的任何变化都可能对自然和社会产生重大影响,尤其是在对全球气候变化反应敏感、生态环境脆弱的青海高原地区更是如此。加强对极端气候事件的分析,将有助于加深对全球变暖背景下青海高原气候变化规律的认识,有利于今后更好的趋利避害,合理利用气候资源,为实现更快、更好的发展提供服务。

1. 极端气温指标

1961—2014年青海霜冻日数呈明显减少趋势,平均每10 a减少4.0 d,尤其是1997年以后下降最为明显(图7.1a)。青海西部地区减少趋势较东部明显,茫崖、格尔木等地减少幅度可达10.2 d/10a,青海中部地区减少幅度相对较小(图7.1b)。

1961—2014年青海冷夜日数呈明显减少趋势,平均每10 a减少6.3 d(图7.1c)。其中德令哈、格尔木、茫崖等地减少幅度较大,平均每10 a减少幅度达13.9 d,玉树、称多、达日、都兰等地减少不明显(图7.1d)。

1961—2014年青海暖昼日数呈明显增多趋势,平均每10 a增多3.9 d,1994年以前暖昼日数变化较为平稳,1994年以后暖昼日数迅速增加(图7.1e)。各地变化趋势为:茫崖、格尔木、都兰、门源、互助等地暖昼日数增加明显,其余地区变化相对较小(图7.1f)。

2. 极端降水指标

1961—2014年青海中雨日数变化趋势不明显,呈微弱增加趋势,平均每10 a增加0.4次(图7.2a)。柴达木盆地东部和祁连山区、环青海湖区一带中雨日数呈增加趋势,而柴达木盆地西部、三江源地区大部中雨日数变化趋势不明显(图7.2b)。

与中雨日数变化趋势相似,1961—2014年青海降水强度呈略微增强趋势,其中2007年以来降水强度增加明显(图7.2c)。降水强度在柴达木盆地的东部和祁连山区、环湖区一带增加明显,而柴达木盆地西部、三江源地区大部中雨日数变化趋势不明显(图7.2d)。

1961—2014年青海持续干期呈增加趋势,平均每10 a增加1.6 d,2005年以前呈略微增加趋势,2005年以后持续干期迅速增加(图7.2e)。持续干期在柴达木盆地以及环湖区呈减少趋势,而三江源区呈增加趋势(图7.2f)。

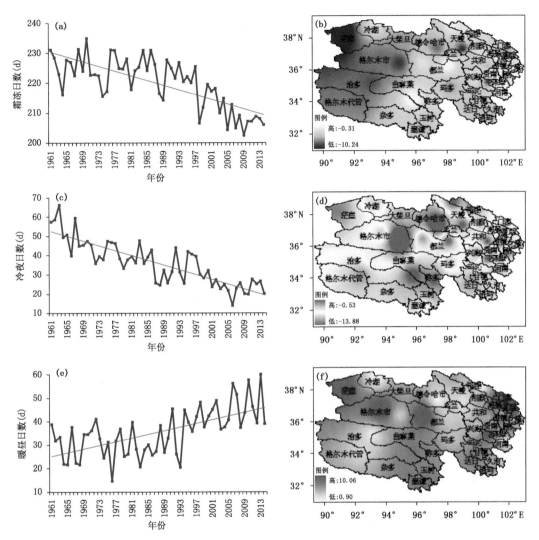

图 7.1 1961—2014 年霜冻日数(a)、冷夜日数(c)、暖昼日数(e)变化及其空间变率分布图(b、d、f)
(单位:d, d/10a, d, d/10a ,d, d/10a)

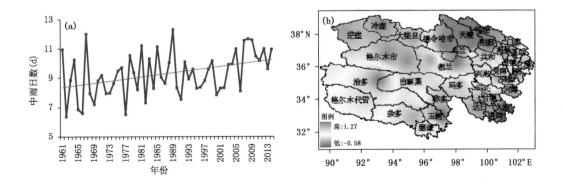

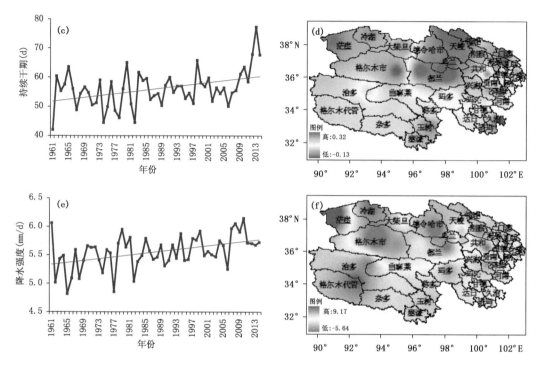

图 7.2　1961—2014 年中雨日数(a)、持续干期(c)、降水强度(e)变化及空间变率分布图(b、d、f)
(单位:d,d/10a,d,d/10a,mm/d,mm/(d·10a))

第二节　典型生态功能区极端气候事件变化事实、预估与对策建议

一、三江源极端气候事件变化的事实

1. 极端气温事件

极端气温事件主要包括极端高温事件和极端低温事件。1961—2010 年三江源地区极端高温事件总发生频次呈显著增多趋势,每 10 a 增多达 37.6 次,尤其是进入 21 世纪以来,迅速增多,极端高温事件发生最多的 10 a 有 8 a 是出现在 2000 年以后(图 7.3a),1961—2000 年三江源极端高温事件总发生频次平均值为 91 次,而 2001—2010 年达 231 次。

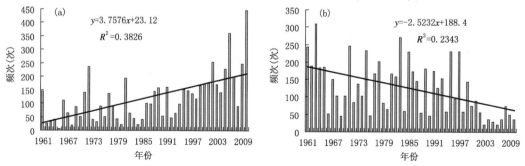

图 7.3　1961—2010 年三江源地区极端高温事件(a)、极端低温事件(b)发生频次变化趋势

与极端高温事件相反,1961—2010 年三江源地区极端低温事件总发生频次呈显著减少趋势,减幅为 25.2 次/10a,从极端低温发生频次变化曲线(图 7.3b)可以看出,2000 年以后极端低温事件总发生次数迅速减少,2001—2010 年极端低温事件发生频次平均为 45 次,而 1961—2000 年为 144 次,两个时段平均值相差 99 次。

2. 极端降水事件

极端降水气候事件主要包括严重干燥事件和暴雨事件。从图 7.4a 可以看出,1961—2010 年三江源地区严重干燥事件总发生频次呈显著增多趋势,增幅为 3.6 次/10a。进入 21 世纪以来严重干燥事件迅速增多,1961—2000 年严重干燥事件发生频次平均为 37.1 次,而 2001—2010 年达 54.5 次。

1961—2010 年三江源地区暴雨事件发生频次总体变化趋势不显著,但阶段性变化较为明显,1961—2002 年呈减少趋势,减幅为 0.92 次/10a,2003—2010 年呈增多趋势,增幅为 3.93 次/10a(图 7.4b)。

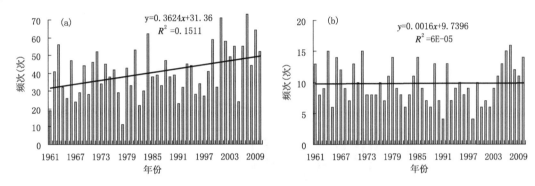

图 7.4 1961—2010 年三江源地区严重干燥事件(a)、暴雨事件(b)发生频次变化

以上分析表明,在全球变化的大背景下,近 50a 来三江源地区极端气候事件变化表现出暖干事件显著增多,冷湿事件总体呈减少趋势,并在一定程度上加剧了干旱对水资源、草地和农牧业等敏感领域的影响,但近年来随着降水量的增加这一不利影响呈趋缓态势。

3. 21 世纪前中期三江源地区极端气温事件预估

IPCC AR4 评估报告宣称,全球变暖将导致(或正在导致)更多的极端天气事件发生。虽然极端气候事件是发生概率极小的事件,但是与此相关的任何变化都可能对自然和社会产生重大的影响(Meehl,2007;Katz 和 Brown,1992)。近年来,很多学者对我国(任福民和翟盘茂,1998;刘学华等,2006;翟盘茂等,2007;王冀等,2008;杨金虎等,2008b;江志红等,2009;石英等,2010b;杨成松和程国栋,2011a;杨成松和程国栋,2011b)及北方(龚道溢和韩晖,2004;翟盘茂和潘晓华,2003)极端气候事件开展了大量的研究工作,但针对三江源地区的研究尚不多见(杨建平等,2004;李林等,2006),对未来气候情景下三江源地区极端气候事件发展趋势研究目前尚属空白。利用国家气候中心所做的在 IPCC SRES A1B 温室气体排放情景下,水平分辨率为 25 km 的连续气候变化模拟试验数据,分析了 2001—2050 年冷暖等级、极端高温、极端低温、干湿事件、严重干燥事件和暴雨等的变化趋势,通过对这些极端气候事件的分析,有助于加深对全球持续变暖背景下三江源地区气候变化规律的认识,为评估未来气候变化的影响提供基础资料,以利于今后更好的趋利避害,合理利用气候资源。

　　(1)冷暖事件

　　将三江源地区2001—2050年年及四季平均气温序列从高到低进行排列,并依次划分为暖、偏暖、正常、偏冷和冷5个等级,规定第1、5级各占12.5%,2、3、4级各占25%(施雅风,1995)。依此规定确定5个等级的阈值,根据各冷暖等级的阈值确定2001—2050年三江源地区每年和四季的等级(图7.5)。从图中可以看出,三江源地区冷暖等级呈显著增暖趋势,其气候倾向率为0.37/10a,达到0.001信度的显著性检验。以2028年为界,三江源冷暖等级发生明显的变化,2001—2028年期间除9a为正常外,其余19a均为冷和偏冷年,2029年以后除3a为正常外其余19a均为暖和偏暖年。从四季冷暖变化趋势来看,2001—2050年夏季冷暖等级变幅最大为0.72/10a,其次为秋季和春季,分别为0.67/10a和0.63/10a,冬季最小为0.48/10a。值得说明的是许多模式模拟的结果和近年来观测的气候变化事实表明中国地区未来冬季升温更大(姜大膀等,2004a;唐红玉和翟盘茂,2005),而且许多研究结果也表明三江源地区过去和未来冬季升温幅度较大(李林等,2007;李红梅等,2001;徐影等,2005;刘晓东等,2009),这与本节结果有所不同,主要是与用来嵌套的全球模式MIROC3.2_hires本身敏感度较高有关(高学杰等,2012)。

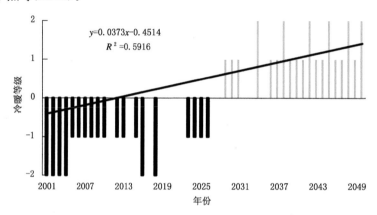

图7.5　2001—2050年三江源地区冷暖变化趋势

(注:图中2代表暖,1代表偏暖,0代表正常,-1代表偏冷,-2代表冷)

　　(2)极端高温事件

　　将所有年份逐日平均气温最高的2.5%定义为极端高温事件(龚道溢和韩晖,2004)。统计时首先将三江源区域每个格点所有年份日平均气温进行排序,提取日平均气温最高的2.5%,再确定其出现的年份,最终将所有格点进行合计,计算出区域各年份发生的极端高温次数。从图7.6可以看出,2001—2050年三江源地区极端高温事件呈显著增多趋势,气候倾向率高达314.7次/10a,达到0.001信度的显著性水平。由累计距平变化曲线可以看出,2028年为极端高温事件发生频次由少向多转变的年份,这与三江源地区冷暖等级发生转变的时段较为一致。

　　三江源地区地形复杂,地形对气候条件影响较大,为精确反映各格点极端高温事件出现频次的差异,利用海拔高度、纬度和经度建立极端高温事件模型,该方程通过显著性水平为0.01的F检验。

$$T_{\max} = 9.4182 - 0.11693 \times N - 0.01033 \times E - 0.0022554 \times H \qquad (7.1)$$

式中，T_{max}为极端高温事件气候倾向率（次/10a），N和E为纬度和经度（单位为度），H为海拔高度（m）。

从(7.1)式可以看出，自南向北、由西向东、随海拔升高极端高温事件发生频次减少。

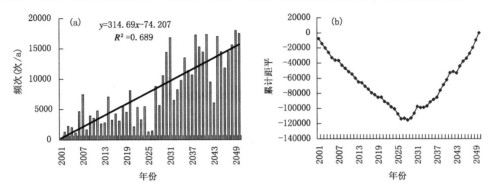

图 7.6　2001—2050 年三江源地区极端高温事件发生频次(a)及其累计距平(b)曲线

（3）极端低温事件

将三江源地区所有年份逐日平均气温最低的 2.5% 定义为极端低温事件，与极端高温事件统计方法相同（图 7.7）。由图 7.7a 可以看出，2001—2050 年三江源地区极端低温事件呈显著减少趋势，每 10 a 减少 168.2 次，通过信度 0.001 的极显著检验。由累计距平变化曲线可以看出，2001—2008 年、2018—2025 年极端低温事件发生频次呈增多趋势，2009—2017 年为平稳期，2025 年以后极端低温事件发生频次呈快速下降趋势。

与极端高温发生频次变率不同的是，海拔高度对极端低温发生频次的影响较小，经纬度影响较为明显，依经纬度建立的回归方程如下，该方程通过显著性水平为 0.01 的 F 检验。自西向东，自北向南，极端低温事件变率增大。

$$T_{min} = -6.9866 - 0.07567 \times N + 0.0797 \times E \tag{7.2}$$

式中，T_{min}为极端低温事件气候倾向率（次/10a），N和E为纬度和经度（单位为度）。

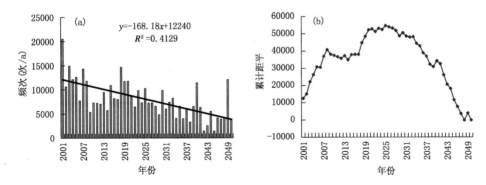

图 7.7　2001—2050 年三江源地区极端低温事件发生频次(a)及其累计距平(b)曲线

4. 21 世纪前中期三江源极端降水事件

（1）干湿事件

依据张家诚等对中国五百年旱涝的划分标准（张家诚等，1983），将三江源地区降水量的多寡划分为 5 级干湿等级，即：$R_i > (R + 1.17\sigma)$ 为湿，$(R + 1.17\sigma) \geqslant R_i > (R + 0.33\sigma)$ 为偏湿，

$(R+0.33\sigma)\geqslant R_i>(R-0.33\sigma)$ 为正常，$(R-0.33\sigma)\geqslant R_i>(R-1.17\sigma)$ 为偏干，$R_i\leqslant(R-1.17\sigma)$ 为干，其中 R_i 为逐年、季各格点及三江源地区平均降水量，R 为多年平均的年、季各格点及三江源地区平均降水量，σ 为各站及三江源地区平均年、季降水量标准差。2001—2050年三江源地区干湿等级变化曲线见图 7.8，从图中可以看出，尽管干湿等级变化趋势不显著，但大致以 2028 年为界明显的分为两个时期，2028 年以前主要以干年为主，特别是 2001—2006年连续 6 a 为干年。2028—2050 年主要以湿年为主，在此期间共出现 6 a 干年，其余年份均为湿年。从四季干湿等级变化趋势来看，春季变化最明显，气候倾向率为 0.38 /10a，通过信度为0.001 的显著性检验。夏季和秋季呈增大趋势，气候倾向率分别为 0.11 /10a 和 0.18 /10a，冬季呈减小趋势，气候倾向率为 0.12/10a，这三季变化不明显，没有通过显著性检验。

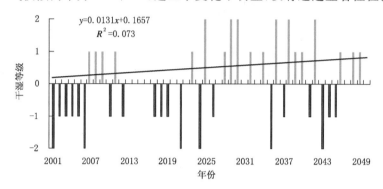

图 7.8　2001—2050 年三江源地区干湿等级变化趋势
（注：图中 2 代表湿，1 代表偏湿，0 代表正常，−1 代表偏干，−2 代表干）

（2）严重干燥事件

将连续无降水日称为干燥事件，并定义长度不小于 10d 的干燥事件为严重干燥事件（李林等，2007）。统计各格点 2001—2050 年出现严重干燥事件的频次，所有格点进行合计得到三江源地区严重干燥事件频次序列。从图 7.9 可以看出，2001—2050 年严重干燥事件呈增多趋势，其趋势系数为 66.6 次/10a，通过信度为 0.01 的显著性检验。从累计距平变化曲线可以看出，2001—2020 年严重干燥事件迅速减少，2021—2033 年虽然有较小的波动，但总体较为平稳，2034—2050 年严重干燥事件迅速增多。

各格点干燥事件发生频次变率的差异主要是由经纬度的不同引起的，其中纬度变化对其的影响更大，依经纬度建立的回归方程如下，该方程通过显著性水平为 0.01 的 F 检验。从方程可以看出由南向北，自西向东严重干燥事件呈增多趋势。

$$a_{gz}=-6.9866-0.07567\times N+0.0797\times E \qquad (7.3)$$

式中，a_{gz} 为严重干燥事件气候倾向率（次/10a），N 和 E 为纬度和经度（单位为度）。

（3）暴雨事件

将日降水量超过 25 mm 的降水事件定义为暴雨事件（青海省地方标准气象灾害标准，2011）。统计各格点 2001—2050 年暴雨出现频次，合计得到三江源地区暴雨总频次及累计距平变化曲线图（图 7.10）。从图中可以看出，2001—2050 年三江源地区暴雨发生频次呈增多趋势，气候倾向率为 95.2 次/10a，通过信度为 0.01 的显著性检验。从累计距平变化曲线来看，以 2028 年为界，前期主要以减少为主，2028 年以后暴雨发生频次以增多为主。

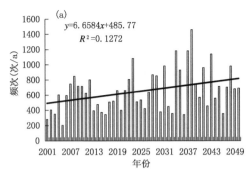
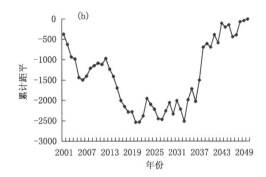

图 7.9　2001—2050 年三江源地区严重干燥事件发生频次(a)及其累计距平(b)曲线

通过分析地形因子对暴雨频次气候倾向率的关系得出回归方程(7.4),该方程通过显著性水平为 0.01 的 F 检验。从方程可以得出,随着海拔和经纬度升高,暴雨发生频次气候倾向率增大。

$$a_{by} = -1.6187 + 0.01435 \times N + 0.00965 \times E + 0.00007275H \qquad (7.4)$$

式中,a_{by} 为暴雨事件气候倾向率(次/10a),N 和 E 为纬度和经度(单位为度),H 为海拔高度(m)。

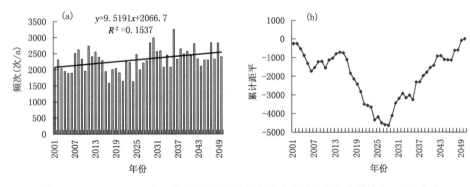

图 7.10　2001—2050 年三江源地区暴雨事件发生频次(a)及其累计距平(b)曲线

5. 三江源地区极端气候事件变化趋势变化总体特征

利用国家气候中心所做的在 IPCC SRES A1B 温室气体排放情景下,水平分辨率为 25 km 的连续气候变化模拟试验数据,分析了 2001—2050 年三江源地区冷暖事件、极端高温事件、极端低温事件、干湿事件、严重干燥事件和暴雨事件,结果如下。

(1)冷暖等级显著增高,极端高温事件增多,而极端低温事件减少,气温朝着更高均值状态发展。

2001—2050 年三江源地区冷暖等级呈显著增高趋势,以 2028 年为界,三江源冷暖等级发生明显改变,2028 年以前以冷和偏冷年为主,2028 年以后以暖和偏暖年为主。四季冷暖等级变化大小为:夏季>秋季>夏季>冬季。极端高温事件发生频次呈增多趋势,和冷暖事件变化趋势相似,也是以 2028 年为界,极端高温事件发生频次由少向多的转变。极端低温事件总体呈显著减少趋势,从阶段性来看,2001—2008 年、2018—2025 极端低温事件发生频次呈增多趋势,2009—2017 年为平稳期,2025 年以后极端低温事件呈快速下降趋势。

(2)干湿等级虽然呈不显著增高趋势,但干燥和暴雨事件频发。

2001—2050 年,三江源地区干湿等级呈不显著增高趋势,以 2028 年为界,2028 年以前主要以干年为主,2028 年以后以湿年为主。四季中只有春季变化最明显,通过信度为 0.001 的显著性检验,冬季干湿等级呈减小趋势,其余三季均呈增加趋势。干燥事件发生频次总体呈显著增多趋势,但阶段性变化较为明显。暴雨事件发生频次呈显著增多趋势,以 2028 年为界,前期呈减少趋势,后期呈增多趋势。

(3)地形对极端气候事件的变化趋势有着显著的影响。

自北向南、由西向东极端低温和严重干燥事件发生频次变率不断增大;自北向南、由东向西、随着海拔的不断降低极端高温事件发生频次变率不断增大;自南向北、由西向东,随着海拔的不断升高,暴雨发生频次变率不断加大。

从冷暖干湿等级变化趋势看出,以 2028 年为界,2028 年以前冷干为主,2028 年以后以暖湿为主。虽然冷暖干湿等级、极端高温事件、暴雨事件变化都以 2028 年为界,但经 Man—Kendall 方法没有检测出 2001—2050 年时段内气温和降水突变的现象。

当前由于气候系统过程与反馈认识的不确定性、温室气体的气候效应认识不足、气候模式的代表性和可靠性、未来温室气体排放情景的不确定性等问题的存在,使得对未来气候变化的预估存在一定的不确定性,加之三江源地区地形复杂,山脉众多,下垫面植被覆盖状况变化较大,因此与平原地区相比,未来情景数据会存在一定的误差,需要进一步进行订正。

二、柴达木盆地极端气候事件变化的事实

采用由 WMO 气候委员会等组织联合成立的气候变化监测和指标专家组定义的极端天气气候指数,指标主要包括霜冻日数、暖夜日数、冷昼日数、强降水量、持续干期 5 个指标,讨论极端气候和极端降水在该区域的变化特征。

1. 极端气温

1961—2013 年柴达木盆地霜冻日数呈显著减少趋势,平均每 10 a 减少 5.3 d。自 1997 年以后霜冻日数迅速减少,且维持在较低的水平(图 7.11a)。各地霜冻日数变率不尽相同,其中柴达木盆地的西部减少幅度较大,茫崖等地年霜冻日数平均每 10 a 减少可达 9 d,在都兰一带年霜冻日数减少幅度相对较小,平均每 10 a 减少 5 d 以内(图 7.11b)。

1961—2013 年暖夜日数呈显著上升趋势,平均每 10 a 增加 6.2 d。1985 年以前暖夜日数变化趋势不明显,1986 年以后暖夜日数呈急剧上升趋势(图 7.11c)。各地暖夜日数变率呈带状分布,其中柴达木盆地的西部暖夜日数增加明显,最大达 11 d,在乌兰、都兰等地暖夜日数增加幅度较小,在 5 d 以内(图 7.11d)。

1961—2013 年冷昼日数呈显著下降趋势,平均每 10 a 减少 4.3 d。1997 年以前冷昼日数减少幅度较大,1998 年以后冷昼日数变化趋于平缓(图 7.11e)。在茫崖、格尔木一带冷昼日数减少幅度较大,最大减少天数为 7 d,柴达木盆地的中东部地区减少幅度较小,在 4 d 以内(图 7.11f)。

2. 极端降水

1961—2013 年柴达木盆地强降水量呈增加趋势,平均每 10 a 增加 7.1 mm。自 21 世纪以来强降水增加趋势明显,其中,1961—2000 年强降水量平均值为 104.2 mm,而 2001—2013 年

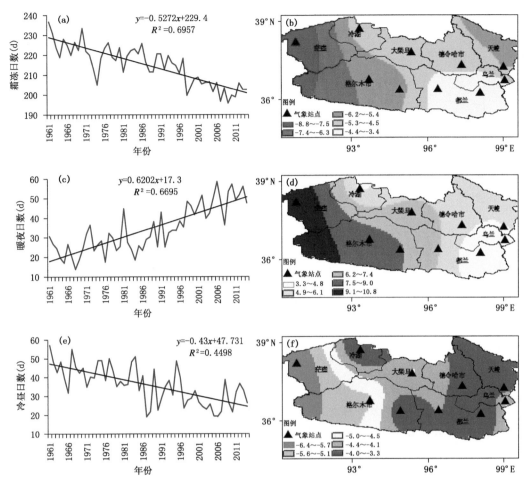

图 7.11　1961—2013 年霜冻日数(a)、暖夜日数(c)、冷昼日数(e)变化及
霜冻日数(b)、暖夜日数(d)、冷昼日数(f)变率空间分布
(单位:d,d/10a,d,d/10a,d,d/10a)

强降水量增加到 126.7 mm(图 7.12a)。柴达木盆地的东部天峻、德令哈、乌兰一带强降水量增加明显,平均每 10 a 增加量在 13.2 mm 以上,而西部强降水量增加不明显,在 2.7 mm 以内(图 7.12b)。

1961—2013 年柴达木盆地持续干期变化不明显,呈略微减少趋势,平均每 10 a 减少 1.7 d(图 7.12c)。持续干期各地变率差异较大,其中格尔木、德令哈减少明显,平均在 5.2 d 以上,而大柴旦、乌兰等地持续干期变率不明显,在 3.7 d 以内(图 7.12d)。

3. 结论

(1)1961—2013 年柴达木盆地年平均气温、平均最高气温和平均最低气温均呈显著上升趋势,升温率分别达 0.48 ℃/10a、0.37 ℃/10a 和 0.68 ℃/10a。分别在 1987 年、1994 年和 1980 年前后发生突变。

(2)1961—2013 年柴达木盆地年降水量和降水日数均呈现增多趋势,增加趋势分别为 7.6 mm/10a 和 1.2 d/10a。年降水量和年降水日数均在 2001 年出现了由少向多的突变,气候变

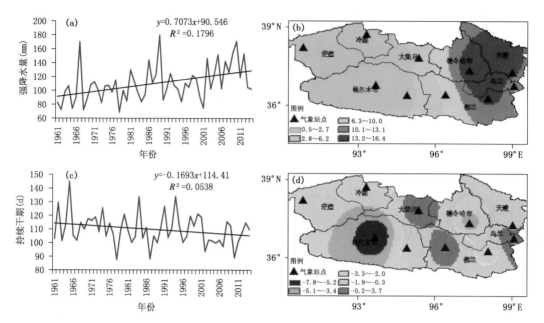

图 7.12　1961—2013 年强降水量(a)、持续干期(c)变化及强降水量(b)、持续干期(d)变率空间分布
(单位:mm,mm/10a,d,d/10a)

湿较之于气候变暖要滞后。

(3)1961—2013 年柴达木盆地年平均风速总体呈减小趋势,平均每 10 a 减小 0.2 m/s,年平均风速阶段性变化较为明显,但没有发生突变。

(4)1961—2013 年蒸发量变化趋势不明显,呈微弱减小趋势,平均每 10 a 减小 6.8 mm,在 1998 年前后发生由多向少的突变。

(5)1961—2013 年霜冻日数呈显著减少趋势,平均每 10 a 减少 5.3 d;暖夜日数呈显著上升趋势,平均每 10 a 增加 6.2 d;冷昼日数呈显著下降趋势,平均每 10 a 减少 4.3 d。

(6)强降水量呈增加趋势,平均每 10 a 增加 7.1 mm;持续干期变化不明显,呈略微减少趋势,平均每 10 a 减少 1.7 d。

三、青海湖流域极端气候事件变化的事实

受气温升高影响,尤其是最低气温的显著升高(0.7 ℃/10a) ,1961—2013 年青海湖流域暖昼日数呈明显的增多趋势,幅度为 3 d/10a(图 7.13a),冷夜日数和霜冻日数显著减少,幅度分别为每 10 a 7.4 和 6.7 d(图 7.13b,c)。从降水来看,近 53 a 青海湖流域中雨日数和强降水量略有增加,但趋势不明显,幅度分别为 0.3 d/10a 和 0.1 mm·d⁻¹·10a⁻¹(图 7.13d,e),其中 2013 年降水强度加剧,为 7.2 mm/10d,位列历史第二位。而强降水量呈明显的增多趋势,增加速率为每 10 a 8.9 mm(图 7.13f),进入 21 世纪以后这种趋势更加显著,2001—2013 年平均强降水量为 239.7 mm,比 1961—2000 年增多 28.4 mm。

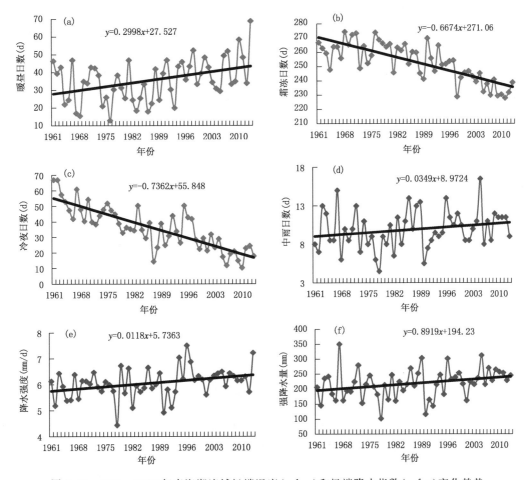

图7.13　1961—2013年青海湖流域极端温度(a,b,c)和极端降水指数(e,f,g)变化趋势

第三节　四种气象干旱监测指标在青海高原适用性分析

在青海高原,基本每年都有不同程度的干旱发生,尤其是春旱和夏旱对农牧业生产造成的影响日趋严重,加之大多数地区灌溉条件较差,因此干旱是影响春耕生产、农作物生长发育以及牧草返青和后期生长的主要气象灾害。加强对干旱的合理监测,提前预测、预警干旱发生的范围和程度等,可以有效减轻旱灾带来的影响,对防灾减灾具有十分现实的意义。

要准确的监测某一区域的干旱状况,必须有适合当地的干旱监测指标。近年来众多学者对不同干旱监测指数的适用性及不同区域的干旱变化特征进行了研究(谢五三等,2014;王素萍等,2015;袁文平和周广胜,2004;王春林等,2012;杨世刚等,2011;马柱国和符淙斌,2006;邹旭恺等,2010;赵海燕等,2011;杨丽慧等,2012;马明卫和宋松柏,2012;马海娇等,2013),由于西北地区地处干旱半干旱区,是旱灾的频发区,因此对干旱监测指标的研究相对较多(张存杰等,1998;杨金虎等,2006;郭铌和管晓丹,2007;王劲松等,2007b;翟禄新等,2011;柳媛普等,2011;孙智辉等,2011;韩海涛等,2009;),但目前针对青海高原气象干旱监测指标适用性的研究较少,而青海高原由于海拔较高,气候寒冷,年降水量较少且集中在夏秋季,而年蒸发量较大,干旱的形成和发生发展机制与大多数地区不尽相同,因此很有必要对日常业务中常用的几种干旱监测指标进行适用性评价,选取一种或几种适用于青海高原的干旱监测指标,为今后准确及时的开展干旱监测业务和服务奠定基础。

青海高原是典型的大陆性高原气候,省内各地气候条件差异较大,尤其是柴达木盆地降水极少,是常年干旱区,基本没有监测意义,因此研究区域主要包括除柴达木盆地以外青海高原的所有区域(图 7.14)。

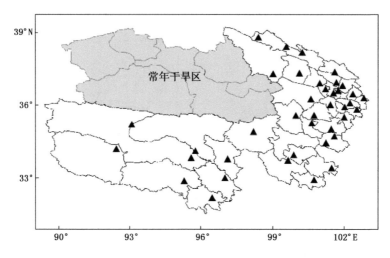

图 7.14　研究区域和气象站点(黑三角)分布图

气象资料来源于青海省 39 个气象台站逐月平均气温、最高气温、最低气温、降水量、日照时数、平均风速、相对湿度等观测数据,所有数据均已通过质量控制。

一、干旱指标

干旱指标选取中国气象局制定的《干旱监测和影响评价业务规定》中的标准化降水指数(SPI)、降水量距平百分率(PA)和改进后的综合气象干旱指数(MCI),这三个干旱监测指标是目前气象业务服务常用的三种指标,另外选取了在西北地区具有较好适用性的 K 指数(表 7.1)。

SPI:标准化降水指数是先求出降水量的 Γ 分布概率,然后进行正态标准化而得。由于标准化降水指数是根据降水累计频率分布来划分干旱等级,它反映了不同时间和地区的降水气候特点,其干旱等级划分标准具有气候意义,不同时段不同地区都适宜(张强等,2006)。

PA:降水距平百分率是表征某时段降水量较常年值偏多或偏少的指数之一,为某时段降水量与同期气候平均降水量之差再除以同期气候平均降水量(张强等,2006),该指数可以通过降水量的多少来反映干旱的程度。

K:K 指数是根据某时段内降水量和蒸发量的相对变率来确定旱涝状况。该指数在我国西北地区和黄河流域具有较好的干旱监测能力,其计算公式和等级划分标准可参见文献(王劲松等,2013;王劲松等,2007a;Wang 等,2015;)。

MCI:MCI 指数是改进后的 CI 指数,主要考虑了 1~5 个月的水分亏盈状况,有效克服了 CI 指数在干旱监测中存在季节以上旱情反映偏轻以及空间和时间存在不连续等缺陷。目前,该指数已应用于国家气候中心干旱监测和预警业务。由于 MCI 指数是逐日监测结果,为便于与其他指数比较,根据某时段干旱等级的确定方法(中国气象局国家气候中心,2009),得到各站逐月、四季的 MCI 值。

表 7.1　四种干旱监测指标的性能及其优点

监测指标	性能	优点
SPI	根据某时段降水累计频率分布来划分干旱等级	不同时段不同地区都适宜
PA	根据某时段降水量较常年值偏多或偏少划分干旱等级	计算简单,可以直观反映旱涝情况
K	根据某时段降水量和蒸发量的相对变率确定干旱等级	综合考虑了降水和蒸发对干旱的影响
MCI	根据 60 天内的有效降水和蒸发,季度尺度(90 d)和近半年尺度(150 d)降水量确定干旱等级	主要考虑了 1~5 个月的水分亏盈状况,克服了 CI 指数季节以上旱情偏轻以及空间和时间存在不连续等缺陷

干旱灾情资料主要来源于气象灾害大典(青海卷)、《中国西部农业气象灾害》、相关参考文献(陈海莉等,2008)和网络资料,经各种灾情资料间相互比较,最终确定 1990 年、1991 年、1995 年、1999 年、2000 年和 2006 年出现严重的大旱。

通过青海省气象灾害管理系统,经筛选、甄别,共选取 114 个干旱事件(表略),其中包括干旱发生范围较大的 2000 年春季干旱和 2006 年的夏季干旱,干旱等级按照灾情描述和受旱面积共同确定(表 7.2)。

表 7.2　研究区域的典型干旱事件概况

区域		开始日期(年/月/日)	结束日期(年/月/日)	受灾面积(公顷)	旱情等级
2000 年春季	海晏县	1999/10/1	2000/7/1	2506.67	1
	循化撒拉族自治县	1999/10/1	2000/6/1	5440	1
	同德县	1999/11/1	2000/7/31	5406.9	1
	湟源县	1999/11/1	2000/7/31	15246.67	2
	河南蒙古族自治县	2000/1/1	2000/7/1	33702.2	3
	泽库县	2000/1/1	2000/7/1	53000	4
	市辖区	2000/3/1	2000/7/31	1600	1
	贵德县	2000/3/1	2000/7/31	4135.4	1
	乐都县	2000/3/1	2000/7/1	26000	3
	大通回族土族自治县	2000/3/1	2000/7/1	31140	3
	民和回族土族自治县	2000/3/1	2000/6/23	34866.67	3
	湟中县	2000/3/1	2000/7/31	52866.67	4
	化隆回族自治县	2000/4/1	2000/7/1	28000	3
	互助土族自治县	2000/4/5	2000/7/1	38700	4
2006 年夏季	玉树	2006/1/1	2006/9/11	9404.64	4
	杂多	2006/1/1	2006/9/11	20680.63	4
	称多	2006/1/1	2006/9/11	8274.767	4
	治多	2006/1/1	2006/9/11	48007.65	4

区域	开始日期 (年/月/日)	结束日期 (年/月/日)	受灾面积 (公顷)	旱情等级
囊谦	2006/1/1	2006/9/11	7624.85	4
曲麻莱	2006/1/1	2006/9/11	28007.46	4
民和回族土族自治县	2006/6/1	2006/7/17	13333.3	2
乐都县	2006/6/6	2006/8/18	22666.7	3
湟中县	2006/7/1	2006/8/7	1867	1
化隆回族自治县	2006/7/1	2006/8/3	2348	1
互助土族自治县	2006/7/26	2006/8/7	29600	3
湟源县	2006/8/11	2006/8/20	617.78	1

(最左侧合并单元格:2006年夏季)

二、各指标监测效果判断标准

利用干旱等级判断干旱指标的监测效果,判断时给定了一个定量的适用性评分标准,具体标准如表7.3所列。

表7.3　各种干旱指数的监测效果评分标准

	监测结果	监测效果	评分/分
监测到旱情	漏监测	差	0
	偏差3个等级	较差	1
	偏差2个等级	一般	2
	偏差1个等级	较好	3
	等级符合	好	4

三、气象干旱监测指数年际和四季变化特征

1. 气象干旱监测指数年际变化特征

在研究区域内,将发生干旱的气象台站数量与气象台站总数量比值,定义为气象干旱发生的频率。实际干旱共记录了24个区域,因此将实际干旱发生的区域与24个区域的比值定义为实际干旱发生频率。

图7.15a为1981—2015年不同干旱指数监测的所有等级干旱发生频率的总和,图7.15a中黑色虚线为1986—2013年实际干旱发生频率。从图中可以看出,SPI指数和K指数监测结果基本一致,且与实际干旱发生频率变化趋势基本一致,能很好地地反映干旱的年代际变化特征,尤其是对重大干旱年份具有很强的监测能力。PA和MCI指数监测结果变化幅度较小,干旱发生频率明显低于SPI和K指数。

图7.15b—e为不同干旱指数监测的轻度干旱、中度干旱、重度干旱和特旱发生频率,可以看出,SPI指数对各级干旱均有很好的监测效果,K指数能监测出各级干旱的年际变化特征,但对干旱级别的监测效果差于SPI指数。PA指数和MCI指数监测结果年际间波动很大,和

实际干旱发生情况基本不相符。

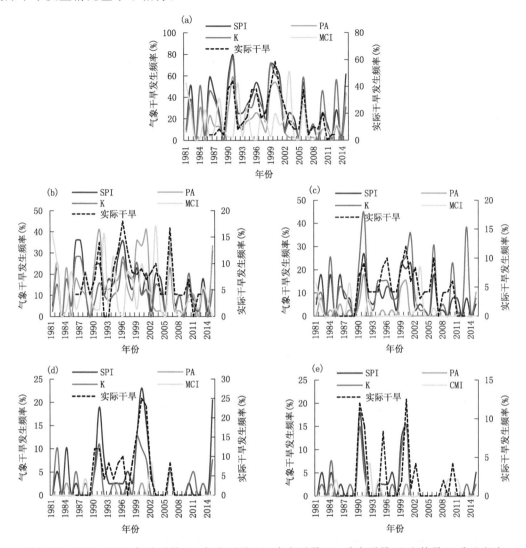

图 7.15　1981—2015 年总干旱(a)、轻度干旱(b)、中度干旱(c)、重度干旱(d)和特旱(e)发生频率

2. 干旱指数四季变化特征

从图 7.16 可以看出,SPI 指数和 K 指数能很好地地监测出 1991 年、1994 年、1995 年、1999 年、2000 年和 2006 年春季和夏季的严重干旱,对春季和夏季的干旱监测能力较强。而 SPI 指数和 K 指数对秋季和冬季的干旱监测效果不理想,从图 7.16 大致可以看出 SPI 指数和 K 指数对秋季干旱的监测有提前的趋势,但这一结论有待今后做更进一步的研究。SPI 指数和 K 指数对冬季的干旱监测效果不明显。PA 指数和 SPI 指数、K 指数年代际变化趋势较为一致,基本能监测出春季和夏季旱情,但在监测级别上略微偏小,MCI 指数在青海地区基本不适用。

从图 7.16 也可以看出,由于 SPI 是通过概率密度函数求解累积概率,再将累积概率标准化,计算过程中没有涉及与降水量的时空分布特性有关的参数,降低了指标值计算的时空变异,对不同时空的旱涝状况都有良好的反映,因此能很好地地监测出干旱的年代际变化特征。在青海高原由于气候干旱,大气降水很大一部分用来蒸发,能储存到地下供后期利用的水分很少,近期降水和蒸发在干旱发展过程中起主要作用,因此,考虑了近期降水和蒸发的 K 指数也表现出很好的监测能力。PA 指数是以当前降水量距平百分率作为标准,仅考虑了当前的降水量,加之青海降水量年际间变异较大,因此对干旱的监测能力不强,而 MCI 指数不仅考虑 1—3 个月降水情况,还考虑了前 5 个月降水状况,由于前期的降水尤其是在春夏两季对后期影响较小,因此导致该指标在青海地区基本不适用。

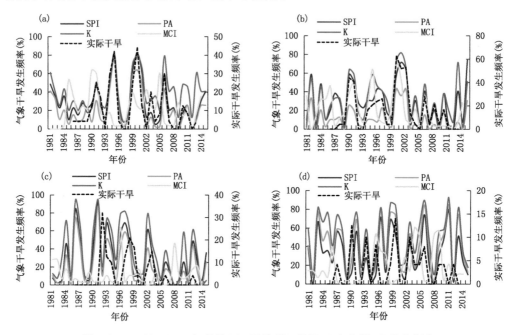

图 7.16 1981—2015 年春旱(a)、夏旱(b)、秋旱(c)和冬旱(d)发生频率

四、对不同类型干旱强度和范围的监测能力

由于秋季和冬季干旱灾情资料缺失较多,因此主要分析春季和夏季不同干旱监测指标对主要干旱过程的监测能力。从表 7.4 可以看出 SPI 指数对春季和夏季干旱的监测能力最强,评分均在 3.0 以上,K 指数的监测能力较强,尤其是对夏季的监测能力很强。PA 和 MCI 指数在春季和夏季的监测能力均较弱。

表 7.4 不同干旱指标对研究区域春旱和夏旱的监测能力评分

干旱类型	监测能力评分/分			
	SPI	PA	K	MCI
春季	3.1	2.3	2.6	1.5
夏季	3.8	0.8	3.4	0.9

2000 年春季湟中、互助和泽库发生了特旱,而乐都、大通、民和、化隆和河南等地发生了重度干旱,从图 7.17 各指数监测结果可以看出,SPI 指数能很好地地监测出干旱发生的范围和程度,K 指数监测结果扩大了干旱的发生范围,尤其是对特旱的监测范围扩大明显。PA 指数

监测结果与干旱实况相差较大,而 MCI 指数缩小了干旱的发生区域和干旱程度。

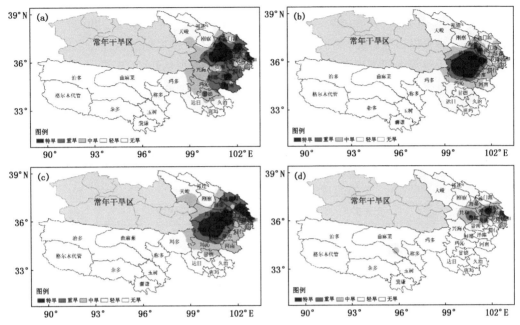

图 7.17　2000 年青海 SPI 指数(a)、PA 指数(b)、K 指数(c)和 MCI 指数(d)对春旱的监测结果

　　2006 年夏季玉树、杂多、称多、治多、囊谦一带发生了特旱,而东部农业区的乐都、互助等地发生了重旱。从图 7.18a 可以看出,SPI 指数监测结果与实况最吻合,K 指数对玉树、杂多一带的旱情监测准确,但对东部农业区的监测结果程度偏重。PA 指数监测结果在玉树一带偏轻,而在东部农业区偏重。MCI 指数监测结果和干旱实况相差较大。

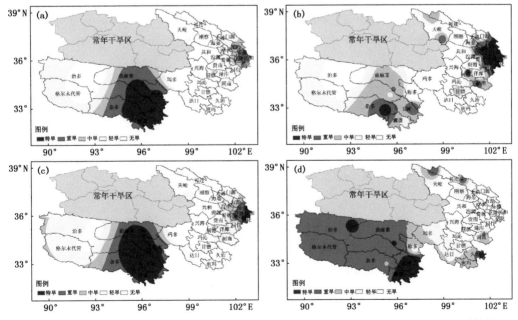

图 7.18　2006 年青海 SPI 指数(a)、PA 指数(b)、K 指数(c)和 MCI 指数(d)对夏旱的监测结果

五、对干旱发展过程的刻画能力评估

根据气象干旱的发生、发展机制,认为气象干旱的解除可以有跳跃性,当有大的降水过程出现时,气象干旱可以迅速解除,但干旱的发生发展应是一个循序渐进的过程。在干旱发展阶段,将相邻两月干旱等级相差两级及以上时定义为一次不合理跳跃(表7.5)。选取1999年10月至2000年7月典型干旱过程,分别以湟源、海晏和同德三地区代表东部农业区、环青海湖地区和三江源区,分析SPI指数、PA指数、K指数和MCI指数逐月的变化趋势(图7.19)。SPI指数和K指数监测的干旱发生、发展过程变化较为平稳,对干旱发展过程的刻画较为合理,且不合理跳跃次数较少,而PA指数主要是依靠当前的降水量来计算,因此对降水量的变化比较敏感,在监测时段内波动幅度较大,而MCI指数虽然不合理跳跃次数较少,但两次的跳跃幅度较大,明显不符合干旱发生、发展的过程。

表7.5　不同干旱监测指数不合理跳跃次数

区域	SPI	PA	K	MCI
海晏	1	1	2	0
同德	0	3	1	1
湟源	2	1	1	1
合计	3	5	4	2

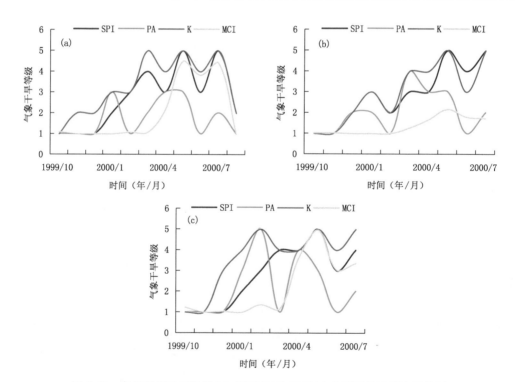

图7.19　各干旱指数对湟源(a)、海晏(b)和同德(c)典型干旱过程诊断分析

六、四种气象干旱监测指标在青海高原适用性分析

根据 1986—2013 年青海省实际干旱发生特征,对比分析 1981—2015 年年和四季 SPI 指数、PA 指数、K 指数和 MCI 指数监测结果,并对代表性地区的典型干旱过程进行了刻画,主要得出以下结论。

(1)SPI 指数和 K 指数对年代际干旱监测结果基本一致,且与实际干旱变化趋势基本一致,能很好地地反映青海高原过去 35a 干旱变化特征,但 SPI 指数对不同等级干旱的监测效果要优于 K 指数。PA 指数、MCI 指数的监测结果和实际干旱的发生频率有较大的偏差,因此这两个指数在青海高原基本不适宜。

(2)SPI 指数和 K 指数能很好地监测出过去 35a 出现的春旱和夏旱,尤其是对重大干旱具有很强的监测能力,但对秋季和冬季的监测效果不理想。PA 指数和 MCI 指数对四季干旱的监测结果均有较大偏差。

(3)各种干旱监测指数对 2000 年春季和 2006 年夏季干旱范围和程度的监测结果表明,SPI 能很好地监测出干旱的发生区域和干旱的程度,K 指数和 PA 指数监测的干旱程度有偏差,而 MCI 指数对干旱范围和程度均有很大的偏差。

(4)通过对比各干旱监测指数对 1999 年 10 月至 2000 年 7 月干旱发生、发展过程的刻画能力,SPI 指数和 K 指数的监测结果符合干旱发生、发展过程,对干旱发生、发展过程的刻画较为合理,而 PA 指数和 MCI 指数基本不能反映干旱的发生发展过程,而 PA 指数和 MCI 指数的变化趋势基本不符合干旱发生发展的机制。

(5)综合以上的分析,可以确定,在青海高原 SPI 指数对春季和夏季干旱监测能力最强,具有很好的适用性,K 指数监测效果稍次于 SPI 指数,PA 指数和 MCI 指数监测能力最弱,在青海高原基本不适用。

(6)114 个干旱个例主要包括春季干旱和夏季干旱,秋季和冬季干旱记录较少,主要是由于青海地区春旱和夏旱对农牧业影响明显,而其余季节尤其是农作物收割后的秋季和冬季干旱影响较小,造成的灾害损失不明显,因此相关灾情资料缺失较多。由于秋季和冬季的实际干旱记录较少,因此影响了各气象干旱指标在这两个季节的适用性分析,尤其是 SPI 指数和 K 指数的适用性,有待今后收集更多的灾情资料来进行验证分析。

第四节　东部农业区干旱发生特征与应对

东部农业区耕地面积超过全省的 70%,是青海省的粮油主产区。但由于该地区降水较少且时空分配不均,因此程度不同的春旱几乎年年发生,严重制约着当地农业的可持续发展。1961 年以来,受全区气温升高、降水增多、风速减小等因子的综合影响,春旱程度虽略有减轻,但发生频率依然很高,仍是影响春耕生产的主要灾害之一,应从战略层面上实施开发空中水资源等抗旱保春播的有效措施。

一、气候变化背景

气温、降水和风速是影响干旱发生与否最直接的气象条件,气温高、降水少、风速大则容易发生干旱,反之则不易出现干旱,或者旱情较轻。分析表明,1961—2012 年东部农业区春季平

均气温呈显著升高趋势,升温率为 0.25 ℃/10a,1997 年后春季平均气温明显升高,1961—1996 年平均值为 6.8 ℃,1997—2012 年迅速上升为 7.9 ℃(图 7.20a)。近 52a 来,东部农业区春季降水量波动较大,总体呈微弱增加趋势,但幅度较小,增加率为 1.6 mm/10a(图 7.20b)。1961 年以来,东部农业区春季平均风速呈显著减小趋势,减小速率为每 10 a 0.2 m/s,春季平均风速在 1984 年后明显减小,1961—1983 年平均风速为 2.6 m/s,而 1984—2012 年减小为 2.0 m/s(图 7.20c)。

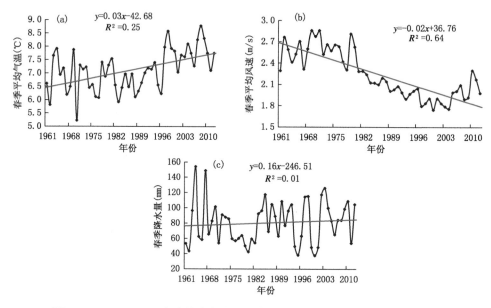

图 7.20 1961—2012 年青海东部农业区春季气温(a)、风速(b)和降水(c)变化

二、干旱变化趋势

1961—2012 年东部农业区春季气温的显著升高,加重了干旱的发生,但降水增加和风速减小在一定程度上减轻了干旱程度。从图 7.21a 可以看出,近 52 a 来东部农业区春季干旱程度总体呈减轻趋势,但各地干旱变化趋势不尽相同,其中互助干旱呈加重趋势;大通、乐都、湟源、贵德、循化和西宁干旱等级略有减轻,同仁、尖扎、湟中、化隆、民和基本无变化。分析结果还表明,东部农业区干旱出现次数仍然比较频繁,从轻旱(图 7.21b)、中旱(图 7.21c)和重旱(图 7.21d)发生频率分布图可以看出,互助、西宁、湟源以及平安、湟中的大部轻旱发生频率较高,在 20% 左右,而循化等地发生频率较低,在 14%～16% 之间。中旱发生频率在湟中、湟源一带较高,在 30%～34% 之间,而在同仁、互助、平安、乐都一带发生频率较低,在 20%～23%。重旱发生频率呈由西向东逐渐增加的趋势,民和、乐都、化隆和循化重旱发生频率较高,在 16%～18% 之间。

三、对策建议

地处干旱、半干旱区的青海东部农业区,降水偏少是春季干旱频繁发生的主要影响因子,成为该区春季播种、保苗的主要障碍因子。建议做好以下几个方面的工作,提高抗旱能力,促进农业生产高产稳产。

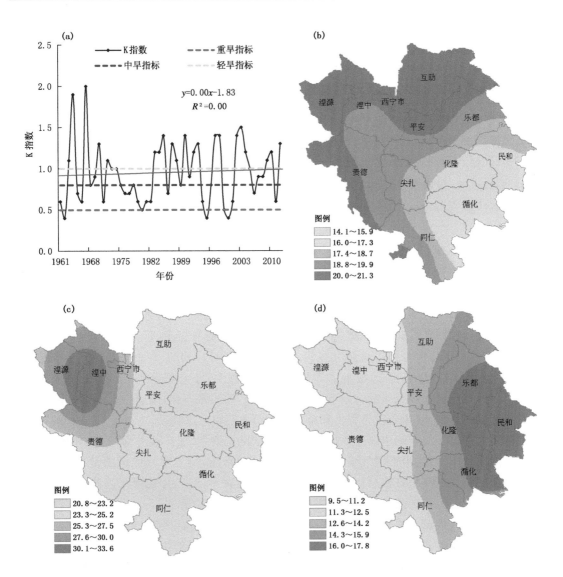

图 7.21 1961—2012 年春季东部农业区 K 干旱指数变化和不同干旱等级发生频率分布图

(a)K 干旱指数变化;(b)轻旱发生频率;(c)中旱发生频率;(d)重旱发生频率

1. 大力开发空中水资源

加大对人工增雨新技术、新方法的研究,不断提高人工增雨的技术水平,提高作业的科学性。抓住有利时机,做好春季人工增雨作业,最大限度利用空中水资源,确保该区春耕生产工作的顺利实施。

2. 兴修水利设施

加强水利基础设施建设,全力做好引大济湟、黄河沿岸水利综合开发、干旱山区综合开发等事关国计民生的重大水利项目建设。加快灌溉区续建配套与节水改造、老化失修农灌工程维修改造和小型农田水利工程建设。开源节流,发展节水农业新技术,提高水资源的利用效率。

3. 走雨养农业与补水灌溉农业相结合的道路

科学合理利用自然降水,扩大补水灌溉面积。根据土壤水分状况确定农作物的植物品种、种植密度、播种方式、经济施肥量及产量指标等,综合考虑作物发育阶段需水情况和干旱程度,及时补水灌溉。适时适当深度中耕,蓄秋季降水以备春用。

4. 加快旱作农业技术的推广工作

大力推广使用覆膜、拌种技术,可在很大程度上减轻因土壤缺水所造成的影响,提高农作物出苗率,同时抗旱剂等能减缓土壤水分消耗,从而增强作物的抗旱能力。

5. 增加化肥和农家肥的投入

多施有机肥,以肥调水,使水肥协调,提高水分利用率,提高农作物自身的抗旱能力。

第五节　青海高原干旱灾害综合风险评估

干旱是世界上最为常见和普遍的气象灾害之一(徐新创和刘成武,2010)。具有发生频次高、持续时间长、影响范围广等特点,在一定程度上严重地制约了农牧业生产、生态环境改善和社会经济发展(杨帅英等,2004)。据世界气象组织的统计资料显示,世界上约 70% 的自然灾害属气象灾害,而干旱灾害约占自然灾害的 35%(秦大河等,2002)。每年全球因干旱造成的经济损失平均约 8 亿美元,远远超出了其他自然灾害损失(王伟光和郑国光,2013;Wilhite,2000)。另外,在全球气候变暖的背景下,干旱已逐渐趋于为常态化;随着特大干旱事件发生强度和频率的持续增加,其异常损害程度和范围越加凸显(IPCC,2012)。

我国西北部位于北半球中纬度地区,地处欧亚大陆的腹地,属典型的温带大陆性气候。且绝大部分地区处于干旱、半干旱气候区,地表干燥,植被稀疏,局地水汽的蒸散量也非常有限。故西北地区的云水资源相对较少,水分自内向外的疏通并不活跃,加之年平均降水量少、气候波动大等特点;因此,该区是我国干旱灾害的易发多发区(张强等,2015)。另外,西北地区也是全球生态脆弱和气候变化敏感区,气候变暖引起降水非均质性的空间分配格局更加凸显,极端干旱事件发生的频率和强度显著增加。由此引起了一系列突出的生态环境问题,如水资源短缺、草地退化和沙化及空气质量不断恶化等(李明星和马柱国,2012)。有研究表明,西北气候由暖干不断地向暖湿发生转换(施雅风,2003),新疆南部和北部冬天湿润指数相对较高,而其余季节相对较低(姜大膀,2009)。西北东部温度呈线性增加的趋势,而降水和地表湿润指数呈线性递减趋势,总体呈暖干化趋势(马柱国和符淙斌,2001;马柱国和符淙斌,2005)。自 20 世纪 90 年代以来,我国西北地区极端干旱事件发生的频率急剧增加(马柱国,2005;刘珂和姜大膀,2014)。有研究显示,自 1961 至 2009 年,我国夏季极端干旱事件的发生率均表现为北部大于南部,且西北地区表现更为突出(刘义花等,2013)。干旱气象灾害的发生不仅包含一系列复杂的动态过程和多尺度的物质能量循环机制,还涉及气象、农业、水文、生态和社会经济等诸多领域,一直以来被认为是科学界的一个重大疑难问题。

青海省地处青藏高原东北部,由于其地理位置的特殊性。受高空西北气流、高原低值系统、东亚季风环流以及诸多人类活动等因素的影响,其干旱灾害发生的区域性和复杂性非常明显,国际科学界不仅对干旱灾害发生的机理都难以诠释,而且还提出了许多新的科学问题。截至目前,对青海省干旱灾害形成和发展机理的科学认知并不成熟,而且监控和预警预测的技术方法尚不够完善。随着青海省地区社会经济的发展和生态文明建设逐渐依赖于干旱防灾减灾的能力的提高,如何及时、有效地预测干旱的发生和发展规律,如何客观、准确地评估干旱灾害的影响程度和范围等一系列科学问题亟须解决。虽有好多学者对该区干旱灾害风险评估进行了研究(颜亮东等,2013;刘义花等,2012;胡琦等,2017),但其均基于理论模型插值方法,未能提高区域干旱灾害风险评估精度。为此,基于格网尺度的干旱风险指数,较为系统地研究了青海省干旱时空分布格局及其综合风险评估,以期为气象防灾减灾、农牧业气象的规划和气象现代化建设的逐步实施提供一定的理论基础和科学依据。

青海省位于中国西部,地理位置(89°35′—103°04′E,31°9′—39°19′N),行政区域面积72.12 万 km²(图 7.22)。地处青藏高原东北部,地形地貌特征复杂,主要以盆地、高山和河谷相间的高原为主。青海畜牧业生产区主要分布于青南地区、环青海湖地区及祁连山等地区。青海属大陆性高原气候,气温日较差大,日照时数长,辐射强,降水地区差异大,降水量由东南部向西北部依次减少。多年平均气温为 2.0 ℃,年均降水量 373.5 mm,年平均降水日数104 d,降水集中在每年 6—9 月。生长期年平均 171 d,无霜期年平均 86 d,最长达 245 d,最短为 14 d(周秉荣等,2016)。

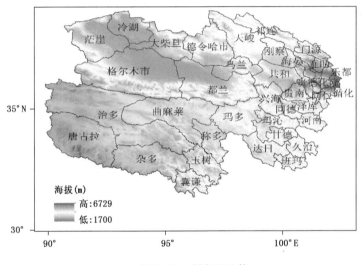

图 7.22　研究区地势

气象资料包括研究区 1961—2010 年青海省 50 个气象台站月平均气温(℃)、月平均最高气温(℃)、月平均最低气温(℃)、月降水量(mm)、月平均相对湿度(%)、月日照百分率(%)、月平均风速(m/s)等要素资料,气象台站海拔和经纬度资料来源于青海省信息中心。基础地理信息数据和高程(1∶25 万)等资料来源于青海省气象科学研究所。

一、研究方法

1. 干旱等级确定

利用干燥度指数(aritidy index)来表征干旱程度,其定义为可能蒸散与降水的比值。为了避免计算式中分母为零的情况,故利用如下公式进行计算。

$$AI = \frac{ET_0}{P+1} \tag{7.3}$$

式中，ET_0 为参考作物蒸散系数（mm），P 为月降水量（mm）。应用《青海省气象灾害地方标准》土壤水分干旱指标进行回归分析，并结合干燥度在气候类型划分中的标准，确定青海气象干旱类型和干燥度指数范围（表 7.6）。

表 7.6　青海省干燥度指数

干旱类型	干燥度指数
无旱	$AI < 1.7$
轻旱	$1.7 < AI < 3.0$
中旱	$3.0 < AI < 8.0$
重旱	$AI > 8.0$

2. 潜在蒸散估算

潜在蒸散量是指在一定气象条件下水分供应不受限制时，陆面可能达到的最大蒸发量，计算方法诸多，但各有优缺点。采用 Hargreaves 法（2）和 Penman-Monteith 方法（3）相结合，前者需要的输入因子有最高气温、最低气温、天文辐射，以上因子栅格资料都可以获取。Penman-Monteith 方法需要的输入因子较多，但其最大的优点是计算结果较为准确。二者结合使用，既可以解决栅格资料的缺少，又在一定程度上提高估算准确性。

$$ET_h = 0.0014R_{\text{twfs}}((T_{\max} + T_{\min})/2 + 13.10)(T_{\max} - T_{\min})^{0.7} \tag{7.4}$$

$$ET_0 = \frac{0.408\Delta(R_n - G) + \gamma(\frac{900}{t+273})U_2(e_s - e_a)}{\Delta + \gamma(1 + 0.34U_2)} \tag{7.5}$$

式中，R_{twfs} 为天文辐射（MJ·m^{-2}·s^{-1}），$T_{\max}$ 为最高气温（℃），$T_{\min}$ 为最低气温（℃），R_n 为净辐射（MJ·m^{-2}），G 为土壤热通量（MJ·m^{-2}），γ 为干湿常数（kPa·℃$^{-1}$），Δ 为饱和水汽压曲线斜率（kPa·℃$^{-1}$），t 为平均温度（℃），U_2 为 2 m 高处的风速（m·s^{-1}），e_a 为实际水汽压（kPa），e_s 为平均饱和水汽压（kPa）（周秉荣等，2016）。

利用青海省玉树市隆宝地区微气象观测资料，得到 ET_0 和 ET_h 的关系式如图 7.23。

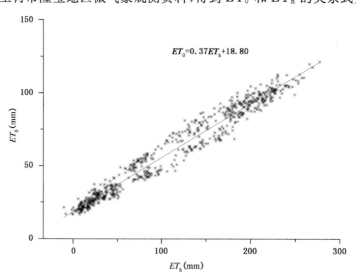

图 7.23　潜在蒸散系数 ET_h 与 ET_0 的关系

3. 干旱风险指数确定

干旱风险区划考虑致灾因子的危险性、承灾体的暴露性和脆弱性等多个要素,根据作物减产或者历史干旱灾情统计资料,确定干旱发生的强度或者频率,以及干旱对某种作物的影响程度即承灾体的脆弱性,给出定量的结论。应用干旱出现频数和干燥度变异系数来构建青海省月干旱发生风险指数模型(刘小艳等,2009):

$$DI_{ij} = \frac{f_{ij}}{CV_{AI}} = \frac{f_{ij}S_{AI}}{\overline{X}_{AI}} \tag{7.6}$$

式中,CV 是干燥度指数的变异系数,定义为干燥度指数标准偏差(S)和均值(X)的比值,表示该级干旱出现的不稳定性。f 为干旱出现频数。i 为月份,j 表示轻、中、重 3 级干旱。CV 越高表示出现某级干旱的风险越大,可能性越高;反之,则越低。

干旱风险指数采用下式做均一化处理:

$$T_{ij} = \frac{DI_{ij} - DI_{min}}{DI_{max} - DI_{min}} \tag{7.7}$$

式中,DI_{ij} 为某一格点值,DI_{min} 和 DI_{max} 为数据集中的最小值和最大值。

通过统计学中的分位数分组法,初步确定了青海省干旱风险等级划分标准(表 7.7)。

表 7.7　青海省干旱风险等级

DI 值	$DI \leqslant 0.05$	$0.05 < DI \leqslant 0.25$	$0.25 < DI \leqslant 0.50$	$0.50 < DI \leqslant 0.75$	$0.75 < DI \leqslant 0.95$	$DI > 0.95$
风险等级	极低	低	中	较高	高	极高

二、青海高原干旱时空特征分析

1. 轻度干旱风险指数时空分布特征

青海省轻度干旱月发生风险指数的时空分布不均匀(图 7.24)。整体来看,青海省轻度干旱主要发生于冬、春两季。夏秋季节随着降水量的逐渐增加,全省轻度干旱发生的综合风险水平较低;这与当地实际情况相一致。从地形地貌特征来看,冬春季西北部的柴达木盆地发生轻度干旱风险较高,其次为青南高原牧区和东部农业区,而其余地区处于低等风险水平。另外,从各县域单元来看,茫崖地区冬春季轻度干旱风险较高,都兰、乌兰、共和、兴海、贵南、同德以及玉树州次之,而其余地区无轻度干旱风险。

2. 中度干旱风险指数时空分布特征

青海省境内的中度干旱风险的时空分布特征与轻度干旱基本相近(图 7.25)。总的来看,中度干旱的影响范围较轻度干旱有所缩减,但中度干旱综合风险高发时段仍分布于冬春季节,而夏秋季风险相对较低。从各地理单元来看,全年中度干旱风险高发区主要集中于西北部柴达木盆地,而东部农业区和玉树州局部地区在冬春季达中等风险水平,其余地区处于风险较低水平。

3. 重度干旱风险指数时空分布特征

整体来看,青海省重度干旱风险指数时空分布与轻度和中度干旱保持了一致性(图 7.26)。在冬春季青海省重度干旱风险发生于全省大部地区,而夏秋季重度干旱风险主要发生于西北部的柴达木盆地;从县域单元来看,冬春季重度干旱风险高发区主要分布于茫崖、冷湖和格尔木市,而都兰、乌兰、天峻、门源、共和、兴海、贵南、同德、同仁、化隆、唐古拉及治多等地次之,省内其余地区处于风险低发区。

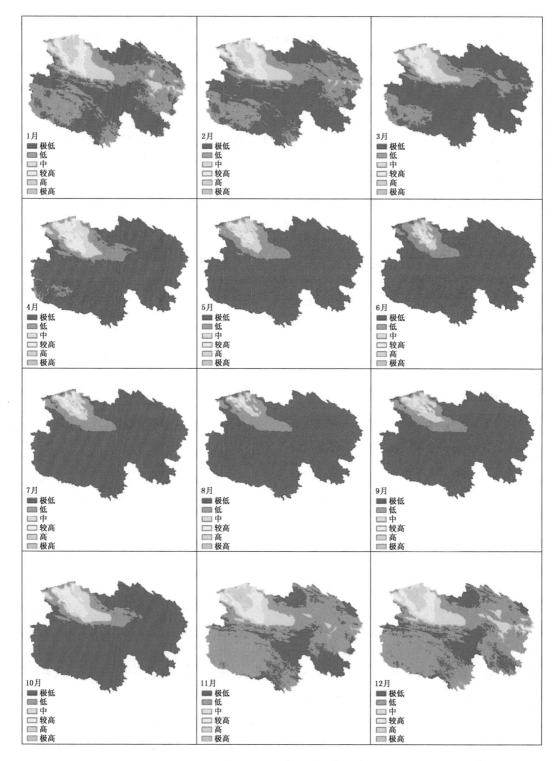

图 7.24　青海省轻度干旱时空分布

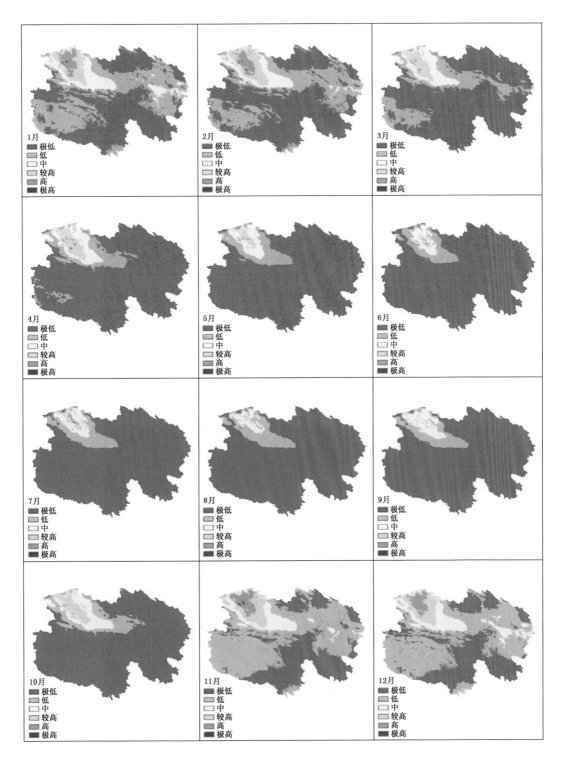

图 7.25　青海省中度干旱时空分布

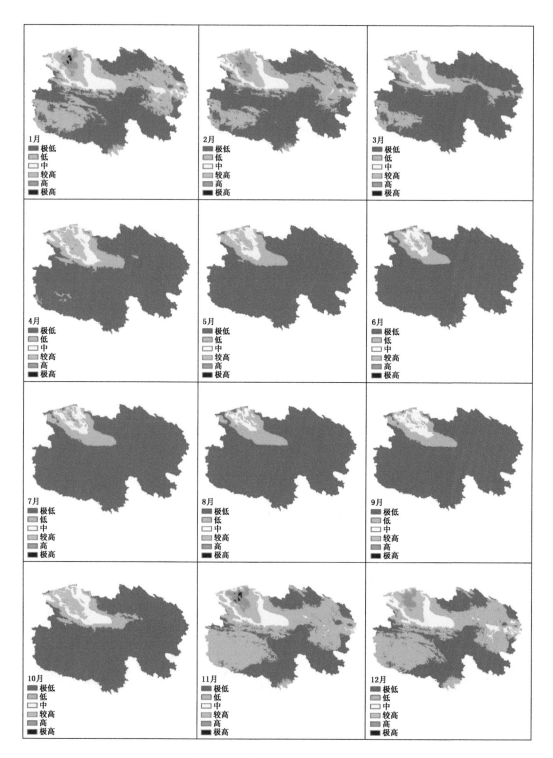

图 7.26　青海省重度干旱时空分布

三、青海高原干旱时空特征概述

区域性气象灾害风险评估是执行区域性灾害风险管理的重要举措,是有效实施气象防灾减灾工作的非工程性技术措施(刘小艳等,2009)。随着气象现代化的逐步实施,其对气象灾害风险评估技术和精度的依赖性越加增强。为此,通过利用干旱风险指数模型,并结合 ArcGIS 空间分析工具,较为系统地研究了青海省月干旱灾害风险区划空间分布特征及其评估。结果表明,由于受地形地貌特征的影响,青海省干旱灾害风险时空分布比较复杂。其中,轻、中、重度风险区成片交错出现,冬春季干旱风险区从西北部的柴达木盆地—共和盆地—东部农业区局地一带分布,且影响程度和范围逐渐缩小。整体来看,西部地区干旱灾害风险总体较高,尤其以柴达木盆地最为明显;而青南高原、东南和东北部地区干旱灾害风险相对较低。从地形地势角度来看,干旱风险高发区主要分布于昆仑山以东、祁连山西南以及巴颜喀拉山东北部,而唐古拉和共和盆地以及东部农业区局地次之,省内其余地区为旱灾低风险区。从各县域单元来看,海西蒙古族藏族自治州的茫崖镇、冷湖镇、花土沟镇以及格尔木市属干旱高风险区,而都兰、天峻、乌兰、共和、兴海、同德、贵南、同仁、化隆、循化以及唐古拉等地次之,其余地区风险较低。地处西北部柴达木盆地干旱风险指数较高的原因大致可以归为 3 个方面:首先是海陆位置的差异,柴达木盆地深居内陆干旱地区,远离海洋,长期得不到充足的水汽条件;其次为复杂的地形地貌特征,柴达木盆地地处青南高原与祁连山脉间的峡谷地带,四周被高山环绕,有效地阻挡了水汽的输送,致使大量水汽难以到达该区;最重要的一个原因是该区正好处于中纬度地区,加之受温带大陆气团的控制,降水稀少,气候极度干旱。

另外,轻、中、重度干旱灾害风险评估结果时空分布特征与相关研究结果基本一致,如刘义花等(2012)于 2013 年对青海省牧草干旱风险区划进行了研究。结果表明,青海省干旱灾害高风险地区主要分布在柴达木盆地东段和祁连山地区,青南高原西南部为中等风险区;其余地区干旱灾害风险较小。颜亮东等(2013)对青海牧区干旱、雪灾灾害损失综合风险进行了较为系统地评估研究,发现青海省境内若同时发生轻度干旱和雪灾时,干旱对农牧业造成的直接经济损失较雪灾大;刘义花和李林等(2012)以青海境内气象自动站为单位对青海省农业区春小麦干旱灾害风险进行了比较分析。结果表明,青海西北地区整体旱灾风险等级明显高于东南地区。且重旱和特旱主要出现在柴达木盆地西部地区,频率分别达 10.7% 和 34.0%;而中度干旱主要分布于环湖南部和东部农业区局地,频率达 10.0% 以上;省内其余地区为轻旱,其出现频率为 15.0% 以上。另外,周秉荣等(2016)就青海省农牧业气象灾害区划进行了系统研究,指出柴达木盆地属重旱高发区,环青海湖和共和盆地属中旱地区,三江源属无旱区。

然而,目前有关青海省干旱灾害风险评估尚未形成较为统一的风险评估模型,为了使评估结果更加贴合实际,科学合理地选取符合当地实际的评价指标和风险度模型显得尤为重要。截至目前,大多数有关干旱灾害风险评估研究均采用头脑风暴法、事故树法、专家打分法、故障树分析法、特尔斐法、层次分析法和情景分析法等模糊数学方法(杨帅英等,2004),从而使得干旱灾害风险定量化存在不确定性。因此,定量化评估干旱灾害风险的技术还有待进一步深入研究。同时,以县域为单位对人口数量和社会经济状况等数据进行统计分析,所获结果在一定程度上降低了评估结果的精确度。基于格网尺度的干旱数据探讨分析了青海省境内的月干旱灾害风险时空分布特征,虽能较好地反映以自动站为中心的区域干旱灾害风险情况,但由于受降水时空不均匀和地形地貌的复杂性,所获结果与整个青海省境内的实际旱灾灾损仍存在较大差异,仍不利于该区干旱灾害风险的进一步预警、监测和推广应用。因此,今后若能综合考虑多因素综合方法对社会经济数据进行栅格化表达,将有利于数据空间匹配以及属性描述,进一步提高评估结果的精确度。

第六节 青海高原南部牧区积雪变化特征

青南牧区是青海省重要的牧业区,同时也是雪灾多发区。该地区畜牧业以自然放牧为主,基本靠天养畜,抗御自然灾害的能力极差。雪灾发生时,由于长时间的积雪和持续低温,造成草场积雪难以消融,牲畜无法采食牧草,公路运输受阻,加之抵御积雪灾害的能力较弱,给牧业生产和人民生活造成困难,严重制约了当地畜牧业生产的可持续发展。在气候变暖背景下,近53a来,青南牧区累计积雪深度呈增加趋势,但积雪日数呈减少趋势,日积雪强度呈增加趋势,受其影响,青南牧区雪灾发生频率呈现略微增多趋势,建议加强雪灾风险管理、预警预测和现代畜牧业建设,以减少雪灾可能带来的损失。

一、青南牧区积雪变化特征

1. 累计积雪深度呈增加趋势

1961—2013 年青南牧区累计积雪深度呈增加趋势,平均每站每 10 a 增加 3.0cm。从累计积雪量历年变化趋势来看,20 世纪 60 年代累计积雪深度处于一个较低的水平;70 年代开始到 20 世纪末累计积雪深度变化较为平稳,在波动中呈增加趋势;进入 21 世纪以来,累计积雪深度变化幅度较大,其中最大值和最小值均出现在这一时期(图 7.27a)。

2. 积雪日数呈减少趋势

受气温升高等因素影响,1961—2013 年青南牧区积雪日数呈减少趋势,平均每站每 10 a 减少 6.4 d。从历年积雪日数变化曲线来看,1997 年以前积雪日数变化较为平稳,1997 年以来积雪日数急剧减少,1961—1997 年平均积雪日数为 104.6,而 1998—2013 年减少为 80.5 d,且 1997 年以来积雪日数持续保持在偏少的状态,2013 年为历年最低值(图 7.27b)。

3. 日积雪强度呈增加趋势

受累计积雪深度和积雪日数的影响,1961—2013 年日积雪强度呈增强趋势,平均每 10 a 增加 0.08 cm/d。60 年代日积雪强度处于较低的水平,进入 21 世纪以来,日积雪强度变率较大,其中 2008 年日积雪强度为历年最高值,达 2.6 cm/d(图 7.27c)。

4. 雪灾发生次数呈增加趋势

1961—2013 年三江源地区轻度、中度、重度和特大雪灾总发生次数呈略微增加趋势,平均每 10 a 增加 0.33 次。其中 20 世纪 60 年代雪灾发生次数最少,70 年代至 90 年代是雪灾高发期,进入 21 世纪以来雪灾发生次数相对较少,但仍高于 20 世纪 60 年代(图 7.27d)。

总体来看,在气候变暖背景下,青南牧区雪灾发生频次并没有呈减缓趋势,相反则呈略微增多趋势。进入 21 世纪以来由于气温升高导致积雪融化较快,因此雪灾发生次数呈减少趋势但日降雪强度有所增加。

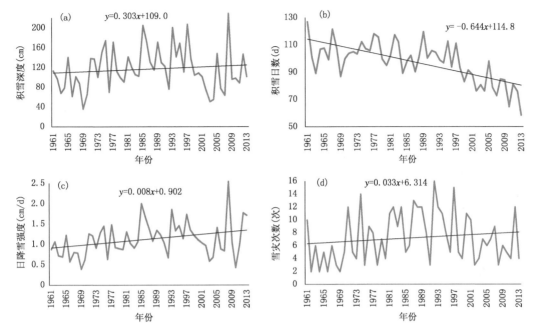

图 7.27　1961—2013 年青南牧区累计积雪深度(a)、积雪日数(b)、日降雪强度(c)、
雪灾次数(d)变化

二、积雪对牧业的影响

近年来,随着降雪强度的增大,加之牲畜数量和基础设施增多,雪灾所造成的影响有所加重。如 2008 年 1—2 月,青南牧区出现大范围积雪,由于气温持续偏低,日最高气温长时间维持在 0 ℃以下,积雪融化缓慢,部分地区积雪持续时间超过 45 d,导致严重雪灾的发生,共有70 万人受灾,75 万头(只)牲畜死亡,直接经济损失达 19 亿元。又如 2012 年 1—3 月,青南地区降水量及降水日数均创历史同期最多,青南地区 2 cm 以上平均积雪日数为 28.2 d,较历年偏多 15.6 d,与 2008 年并列为历史第二多,受灾人口 11.02 万人,牲畜死亡约 38621 头,直接经济损失达 1.3 亿多元。

三、雪灾防御措施

(1)加强雪灾风险管理。将风险管理机制引入到雪灾的防灾减灾中,规范雪灾风险管理,强化灾害风险意识,建立雪灾风险识别、评价、监控和应急的标准,采取合理、有效的应对措施,真正达到防灾减灾的目的。

(2)做好雪灾预警预测。加强雪灾监测、预警、预测能力建设,开展基于风险评估与区划基础上的雪灾客观化预警预报服务,变被动防御为主动防御,有效避免救灾工作的盲目性,提高抗灾救灾的科学性。

(3)发展现代畜牧业。保护草原生态环境,恢复草原植被,提高草场载畜量;加强使用草畜生物技术开发和引进,开展畜种改良工作,提高牲畜的抗寒能力;加强设施畜牧业建设,减少牧业生产暴露度,提高牧区抗灾能力,降低雪灾风险;合理储备越冬物资,确保雪灾发生时饲草料等越冬物资的科学调配和分发,降低灾害损失。

第七节　青海高原雪灾风险区划及对策建议

随着全球气候不断变化,各地各类极端天气气候事件频发,地处青藏高原的青海省也不例外,尤其是由雪灾引发的畜牧业生产风险已日益成为制约当地经济发展的重要因素。青海地处青藏高原,全省海拔在 3000 m 以上的地区占土地总面积的 84.7% 以上。境内地形复杂多样,气候条件恶劣且各地差异较大。作为我国四大草原之一,青海省是受雪灾影响最为严重的省区之一(时兴合和秦宁生,1998;孙武林和吴永森,1996;时兴合和唐红玉,1998;柯长青和李培基,1998a;周陆生等,2000),因其省内自然放牧的畜牧业类型和受海拔较高、交通不便等环境因素的影响,不同程度的雪灾几乎每年都会发生。根据实地调查和参考相关文献发现当雪深超过 2 cm 并持续一段时间后就容易发生雪灾,且积雪越深、持续时间越长则受灾等级就越高,畜牧业损失越严重(董文杰等,2001;王莘,2007;梁天刚等,2004)。

一、雪灾风险区划研究概况

目前对牧区雪灾已开展了大量的研究工作,例如梁天刚于 2004 年建立了基于格网单元的积雪危害指数模型,可综合反映积雪对草地畜牧业的危害程度(梁天刚等,2004);刘兴元等利用遥感、地理信息系统和地面监测资料,构建了一个在完全放牧状态下的牧区雪灾预警与风险评估体系模式(刘兴元等,2008);郝璐等建立了内蒙古牧区雪灾脆弱性评价指标系及评价模型(郝璐等,2003);张继权等利用 BP 神经网络模型,根据各致灾因素建立了一种新的雪灾风险评估模型(张继权等,2007);冯学等利用 NOAA/AVHRR 卫星遥感资料,得出了对西藏那曲地区雪灾进行判别预测及对灾情损失进行综合评估的一些技术和方法(冯学智等,1997)。周秉荣等应用灾害学的理论和观点,以青海牧区为研究对象,对造成青藏高原雪灾的致灾因子、孕灾环境和承灾体等要素综合分析,建立综合判识模型,进行灾情评估(周秉荣等,2006),何永清等利用雪灾相关的气象、畜牧和社会经济等多个因子,借助 ArcGIS 的空间分析,形成了青海省雪灾风险区划图(何永清等,2010)。

综合分析前人对青海雪灾风险区划所用的资料和方法可以发现,所用的积雪资料基本来自气象台站实测雪深资料,所考虑的因子有地形、草场面积、人口和 GDP 等因子,但青海省实际情况是气象台站分布稀疏,尤其是雪灾频发的牧业区更是稀少。在进行雪灾风险区划时所考虑的因素越多其区划结果可能会越精确,但在实际业务服务中却存在很大的局限性,往往会因为资料不全而无法进行评估。鉴于以上分析,利用中国雪深长时间序列数据集(1978—2005年),该数据集是利用被动微波遥感 SMMR(1978—1987 年)和 SSM/I(1987—2005 年)亮度温度资料反演得到,其精度为 25 km×25 km,微波在积雪遥感中处于不可缺少的位置,已有不少学者利用其进行了积雪方面的分析(李新和车涛,2007;柯长青和李培基,1998b;车涛等,2004),最重要的是该资料在很大程度上解决了青海气象资料不足的问题。不管地形、草场面积等因子的状况如何,雪灾所造成的损失最终综合表现为牲畜死亡率的大小,因此利用牲畜死亡率的大小来进行雪灾风险区划,既具有一定的科学性同时有利于在业务服务中应用。

选用青海省 50 个气象台站 1961—2008 年逐日雪深和持续时间资料、过程最大积雪深度;相应时期的牲畜存栏数和牲畜死亡率、受灾人口数、财产损失来自《中国气象灾害大典》(青海卷)、青海省统计年鉴以及实地调查等资料;1981—2005 年逐日雪深格点资料(精度为 25 km

×25 km)来源于中国科学院寒区旱区环境与工程研究所遥感与地理信息科学实验室；地理信息基础数据来源于青海省测绘局。

　　青海地域辽阔，但气象台站分布不均，在青海西部地区及高海拔地区气象站点分布稀疏，气象资料缺乏，为了能精确地进行雪灾风险区划，因此利用了遥感资料反演的 25 km×25 km 逐日雪深资料。

　　为了验证逐日雪深格点资料的适用性，根据青海省 50 个气象台站所在位置的经纬度，提取 50 个气象台站逐日雪深资料，根据各气象台站日雪深资料格点值和实测值，分别计算 1981—2005 年 1 月、2 月、3 月、4 月、11 月和 12 月有效积雪量（大于等于 2 cm 的积雪深度和持续时间的乘积）。根据不同地理位置和地貌特征将青海省划分为东部农业区、环湖区、柴达木盆地和三江源地区 4 个区域，分析各区域中各气象站点格点值和实测值的相关系数，各气象站点相关系数的平均值即为本区域格点值和实测值的相关系数。资料序列长度为 150，东部农业区、环湖区、柴达木盆地和三江源地区的相关系数分别为：0.21、0.20、0.13 和 0.27，东部农业区和环湖区通过信度为 0.05 的检验，三江源地区通过信度为 0.01 的检验，而在柴达木盆地两者相关性不大，但因柴达木盆地降水较少，气候干燥发生雪灾的几率较小，因此对整个青海地区的雪灾风险区划影响较小。因此总体来看，青海有效积雪量的实测值和格点值之间具有较好的一致性，利用卫星遥感监测的格点资料进行雪灾风险区划与评估，而在实时业务中则为了资料获取的方便，则采取气象实测资料进行雪灾风险的评估是基本可行的。

二、雪灾致灾因子危险性评估

　　致灾因子危险性指气象灾害异常程度，主要是由气象致灾因子活动规模（强度）和活动频次（频率）决定的。一般致灾因子强度越大，频次越高，气象灾害所造成的破坏损失越严重，气象灾害的风险也越大。用来反映雪灾致灾因子危险性大小的因子很多，其中最为直接和最常用是利用积雪深度和积雪持续时间来表示。根据青海省地方灾害标准（DB63/T 372—2011）规定，在青海地区当积雪深度超过 2 cm 且持续一段时间后，就会出现雪灾。因此利用积雪指标（深度＞2 cm 的积雪深度×持续时间的乘积）来进行评估进行雪灾致灾因子危险性的大小。

　　分别计算各格点 1981—2005 年平均积雪指标的大小，即青海各地致灾因子危险性的大小（见图 7.28）。从图中可以看出，青海三江源地区和祁连山区的部分地区致灾因子危险性最高，柴达木盆地的西部和东部农业区以及环湖的部分地区致灾因子危险性较低。

三、雪灾承灾体易损性评估

　　承灾体易损性是指可能受到灾害威胁的所有人员和财产的伤害或损失程度，如人员、牲畜等，一个地区人口、牲畜越多越集中，易损性越高，可能遭受潜在损失越大，灾害风险越大。根据青海实际情况，雪灾对畜牧业的影响最大，因此，承灾体易损性用牲畜因雪灾死亡率与致灾因子的关系曲线表示。

1. 积雪指标和牲畜死亡率的拟合曲线

　　收集整理青海省统计年鉴和雪灾实况调查资料，建立 1961 年以来青海省积雪指标和雪灾牲畜死亡率的灾情数据库。为了能更好地显示牲畜死亡率和积雪指标之间的函数关系，首先将积雪指标取对数，然后和牲畜死亡率进行拟合（见图 7.29），图中 X 轴为取对数后的积雪指标，Y 轴为牲畜死亡率，根据每年积雪指标的大小就可以判定牲畜死亡率的大小。

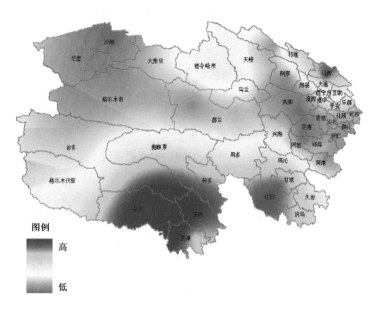

图 7.28　青海省各地致灾因子危险性分布图

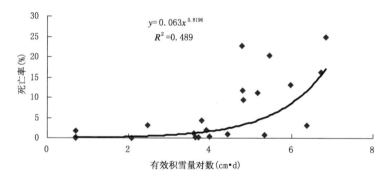

图 7.29　牲畜死亡率和积雪指标的拟合曲线

2. 青海雪灾致灾临界气象条件确定

根据相关参考文献(郭晓宁等,2010)确定的青海省不同雪灾等级标准下牲畜死亡率(S)的大小,并根据图 7.29 中给出的牲畜死亡率和积雪指标的拟合曲线,得出不同雪灾等级下积雪指标(JX)的临界指标(见表 7.8)。

表 7.8　不同雪灾等级标准

雪灾等级	等级	死亡率(%)	积雪指标(cm·d)
1	轻灾	$S<5\%$	$JX<200$
2	中灾	$5\%\leqslant S<20\%$	$200\leqslant JX<1075$
3	重灾	$20\%\leqslant S<30\%$	$1075\leqslant JX<1758$
4	特大灾	$S\geqslant30\%$	$JX\geqslant1758$

四、雪灾风险区划

根据发生不同雪灾等级的阈值,分别计算各格点发生轻灾、中灾、重灾和特大灾的频率,分别制作青海省不同雪灾等级分布图(图 7.30),从图中可以看出,轻灾易发生在柴达木盆地、东部农业区的大部和环青海湖部分地区,这些地区发生轻灾的频率大都在 50% 以上,囊谦、玉树、称多以及祁连山地区大部发生轻灾的频率较小,频率在 30% 以下;中灾和重灾在青海发生频率均不高,在 10%~20% 之间,其中柴达木盆地、东部农业区的部分地区发生中灾和重灾的频率相对较高,频率在 10%~20% 之间,而青南牧区和祁连山区的大部发生的频率较低,频率在 12% 以下;特大灾易发生在青南牧区南部部分地区,尤其是囊谦、玉树和称多一带是特大雪灾的高发区,发生频率在 50%~60% 之间,环青海湖地区南部部分地区、青南牧区东部少数地区发生特大雪灾的频率较低,发生频率在 30% 以下。

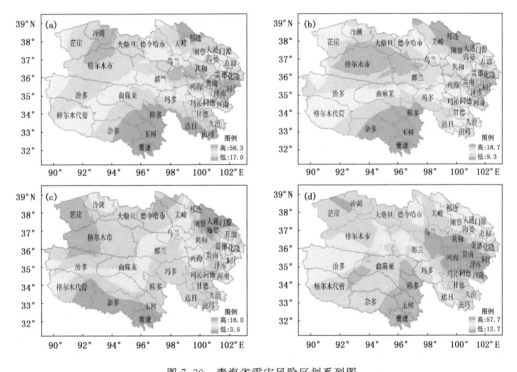

图 7.30　青海省雪灾风险区划系列图
(轻度雪灾(a)、中度雪灾(b)、重度雪灾(c)和特大雪灾(d)不同等级发生频率(%)分布)

五、雪灾风险度分析

采用青海省 1:25 万地理信息基础数据,主要包括省、县界行政图;牲畜数量和牧草面积数据来自于青海省统计局;牧草产量数据来自青海省遥感监测中心;人均国民生产总值(GDP)来源于 2014 年青海省统计年鉴;累计积雪深度数据是通过对青海省 1980—2014 年雪深数据进一步加工分析得到,逐日雪深数据来自于中国西部寒旱区科学数据中心(http://westdc.westgis.ac.cn)。

首先通过 Matlab 软件将中国 1980—2014 年的雪深数据进行年累计求和,然后将数据读入

ArcGIS 中利用青海省的 shp 文件进行裁剪,即得到青海省 1980—2014 年的全年积雪总深度;最后采用 ArcGIS 空间分析工具求得 1980—2014 年年累计积雪深度,并将其进行最大归一化处理;应用 ArcGIS 空间分析地图代数中栅格运算工具对牧草产量数据进行最大归一化处理。

牲畜数量、牧草面积和人均 GDP 等指标由于其计量单位不同,取值范围较大,不仅会影响数据分析结果,也不利于不同量纲指标间的分析比较,故对以上数据进行了最大归一化处理,公式如下:

$$正向因子归一化公式:T_i = \frac{X_i - X_{\min}}{X_{\max} - X_{\min}} \qquad (i=1,2,\cdots,n) \qquad (7.8)$$

$$逆向因子归一化公式:T_i = \frac{X_{\max} - X_i}{X_{\max} - X_{\min}} \qquad (i=1,2,\cdots,n) \qquad (7.9)$$

式中,X_i 表示第 i 个标准化因子的原始值,$X_{\max}$ 与 $X_{\min}$ 分别表示数据集中的极大值和极小值,经标准化后的数据 T_i 的值域介于(0~1),其均值为 0,均方为 1,无量纲;并在 ArcGIS 中将以上数据分别与青海省县级行政区图相联接,并用空间分析工具将其转化为栅格文件。

通过风险度模型对以上数据进行栅格运算,并利用统计学中的分位数分组对其进行等级划分。

1. 雪灾风险度模型

有关雪灾风险度模型的研究已有很多,有的研究直接采用了联合国风险表达式的(郝璐等,2002;黄晓东和梁天刚,2005),也有采用单一因子加法的(张国胜等,2009),还有利用灾害风险评价指标(FDRI)的(梁天刚等,2006)。在综合考虑各方法优缺点的基础上,对周秉荣等(2016)对雪灾风险度模型(4)分析研究的基础上进行了改进。

$$E = \frac{X_{scsl}^* \times X_{xzcs}^*}{X_{mcmj}^* \times X_{rjGDP}^* \times X_{mccl}^*} \qquad (7.10)$$

由于上式中所涉及的风险度因子既有正向因子,又有逆向因子,其中 X_{scsl}^* 和 X_{xzcs}^* 为逆向因子,X_{mcmj}^*、X_{rjGDP}^* 和 X_{mccl}^* 为正向因子。正向因子与风险度成反比,其值越大,风险度(E)越小,而逆向因子则相反;该模型并未考虑各致灾因子在无穷大或无穷小的情况下其对风险度评价结果的影响。如当正向因子之积无穷小或逆向因子之积无穷大时,均夸大风险度评价结果的准确性;反之,将缩小风险度评价结果的准确性;故采用以上模型对雪灾风险度进行评估时,可能会影响雪灾综合风险评估的精确性。因此,以高程 2900 m 的农牧交错带为界限,根据专家打分法采用各风险度因子与其权重之积再求和的雪灾风险度模型公式(7.11)和(7.12),此模型不仅可以避免主观因素的影响,也能准确地反映各因子对风险度的贡献率,同时也省去了各风险度因子的趋同化处理过程。

$$E = [(0.15T_{scsl} + 0.5T_{jxsd} + 0.1T_{mcmj} + 0.05T_{rjGDP} + 0.2T_{mccl}) \times K_1] \qquad (7.11)$$

$$E = [(0.15T_{scsl} + 0.5T_{jxsd} + 0.1T_{mcmj} + 0.05T_{rjGDP} + 0.2T_{mccl}) \times K_2] \qquad (7.12)$$

式中,T_{scsl}、T_{jxsd}、T_{mcmj}、T_{rjGDP} 和 T_{mccl} 分别表示牲畜数量、积雪深度、牧草面积、人均 GDP 和牧草产量归一化后的数值,其中 T_{sxsl} 和 T_{jxsd} 为逆向因子,T_{mcmj}、T_{rjGDP} 和 T_{mccl} 为正向因子;且 K_1 表示高程≥2900 m 的牧业区;K_2 表示高程<2900 m 的农业区。

2. 雪灾风险度分析

基于 ArcGIS 空间分析功能平台,将雪灾风险度各因子归一化后的数据赋予各县级行政区,作为空间属性值,并利用空间分析工具将其转为栅格文件,从而得出各风险度因子空间分布情况(图 7.31)。总体来看,除人均 GDP 和牲畜数量外,其余各风险度因子在西北部柴达木

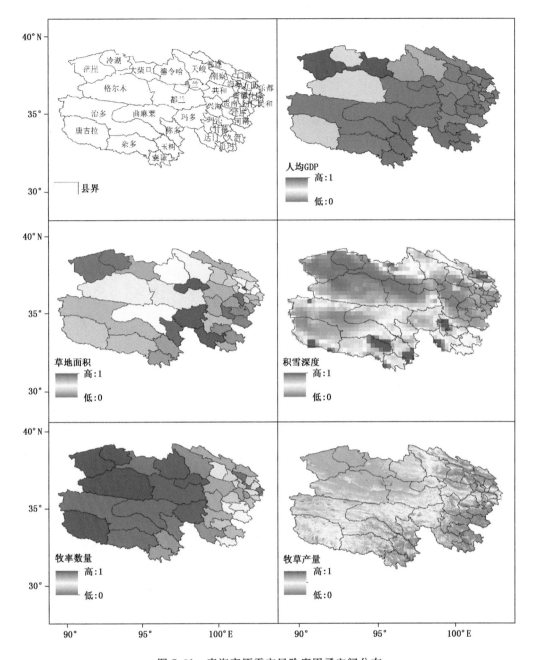

图 7.31　青海高原雪灾风险度因子空间分布

盆地均处于较低水平。从经济状况和牲畜数量可知，海西州的人均 GDP 和牲畜数量最高，德令哈、天峻、唐古拉及部分东部农业区人均 GDP 次之，其余地区人均 GDP 均处于较低水平；东部农业区的牲畜数量最低，而刚察、班玛、同德、河南及泽库次之，其余地区均处于中等偏高水平。从积雪深度监测来看，积雪深度较厚的地区主要集中于玉树和果洛州大部、海北州的门源和祁连以及德令哈等地；其中雪灾的可能高发区主要分布于玉树、杂多、称多、唐古拉、玛沁、达日、久治、甘德、都兰、德令哈、天峻、刚察、祁连和门源等地，而西北部的柴达木盆地和东部农业区积雪厚度较薄。从草畜平衡角度可以看出,可利用草场面积和牧草产量较高区主要分布于青南高原和中东部地区,西北部的柴达木盆地与西南部的唐古拉地区的可利用草场面积和牧草产量均处于较低水平。

3. 雪灾风险度区划与评估

基于改进后的雪灾风险度模型公式(7.11)和(7.12),结合 ArcGIS 栅格运算功能,得出研究区每一像元单元(格点)雪灾综合风险度 E(图 7.32),并通过统计学分位数分组法,初步确定了该区雪灾综合风险等级划分标准(表 7.9)。整体来看,青海高原雪灾综合风险主要集中于青南高原牧区和东北部地区。从各县域地貌单元来看,雪灾易发高发区主要分布于青南的玉树、杂多、称多、囊谦、唐古拉、玛沁、达日、甘德以及海北的门源和祁连局地;德令哈、天峻、乌兰、刚察、祁连大部、兴海、共和、同德、泽库、河南、甘德、久治、班玛、曲麻莱和治多等地雪灾风险均处于中等水平,而西北部柴达木盆地和东部农业区雪灾风险最低。另外,由综合风险区划图可知,近 35 年来青海省境内特大雪灾仅出现于青南的玉树和杂多局地,其他地区并未发生;此外,从地形地貌角度来看,雪灾风险高发区主要位于海拔在 4000 m 以上的高原山区,即昆仑山、祁连山、唐古拉山、巴颜喀拉山以及阿尼玛卿山等地,而东部农业区和西北部柴达木盆地属雪灾低发区,其他地区均处于雪灾发生中等水平。

表 7.9　青海高原雪灾风险等级划分

E 值	$E \leqslant 0.05$	$0.05 < E \leqslant 0.25$	$0.25 < E \leqslant 0.50$	$0.50 < E \leqslant 0.75$	$0.75 < E \leqslant 0.95$	$E > 0.95$
风险等级	极低	低	中	较高	高	极高

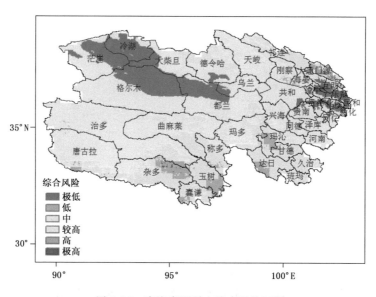

图 7.32　青海高原雪灾综合风险区划

高海拔地区的季节性雪被对其水文过程和急剧气候变化具有极其重要的调控作用(Dai 等,2015)。积雪覆盖面积的动态变化对水体和能量循环以及生态环境均具有重大影响,且积雪融化为干旱半干旱地区重要水源的补给提供了重要保障(Che 等,2016)。然而,冬春季短时强降雪作为制约牧区畜牧业发展的主要因子,其发生不仅会掩埋天然草场,造成畜牧草料供应不足,而且还会形成冰壳刺伤家畜的蹄腕,致使大批家畜因受伤、冻饿而死亡。鉴于此,通过借助 Matlab 和 ArcGIS 技术手段,并结合改进后的雪灾风险度模型,较为系统地研究了影响青海高原雪灾发生的社会经济、畜牧和气象等因子的空间分布特征以及雪灾综合风险等级区划与评估。研究结果显示,青海高原雪灾易发区主要集中于青海南部和北部地区,即玉树、杂多、称多、囊谦、唐古拉、玛沁、门源及祁连局部地区,而西北部的柴达木盆地和东部农业区为雪灾低发区,这与周秉荣、郭晓宁、何永清、李红梅、郝璐等(周秉荣等,2006;郭晓宁等,2010;何永清等,2010;李红梅等,2013;郝璐等,2003)的研究结果基本一致;另外,近 35 a 来,除青南局部地区发生特大雪灾外,青海高原其他地区均无特大雪灾发生;这亦与已有的研究结果基本吻合(李红梅等,2013;何永清等,2010);此外,有研究发现青海高原海拔 4000 m 以上的山区地带雪灾风险较高(马晓芳等,2017),而本研究结果表明,该区发生雪灾的可能性处于中等水平,这可能与该区的可利用草场面积、牲畜数量以及牧草产量较低有关,虽该区累计积雪深度较厚,但通过综合考虑各致灾因素,并未对该区雪灾的发生起主导作用。造成青南和祁连地区雪灾风险高,而东部农业区和柴达木盆地风险较低的原因,主要归因于青南地区平均海拔均在4000 m 以上、气候寒冷、可利用草场面积大、天然草地再生能力强,同时受西伯利亚冷空气的入侵和高原低涡切变系统的共同影响,导致该区极易形成强降雪天气过程(伏洋等,2010;马晓芳等,2017),使得该区降雪较多且维持时间较长(李生辰等,2009),这是引起雪灾灾害发生的前提条件。从地形地貌角度来看,东部农业区位于海拔 2000 m 左右的地区,甚至有的地区达1700 m,气温较高,昼夜温差较小,故在近地面很难形成积雪且持续时间较短(Dai 等,2012);而柴达木盆地地貌特征主要以戈壁和沙漠为主,且四周被高山环绕,气温较高,很难形成积雪(马晓芳等,2017),故雪灾风险较低。

六、防灾减灾对策建议及措施

在全球变暖的气候背景下,青海省极端天气气候事件频繁发生,尤其是雪灾给人们造成的影响越来越严重。因此应提高防御雪灾的理性认识,自觉约束不当行为,保护草原环境系统功能平衡,通过强化雪灾意识,树立效益畜牧业的观念,提高牧业商品率和加强草原建设以缓解畜草矛盾,并依靠科学技术抗御雪灾、提高防灾减灾能力,从而使雪灾防御工作由被动防御转变为主动防御,逐步从根本上减轻雪灾影响。

1. 正确认识雪灾,合理利用草原资源

从雪灾的时空分布特征及其发生规律可以看出,冬春季牧区气温低、降水集中等气象因素仅仅是导致雪灾发生的外部原因,而其内部原因却是:由于长期以来人们盲目提高牲畜总数而忽视草原承载力与牲畜存栏数之间的平衡关系,致使草原生态平衡遭受到严重破坏,使其不能不寻求一种新的平衡,从而在一定的气象条件下使新的平衡过程得以重组,这种草原生态系统平衡的重新组织过程,也恰是雪灾的发生发展过程。因此,从根本上讲,雪灾是草原内部平衡状态遭受破坏之后形成的能量异常释放。但是,由于认识的局限,人们把雪灾产生的原因仅仅归结于气象因素,只是采取一种依赖于雪灾预报基础之上的抗灾减灾的被动防御措施,结果不仅使雪灾没有减少,反而使其进一步加剧。为此,正确认识雪灾,合理把握作用于草原环境中的人为活动的限度,合理利用草原资源,尽可能地减少超过草原承载力的牲畜数量,对防御雪灾有着十分重要的意义。

2.强化雪灾意识,提高牧业商品率

在雪灾发生发展过程中,人们有无抗灾减灾意识和与之相配套的正确措施,对雪灾的持续时间的长短和损失程度的大小有极为重要的影响。因此,必须要强化雪灾意识,消除麻痹思想和侥幸心理,使人们充分认识到牲畜超载和草原退化的严重性和危害性,牢固树立效益畜牧业观念,增强商品意识,改变"牲畜存栏数越多就越富有"的旧观念,加快畜群转换,提高牧业商品率,从而使这种抗御雪灾的主动行为大众化,减轻冬春季草原压力,充分发挥草原资源的最佳效益,尽可能地将雪灾消灭在萌芽状态。这也正是减灾效益的巨大潜力所在。

3.加强法制运行,实现以法减灾

在雪灾的控制、减损和防治方面,必须运用法治,规范施加于草原环境上的一切人为活动,通过法律实现以法减灾。依据科学原则,尊重自然规律的前提下,强制约束人们作用于草原体的不合理的行为,是减轻人为作用强度,保持草原内部能量平衡的重要措施。为此必须要从严执行《草原法》和本省《草原法实施细则》,努力做到依法管草的同时,加强雪灾防灾减灾立法,将减灾战略、规划、对策等宏观措施上升到法律角度,充分发挥法律对雪灾的预防和治理作用。

4.加快草原建设步伐,缓解畜草矛盾

如上所述,本省牧区热量条件普遍较差、牲畜超载严重、土壤沙化明显等原因致使草场退化日趋严重、载畜能力低下而形成的畜草矛盾,是造成雪灾的根本原因,而草原作为畜牧业的基本生产资料,在牧业生产中起着决定性的作用,因此,畜草矛盾的问题,同时也是本省畜牧业发展的"瓶颈"所在。为此,加快草原建设步伐,提高草原生产力,缓解畜草矛盾,是本省牧区抗御雪灾进而促进牧业发展的根本途径。

采用浅耕补播、灌溉、施肥等技术措施,改善草场土壤通气条件,提高地温、土壤含水量和肥力,促进微生物活动能力,为牧草生育创造良好的生态条件,改良天然草场,加速牧草生长,提高牧草产量。加强围栏建场,封山封滩育草,对草场采取适当的轮歇和封育,使优良牧草得以休养生息,以促进牧草再生和草场恢复,提高草原生产力。大力开展灭鼠除虫、种草种树等草原综合治理工作,保护草场植被,改善草原气候环境,保持水土,遏制草场退化,提高草原承载牲畜的能力。积极进行飞播牧草、圈窝种草等人工种草工作,在适宜种植牧草地区建立人工饲草基地。缓解冬季牧草短缺饲补困难的问题,促进天然草场放牧和种草补饲相互结合,确保牧业持续发展。

5.加强科学研究,依靠科技防灾减灾

雪灾研究是减灾防灾的一项基础性工作,只有科学研究,才能正确地预测、合理地防御和最大限度地减轻损失。为此,必须做好以下几方面的雪灾研究工作:①加强雪灾的科学研究,建立专门的科研机构,设立防灾减灾的科学资金,大力倡导对雪灾开展深层次、多方位的研究工作,促使雪灾研究超前化。②建立雪灾信息系统,设置并优化雪灾监测网络,努力提高雪灾监测预报系统、通信系统、信息系统的技术水平,为雪灾的预报。防御、救援等措施提供基础信息,为各级政府和牧业生产部门服务。③开展雪灾的区划研究工作,深入了解本省不同地区雪灾的风险及抗灾能力,为制定切合实际的减灾规划和经济计划提供可靠的科学依据,为地方经济建设服务。④搞好综合预报的研究工作,建立和完善雪灾专家预报系统和预报方法,建立长、中、短期预报相互补充、相互结合的预报制度,提高雪灾预报准确率,力求防患于未然。⑤搞好雪灾灾害的评估工作,为了解雪灾可能带来的损失和草原的承灾能力提供依据,为制定减

灾对策奠定理论基础。

6. 加强气象灾害防灾减灾科普宣传工作

充分利用广播、电视、报刊等媒体和宣传工具,做好为农牧民服务的技术咨询和现场服务等工作,提高农牧民的应急意识,提高灾害自救能力。

第八节　青海高原霜冻灾害变化、影响及对策建议

霜冻是一种对农牧业生产有较大影响的气象灾害,它的发生主要是受温度的控制。在当前气候不断变暖背景下,青海各地出现初霜冻日期推后、终霜冻日期提前、无霜期延长的趋势。但由于近年来种植制度的改变以及气候变率加大等各方面的原因,气候变暖并没有使霜冻害发生的几率下降和危害的减弱。为此各地应高度重视霜冻可能带来的危害,根据实际情况做好农作物种植结构调整、选取适宜品种、合理安排农事活动,从而提高霜冻害防御能力,减少灾害损失。

一、霜冻初终日期变化趋势

1961—2012 年青海各地初霜冻出现日期呈现推迟的趋势,其中以东部农业区推迟天数较多,平均每 10 a 推迟 3.5 d;其次为柴达木盆地,每 10 a 推迟 3.3 d;环湖区和三江源区每 10 a 分别推迟 2.4 d 和 1.3 d(图 7.33a)。

1961—2012 年青海不同地区终霜冻出现日期呈明显提前趋势,其中柴达木盆地和东部农业区提前天数较多,分别为每 10 a 提前 4.8 d 和 4.7 d,环湖区和三江源区每 10 a 分别提前 3.0 d 和 2.0 d。进入 21 世纪以来,东部农业区、柴达木盆地、环湖区和三江源区终霜冻出现日

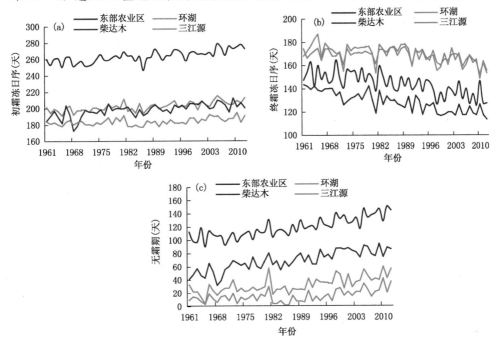

图 7.33　1961—2012 年青海初霜冻日(a)、终霜冻日(b)、无霜期(c)变化

期明显提前,2001—2012 年平均出现日期与 1961—2000 年相比分别提前了 12.2 d、11.6 d、8.5 d 和 7.3 d(图 7.33b)。与初霜冻出现日期相比,终霜冻出现日期年际间波动较为明显,气候变率较大,作物受灾的风险性更大。2013 年 6 月 10—11 日,青海省农业区大部、柴达木盆地出现的强晚霜冻,正是这一现象的集中体现。

受初霜冻日期推迟、终霜冻出现日期提前的影响,1961—2012 年青海各地无霜期呈延长趋势,其中以东部农业区和柴达木盆地延长日数最多,每 10 a 达 8.1 d,环湖区和三江源区每 10 a 分别延长 5.3 d 和 3.3 d(图 7.33c)。

二、霜冻次数变化趋势

1961—2012 年青海省春小麦种植区霜冻日数呈明显减少趋势,平均每 10 a 减少 2.1 次,1998 年以前霜冻次数变化趋势不明显,1998 年以来迅速减少,1961—1997 年平均霜冻日数较 1998—2012 年偏多 10.6 d(图 7.34)。

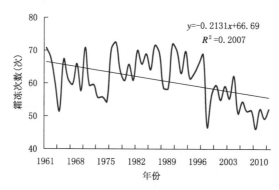

图 7.34　1961—2012 年青海春小麦种植区霜冻次数变化

三、霜冻对农牧业的影响及原因分析

初霜冻出现日期推迟、晚霜冻结束日期提前,无霜期延长,有利于作物生长季的延长,在一定程度上可以改变种植结构,提高复种指数,有利于作物产量的提高。但在气候变暖背景下,由于气候和农业等方面的原因,霜冻所带来的危害并没有减轻,相反可能会造成更为严重的损失,具体原因如下。

1. 气候变暖导致气候异常和气候变率加大

青海地区气候复杂多变,尤其是在当前气候变暖背景下,寒潮等极端天气气候事件有所增加,通常会诱发霜冻出现,初终霜冻出现日期变得更不稳定,使作物遭受霜冻的危害性加大。

2. 气候变化导致作物生长发育的节律发生变化

受气候变暖,终霜冻日期提前等影响,青海各地种植制度发生一定的变化,出现作物生长发育期提前。由于随着作物生长发育的进行,其抗寒能力逐渐减弱,之后若出现低温天气,很容易发生霜冻害,且这种霜冻害影响一般较为严重。

3. 气温升高,作物抗寒能力减弱

植物在对环境的适应过程中,通过一定时期的低温锻炼,使本身抗寒能力得到加强,提高

对霜冻的防御能力。由于近年来气温升高,特别是霜期温度的显著升高,植物得不到很好的抗寒锻炼,对霜冻的抵抗能力减弱。

4. 种植制度和作物品种等的变化,导致霜冻害强度加强

由于青海各地种植制度和作物品种结构不断改变,喜温、晚熟、高产作物面积比例不断上升,复种指数不断提高,加之近年来气候异常和气候变率加大,因此作物遭受晚霜冻和早霜冻的风险加大。

5. 霜冻造成的农业经济损失加大

近年来随着经济作物种植面积的扩大,农业经济有了很大的发展,因此霜冻发生时,给农业造成的经济损失要比以往严重得多。

四、霜冻风险区划

根据 1961—2017 年青海省春小麦种植区 23 个气象站 4—10 月日最低温度数据,算出不同阈值下各站出现的不同等级霜冻灾害的频率,将青海霜冻划分为 4 个风险区,从青海省春小麦种植区霜冻风险区划图看出(图 7.35),霜冻的高风险区在兴海、贵南及门源一带;霜冻的较高风险区在小灶火、都兰、共和、海晏及大通县;霜冻的中风险区在格尔木市、诺木洪、德令哈、乌兰、共和及互助;霜冻低风险区在湟中、平安、西宁、贵德、同仁、尖扎、循化、乐都及民和。

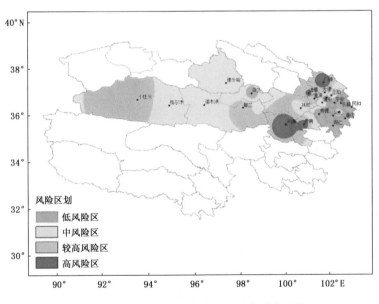

图 7.35　青海省春小麦种植区霜冻风险区划

五、防御措施

霜冻主要是由低温天气造成的,加之不同作物品种抗寒能力不同,因此对霜冻的防御主要从以下几个方面进行。

1. 加强对霜冻灾害的预测预报能力

针对不同地区霜冻出现特征,加强对霜冻的预测预报能力,各地针对霜冻灾害可能出现的

时段,提早做好防御准备,减轻灾害造成的损失。

2.选择适宜品种适时播种

不同作物不同品种的生长发育特点不同,表现在发育进程有快有慢,遭受霜冻害的程度也不同,在选择抗霜品种时,应尽量选择返青后发育缓慢、拔节晚、分蘖能力强的品种。由于无霜期天数增多,作物生长季延长,因此有些作物可以适时晚播,以躲避晚霜冻的影响。

3.适时灌溉、合理施肥,提高作物抗逆性

灌溉是抗御和减轻霜冻害最有效的措施之一,通过灌溉可以塌实土壤,提高土壤导热率和促进次生根生长发育等多种作用,可以有效防御和减轻霜冻害。合理施用化肥可以改变作物长势,提高自身抗逆性,增强抗御霜冻害的能力。

4.采取物理、化学措施防御霜冻

当寒潮天气即将来临、霜冻即将发生前,采用烟雾、覆盖保温等方法进行防御。在农田上风一侧点燃柴草或作物秸秆等燃料,在近地层形成一层烟雾,提高农田近地层的温度,有较好的防霜效果。或者在农田作物上覆盖一层物体,阻止地面辐射降温,从而防御霜冻。同时采取化学调控技术也可以防御霜冻,使用小麦避霜剂等也可以达到推迟小麦拔节期,避开晚霜冻的效果。

参考文献

阿怀念,石蒙沂,李生荣,2003.青海高原环境演化及生态对策[J].青海环境,13(4):162-174.

蔡英,李栋梁,汤懋苍,等,2003.青藏高原近50年来气温的年代际变化[J].高原气象,22(5):464-470.

曹建廷,秦大河,罗勇,等,2007.长江源区1956—2000年径流量变化分析[J].水科学进展,18(1):29-33.

曹明奎,李克让,2000.陆地生态系统与气候相互作用的研究进展[J].地球科学进展,15(4):446-452.

常国刚,李林,朱西德,等,2007.黄河源区地表水资源变化及其影响因子[J].地理学报,62(3):312-320.

车涛,李新,高峰,2004.青藏高原积雪深度和雪水当量的被动微波遥感反演[J].冰川冻土,26(3):363-368.

陈波,2001.陆地植被净第一性生产力对全球气候变化响应研究的进展[J].浙江林学院学报,18(4):445-449.

陈桂琛,黄志伟,卢学峰,等,2002.青海高原湿地特征及其保护[J].冰川冻土,24(3):254-259.

陈海莉,周强,刘峰贵,2008.青海省农业旱灾时空分布规律[J].重庆科技学院学报,10(5):57-60.

陈进,2013.长江源区水循环机理探讨[J].长江科学院院报,30(4):1-5.

陈乾,陈添宇,张逸轩,2011.祁连山区能量场特征与降水分布的关系分析[J].冰川冻土,33(5):1046-1054.

程国栋,赵林,2000.青藏高原开发中的冻土问题[J].四纪研究,20(6):521-531.

程志刚,刘晓东,2008.未来气候变暖情形下青藏高原多年冻土分布初探[J].地域研究与开发,27(6):80-85.

董思言,高学杰.,2014.长期气候变化——IPCC第五次评估报告解读[J].气候变化研究进展,10(1):56-59

董锁成,周长进,王海英,2002."三江源"地区主要生态环境问题与对策[J].自然资源学报,17(6):713-720.

董文杰,韦志刚,范丽军,2001.青藏高原东部牧区雪灾的气候特征分析[J].高原气象,20(4):402-406.

杜军,2001.西藏高原近40年的气温变化[J].地理学报,56(6):682-690.

杜庆,孙世洲,1990.柴达木地区植被及其利用.北京:科学出版社:7-11.

段建平,王丽丽,任贾文,等,2009.近百年来中国冰川变化及其对气候变化的敏感性研究进展[J].地理科学进展,28(2):231-237.

冯松,汤懋苍,王冬梅,1998.青藏高原是我国气候变化启动区的新证据[J].科学通报,43(6):633-636.

冯学智,鲁安新,曾群柱,1997.中国主要牧区雪灾遥感监测评估模型研究[J].遥感学报,1(2):129-134.

伏洋,肖建设,校瑞香,等,2008.气候变化对柴达木盆地水资源的影——以克鲁克湖流域为例[J].冰川冻土,30(6):998-1006.

伏洋,肖建设,校瑞香,等,2010.基于GIS的青海省雪灾风险评估模型[J].农业工程学报,26(增刊1):197-205.

高学杰,石英,Giogi F,2010.中国区域气候变化的一个高分辨率数值模拟[J].中国科学:地球科学,40(7):911-922.

高学杰,石英,张冬峰,等,2012.RegCM3对21世纪中国区域气候变化的高分辨率模拟[J].科学通报,57(5):374-381.

高学杰,赵宗慈,丁一汇,2003a.区域气候模式对温室效应引起的中国西北地区气候变化的数值模拟[J].冰川冻土,25(2):165-169.

高学杰,赵宗慈,丁一汇,等,2003b.温室效应引起的中国区域气候变化的数值模拟Ⅱ:中国区域气候的可能变化[J].气象学报,61:29-38.

龚道溢,韩晖,2004.华北农牧交错带夏季极端气候的趋势分析[J].地理学报,59(2):230-238.

郭铌,管晓丹,2007.植被状况指数的改进及在西北干旱监测中的应用[J].地球科学进展,22(11):1160 -1168.

郭晓宁,李林,刘彩红,等,2010.青海高原,1961—2008 年雪灾时空分布特征[J].气候变化研究进展,6(5)：332-337.

郭正刚,牛富俊,湛虎,等,2007. 青藏高原北部多年冻土退化过程中生态系统的变化特征[J].生态学报,8(27):3294-3301.

韩海涛,胡文超,陈学君,等,2009.三种气象干旱指标的应用比较研究[J].干旱地区农业研究,27(1):237-247.

郝璐,王静爱,史培军,等,2003.草地畜牧业雪灾脆弱性评价：以内蒙古牧区为例[J].自然灾害学报,12(2):51-57.

郝璐,王静爱,满苏东,等,2002.中国雪灾时空变化及畜牧业脆弱性分析[J].自然灾害学报,11(4):43-48.

郝振纯,王加虎,李丽,等,2006.气候变化对黄河源区水资源的影响[J].冰川冻土,28(1):1-7.

何永清,周秉荣,张海静,等,2010.青海高原雪灾风险度评价模型与风险区划探讨[J].草业科学,27(11):37-42.

何友均,邹大林,2002.三江源地区的生态环境现状及治理对策[J].中国林业,11:39-39.

侯光良,游松才,1990.用筑后模型估算我国植物气候生产力[J].自然资源学报,5(1):60-65.

侯英雨,柳钦火,延昊,等,2007.我国陆地植被净初级生产力变化规律及其对气候的响应[J].应用生态学报,18(7):1546-1553.

侯英雨,张佳华,何延波,2005.利用遥感信息研究西藏地区主要植被年内和年际变化规律[J].生态学杂志,24(11):1273-1276.

胡琦,董蓓,潘学标,等,2017.1961－2014 年中国干湿气候时空变化特征及成因分析[J].农业工程学报,33(6): 124-132.

胡芩,姜大膀 ,范广洲,2014.CMIP5 全球气候模式对青藏高原地区气候模拟能力评估[J]. 大气科学,38(5):924-938.

胡自治,1997.草原分类学概论[M].北京:中国农业出版社:225-240.

黄翀,刘高焕,王新功,等,2012.黄河流域湿地格局特征、控制因素与保护[J].地理研究,31(10):1764-1774.

黄桂林,2005.青海三江源区湿地状况及保护对策[J].林业资源管理,4:35-39.

黄玫,季劲钧,彭莉莉,2008.青藏高原 1981—2000 年植被净初级生产力对气候变化的响应[J].气候与环境研究,13(5):608-616.

黄琦,2012.基于 GIS 的三江源地区生态环境变化与人类活动影响研究[D].北京:中央民族大学.

黄晓东,梁天刚,2005.牧区雪灾遥感监测方法的研究[J].草业科学,22(12):10-16.

江志红,陈威霖,宋洁,等,2009.7 个 IPCC AR4 模式对中国地区极端降水指数模拟能力的评估及其未来情景预估[J].大气科学,33(1):109-120.

姜大膀,苏明峰,魏荣庆,等,2009.新疆气候的干湿变化及其趋势预估[J].大气科学,33(1)：90-98.

姜大膀,富元海,2012.2 ℃全球变暖背景下中国未来气候变化预估[J]. 大气科学,36(2):234-246.

姜大膀,田芝平,2013.21 世纪东亚季风变化:CMIP3 和 CMIP5 模式预估结果[J].科学通报,58(36):707-716.

姜大膀,王会军,郎咸梅,2004a.SRESA2 情景下中国气候未来变化的多模式预测结果[J].地球物理学报,4:776-784.

姜大膀,王会军,郎咸梅,2004b. 全球变暖背景下东亚气候变化的最新情景预测[J].地球物理学报,47(4):590-596.

柯长青,李培基,1998a.青藏高原积雪分布与变化特征[J].地理学报,53(3):209-214.

柯长青,李培基,1998b.用 EOF 方法研究青藏高原积雪深度分布与变化[J].冰川冻土,20(1):64-67.

蓝永超,丁永建,朱云通,等,2004.气候变暖情景下黄河上游径流的可能变化[J].冰川冻土,26(6):339-345.

蓝永超,沈永平,高前兆,等,2011.祁连山西段党河流域山区气候变化及对出山径流的影响与预估[J].冰川冻土,33(6):1259-1267.

蓝永超,沈永平,李州英,等,2006.气候变化对黄河河源区水资源系统的影响[J].干旱区资源与环境,20(6):57-62.

郎咸梅,隋月,2013.全球变暖 2 ℃情景下中国平均气候和极端气候事件变化预估[J].科学通报,58(8):734-742.

李凤霞,常国刚,肖建设,等,2009.黄河源区湿地变化与气候变化的关系研究[J].自然资源学报,24(4):683-690.

李红梅,周秉荣,李林,等,2011.青海高原植被净初级生产力变化规律及其未来变化趋势[J].生态学杂志,2:215-220.

李红梅,李林,高歌,等,2013.青海高原雪灾风险区划及对策建议[J].冰川冻土,35(3):656-661.

李红梅,李林,时兴合,等,2001.青海高原未来 SRESA1B 情景下气候变化分析[J].青海气象,2:28-33.

李军乔,2002.三江源地区生态环境重建对策研究[D].西安:西北农林科技大学.

李林,朱西德,汪青春,等,2005.青海高原冻土退化的若干事实揭示[J].冰川冻土,27(3):320-328.

李林,戴升,申红艳,等,2012.长江源区地表水资源对气候变化的响应及趋势预测[J].地理学报,67(7):941-950.

李林,李凤霞,郭安红,等,2006.近 43 年来"三江源"地区气候变化趋势及其突变研究[J].自然资源学报,21(1):79-85.

李林,李凤霞,朱西德,等,2007 三江源地区极端气候事件演变事实及其成因分析[J].自然资源学报,7:656-663.

李林,沈红艳,李红梅,等,2015.柴达木盆地气候变化的区域显著性及其成因分析[J].自然资源学报,30(4):641-650.

李林,朱西德,秦宁生,等,2003.青藏高原气温变化及其异常类型的研究[J].高原气象,22(5):524-530.

李明星,马柱国,2012.中国气候干湿变化及气候带边界演变:以集成土壤湿度为指标[J].科学通报,57(28/29):2740-2754.

李生辰,李栋梁,赵平,等,2009.青藏高原"三江源地区"雨季水汽输送特征[J].气象学报,67(4):591-598.

李述训,程国栋,1996.气候变暖条件下青藏高原高温冻土热状况变化趋势数值模拟[J].冰川冻土,S1:190-196.

李新,车涛,2007.积雪被动微波遥感研究进展[J].冰川冻土,29(3):487-496.

李学敏,周定文,范广洲,等,2008.青藏高原冬季 NDVI 与西南地区夏季气温的滞后关系[J].应用气象学报,19(2):161-170

李英年,赵新全,汪诗平,等,2007.黄河源区气候温暖化及其对植被生产力影响评[J].中国农业气象,28(4):374-377.

廉丽姝,2007.三江源地区土地覆被变化的区域气候响应[D].上海:华东师范大学.

梁天刚,高新华,刘兴元,2004.阿勒泰地区雪灾遥感监测模型与评价方法[J].应用生态学报,15(12):2272-2276.

梁天刚,刘兴元,郭正刚,2006.基于 3S 技术的牧区雪灾评价方法[J].草业学报,15(4):122-128.

林慧龙,常生华,李飞.2007.草地净初级生产力模型研究进展[J].草业科学,24(12):26-29.

林振耀,赵昕奕,1996.青藏高原气温降水变化的空间特征[J].中国科学(D 辑),26(4):35-358.

刘珂,姜大膀,2014.中国夏季和冬季极端干旱年代际变化及成因分析[J].大气科学,38(2):309-321.

刘世荣,王兵,郭泉水,1996.大气 CO_2 浓度增加对生物组织结构与功能的可能影响[J].地理学报,51(增刊):141-150.

刘文杰,2000.西双版纳近 40 年气候变化对自然植被净第一性生产力的影响[J].山地学报,18(4):296-300.

刘小艳,孙娴,杜继稳,等,2009.气象灾害风险评估研究研究进展[J].江西农业学报,21(8):123-125.

刘晓东,程志刚,张冉,2009.青藏高原未来 30～50 年 A1B 情景下气候变化预估[J].高原气象,28(3):475-484.

刘兴元,梁天刚,郭正刚,等,2008.北疆牧区雪灾预警与风险评估方法[J].应用生态学报,19(1):133-138.

刘学华,李致建,吴洪宝,等,2006.中国近40年极端气温和降水的分布特征及年代际差异[J].热带气象学报,22(6):619-624.

刘义花,李林,苏建军,等,2012.青海省春小麦干旱灾害风险评估与区划[J].冰川冻土,34(6):1416-1423.

刘义花,李林,颜亮东,等,2013.基于灾损评估的青海省牧草干旱风险区划研究[J].冰川冻土,35(3):681-686.

柳媛普,白虎志,钱正安,等,2011.近20年新疆中部明显增湿事实的进一步分析[J].高原气象,30(5):1195-1203.

鲁安新,姚檀栋,王丽红,等,2005,青藏高原典型冰川和湖泊变化遥感研究[J].冰川冻土,27(6):783-792.

罗康隆,杨曾辉,2011.藏族传统游牧方式与三江源"中华水塔"的安全[J].吉首大学学报(社会科学版),32(1):37-42.

马海娇,严登华,翁白莎,等,2013.典型干旱指数在滦河流域的适用性评价[J].干旱区研究,30(4):728-734.

马明卫,宋松柏,2012.渭河流域干旱指标空间分布研究[J].干旱区研究,29(4):681-691.

马松江,2010.三江源地区生态保护与建设投资项目实施效果分析—以格尔木市唐古拉山镇为例[J].草业科学,27(09):161-168.

马晓波,1999.中国西北地区最高、最低气温的非对称变化[J].气象学报,57(5):613-620.

马晓波,胡泽勇,2005.青藏高原40年来降水变化趋势及突变的分析[J].中国沙漠,25(1):137-139.

马晓波,李栋梁,2003.青藏高原近代气温变化趋势及突变分析[J].高原气象,22(5):507-512.

马晓芳,黄晓东,邓婕,等,2017.青海牧区雪灾综合风险评估[J].草业学报,26(2):10-20.

马玉寿,郎百宁,李青云,等,2002.江河源区高寒草甸退化草地恢复与重建技术研究[J].草业科学,19(9):1-5.

马致远,2004.三江源地区水资源的涵养和保护[J].地球科学进展,19(S1):116-119.

马柱国,符淙斌,2005.中国干旱和半干旱带的10年际演变特征[J].地球物理学报,48(3):519-525.

马柱国,2005.我国北方干湿演变规律及其与区域增暖的可能联系[J].地球物理学报,48(5):1011-1018.

马柱国,符淙斌,2001.中国北方干旱区地表湿润状况的趋势分析[J].气象学报,59(6):737-746.

马柱国,符淙斌,2006.1951—2004年中国北方干旱化的基本事实[J].科学通报,51(20):2429-2439.

南卓铜,李述训,程国栋,2004.未来50与100a青藏高原多年冻土变化情景预测[J].中国科学(D辑:地球科学),34(6):528-534.

宁宝英,何元庆,和献中,等,2008.黑河流域水资源研究进展[J].中国沙漠,28(6):1180-1185.

牛涛,刘洪利,宋燕,等,2005.青藏高原气候由暖干到暖湿时期的年代际变化特征研究[J].应用气象学报,16(6):763-771.

潘保田,李吉均,1996.青藏高原:全球气候变化的驱动机与放大器(Ⅲ):青藏高原隆起对气候变化的影响[J].兰州大学学报,32(1):108-115.

潘卫东,朱元林,吴亚平,等,2002.青藏高原多年冻土地区不良冻土现象对铁路建设的影响[J].兰州大学学报(自然科学版),1(38):127-131.

蒲健辰,姚檀栋,王宁练,等,2004.近百年来青藏高原冰川的进退变化[J].冰川冻土,26(5):517-522.

朴世龙,方精云,2002.1982—1999年青藏高原植被净第一性生产力及其时空变化[J].自然资源学报,17(3):373-380.

朴世龙,方精云,郭庆华,2001.利用CASA模型估算我国植被净第一性生产力[J].植物生态学报,25(5):603-608.

秦大河,丁一汇,王绍武,等,2002.中国西部环境变化与对策建议[J].地球科学进展,17(3)：314-319.

任福民,翟盘茂,1998.1951—1990年中国极端气温变化分析[J].大气科学,22(2):217-227.

任又成,2012.新时期我国三江源生态恶化现状调查及分析[D].西安:西北农林科技大学.

施雅风,2001.2050年前气候变暖冰川萎缩对水资源影响情景预估[J].冰川冻土,23(4):333-341.

施雅风,1995.气候变化对西北华北水资源的影响[M].济南:山东科学出版社:127-141.

施雅风,2003.中国西北气候由暖干向暖湿转型问题评估[M].北京:气象出版社:17-25.

施雅风,刘潮海,王宗太,等,2005.简明中国冰川目录[M].上海:上海科学普及出版社.

石磊,马俊飞,杨太保,2005.基于"GIS/RS"技术的三江源地区生态环境建设的研究[J].水土保持研究,4:
212-214.

石英,高学杰,吴佳,等,2010a.华北地区未来气候变化的高分辨率数值模拟[J].应用气象学报,21(5):
580-589.

石英,高学杰,吴佳,等,2010b.全球变暖对中国区域积雪变化影响的数值模拟[J].冰川冻土,32(2):215-222.

时兴合,秦宁生,1998.青海牧区冬春季雪灾预报方法研究[J].青海气象,2:4-6.

时兴合,秦宁生,许维俊,等,2006.1956—2004年长江源区径流量变化的特征研究[C]// 中国气象学会年会
"气候变化及其机理和模拟"分会场.成都.

时兴合,唐红玉,1998.论青南高原的雪冻灾害标准[J].青海气象,2:12-15.

孙武林,吴永森,1996.青南高原雪灾序列年表与气候特征[J],青海气象,1:3-8.

孙颖,丁一汇,2011.全球变暖情景下南亚和东亚夏季风变化对海陆增温的不同响应[J].科学通报,56(28-
29):2424-2433.

孙永亮,李小雁,许何也,2007.近40a青海湖流域逐日降水和气温变化特征[J].干旱气象,3:7-12.

孙智辉,雷延鹏,曹雪梅,等,2011.气象干旱精细化监测指数在陕西黄土高原的研究与应用[J].高原气象,30
(1):142-149.

唐红玉,李锡福,1999.青海高原近40年来最高和最低气温变化趋势的初步分析[J].高原气象,18(2):
230-235.

唐红玉,肖风劲,张强,等,2006.三江源区植被变化及其对气候变化的响应[J].气候变化研究进展,2(4):
1673-1719.

唐红玉,翟盘茂,2005.1951—2002年中国东、西部地区地面气温变化对比[J].地球物理学报,48:526-534.

汪青春,秦宁生,唐红玉,等,2007.青海高原近44年来气候变化的事实及其特征[J].干旱区研究,24(2):
234-239.

王春林,陈慧华,唐力生,等,2012.基于前期降水指数的气象干旱指标及其应用[J].气候变化研究进展,8(3):
157-163.

王根绪,程国栋,2001.江河源区的草地资源特征与草地生态变化[J].中国沙漠,21(2):101-107.

王根绪,丁永建,王建,等,2004.近15年来长江黄河源区的土地覆被变化[J].地理学报,59(2):163-173.

王根绪,李元首,吴青柏,等,2006.青藏高原冻土区冻土与植被的关系及其对高寒生态系统的影响[J].中国
科学D辑地球科学2006,36(8):743-754.

王冀,江志红,丁裕国,等,2008.21世纪中国极端气温指数变化情况预估[J].资源科学,30(7):1085-1092.

王建兵,汪治桂,2007.青藏高原东北部边坡地带气温变化特征研究[J].干旱地区农业研究,25(1):176-180.

王劲松,郭江勇,倾继祖,2007a.一种K干旱指数在西北地区春旱分析中的应用[J].自然资源学报,22(5):
709-717.

王劲松,郭江勇,周跃武,等,2007b.干旱指标研究的进展与展望[J].干旱区地理,30(1):60-65.

王劲松,李忆平,任余龙,等,2013.多种干旱监测指标在黄河流域应用的比较[J].自然资源学报,28(8):
1337-1349.

王菊英,2007.青海省三江源区水资源特征分析[J].水资源与水工程学报,18(1):21-23.

王军邦,刘纪远,邵全琴,等,基于遥感-过程耦合模型的 1988-2004 年青海三江源区净初级生产力模拟[J].植物生态学报,2009,33(2):254-269.

王莘,2007.中国气象灾害大典(青海卷)[M].北京:气象出版社:56-78.

王盛,蒲健辰,王宁练,2011.祁连山七一冰川物质平衡及其对气候变化的敏感性研究[J].冰川冻土,33(6):1214-1221.

王素萍,王劲松,张强,等,2015.几种干旱指标对西南和华南区域月尺度干旱监测的适用性评价[J].高原气象,34(6):1616-1624.

王伟光,郑国光,2013.应对气候变化报告(2013)—聚焦低碳城镇化[M].北京:社会科学文献出版社:360-362.

王欣,谢自楚,冯清华,等,2005.长江源区冰川对气候变化的响应[J].冰川冻土,27(4):498-502.

韦志刚,黄荣辉,董文杰,2003.青藏高原气温和降水的年际和年代际变化[J].大气科学,27(2):157-170.

吴佳,高学杰,石英,等,2011.新疆 21 世纪气候变化的高分辨率模拟[J].冰川冻土,33(3):479-487.

吴青柏,李新,李文君,2001.全球气候变化下青藏公路沿线冻土变化响应模型的研究[J].冰川冻土,1(23):2-6.

吴艳红,朱立平,叶庆华,等,2007.纳木错流域近 30 年来湖泊-冰川变化对气候的响应[J].地理学报,62(3):301-311.

谢五三,王胜,唐为安,等,2014.干旱指数在淮河流域的适用性对比[J].应用气象学报,25(2):176-184.

胥鹏海,冯永忠,杨改河,等,2004.江河源区水环境变化规律及其影响因素分析[J].西北农林科技大学学报(自然科学版),32(3):11-14.

胥晓,2004.四川植被净第一性生产力(NPP)对全球气候变化的响应[J].生态学杂志,23(6):19-23.

徐崇海,沈新勇,徐影,2007.IPCC AR4 模式对东亚地区气候模拟能力的分析[J].气候变化研究进展,3(5):287-291.

徐小玲,2007.三江源地区生态脆弱变化及经济与生态互动发展模式研究[D].西安:陕西师范大学.

徐新创,刘成武,2010.干旱风险评估研究综述[J].咸宁学院学报,30(10):5-9.

徐新良,等,2008.30 年来青海三江源生态系统格局和空间结构动态变化[J].地理研究,27(4):829-838.

徐兴奎,陈红,2008.气候变暖背景下青藏高原植被覆盖特征的时空变化及其成因分析[J].科学通报,4(53):456-462.

徐影,丁一汇,赵宗慈,等,2003.我国西北地区 21 世纪季节气候变化情景分析[J].气候与环境研究.8(1):19-25.

徐影,赵宗慈,李栋梁,2005.青藏高原及铁路沿线未来 50 年气候变化的模拟分析[J].高原气象,24(5):700-707.

许吟隆,2005.中国 21 世纪气候变化的情景模拟分析[J].南京气象学院学报,28(3):323-329.

颜亮东,李林,刘义花,2013.青海牧区干旱、雪灾灾害损失综合评估技术研究[J].冰川冻土,35(3):662-680.

杨成松,程国栋,2011a.气候变化条件下青藏铁路沿线多年冻土概率预报(Ⅰ):活动层厚度与地温[J].冰川冻土,33(3):461-468.

杨成松,程国栋,2011b.气候变化条件下青藏铁路沿线多年冻土概率预报(Ⅱ):活动层厚度与沉降变形[J].冰川冻土,33(3):469-478.

杨建平,丁永建,陈仁升,等,2004.长江黄河源区多年冻土变化及其生态环境效应[J].山地学报,22(3):278-285.

杨建平,丁永建,刘时银,等,2003.长江黄河源区冰川变化及其对河川径流的影响[J].自然资源学报,18(5):595-602.

杨建平,丁永建,沈永平,等,2004.近 40a 来江河源区生态环境变化的气候特征分析[J].冰川冻土,26(1):

7-16.

杨金虎,江志红,王鹏翔,等,2008a.西北地区东部夏季极端降水量非均匀性特征[J].应用气象学报,19(1):111-115.

杨金虎,李耀辉,王鹏祥,等,2008b.中国年极端特征[J].气候与环境研究,13(1):75-83.

杨金虎,杨启国,姚玉璧,等,2006.中国西北夏季干旱指数研究[J].资源科学,28(3):17-22.

杨丽慧,高建芸,苏汝波,等,2012.改进的综合气象干旱指数在福建省的适用性分析[J].中国农业气象,33(4):603-608.

杨世刚,杨德保,赵桂香,等,2011.三种干旱指数在山西省干旱分析中的比较[J].高原气象,30(5):1406-1414.

杨帅英,郝芳华,宁大同,2004.干旱灾害风险评估的研究进展[J].安全与环境学报,4(2):79-82.

杨应梅,2005.三江源区水资源保护与利用[J].节水灌溉,5:25-27.

姚遥,罗勇,黄建斌,2012.8个CMIP5模式对中国极端气温的模拟和预估[J].气候变化研究进展,8(4):250-256.

于贵瑞,2003.全球变化与陆地生态系统碳循环和碳蓄积[M].北京:气象出版社.

俞烜,申宿慧,杨舒媛,等,2008.长江源区径流演变特征及其预测[J].水电能源科学,26(3):14-16.

袁文平,周广胜,2004.标准化降水指标和Z指数在我国应用的对比分析[J].植物生态学报,28(4):523-529.

臧恩穆,吴紫汪,1999.多年冻土退化与道路工程[M].兰州:兰州大学出版社.

翟禄新,冯起,2011.基于SPI的西北地区气候干湿变化[J].自然资源学报,26(5):847-857.

翟盘茂,潘晓华,2003.中国北方近50年温度和降水极端事件变化[J].地理学报,58(1):1-10.

翟盘茂,王萃萃,李威,2007.极端降水事件变化的观测研究[J].气候变化研究进展,3(3):144-147.

张存杰,王宝灵,刘德祥,1998.西北地区旱涝指标的研究[J].高原气象,17(4):381-389.

张国胜,伏洋,颜亮东,等,2009.三江源地区雪灾风险预警指标体系及风险管理研究[J].草业科学,26(5):144-150.

张宏,樊自立,2000.塔里木盆地北部盐化草甸植被净第一性生产力模型研究[J].植物生态学报,24(1):13-17.

张继权,李宁,2007.主要气象灾害风险评价与管理的数量化方法及其应用[M].北京:北京师范大学出版社:444-452.

张佳华,符淙斌,延晓冬,2002.全球植被叶面积指数对温度和降水的响应研究[J].地球物理学报,45(5):631-635.

张家诚,张先恭,许协江,1983.中国近五百年的旱涝[J].气象科技集刊,(4):23-28.

张景华,李英年,2008.青海气候变化趋势及对植被生产力影响的研究[J].干旱区资源与环境,22(2):97-102.

张强,姚玉璧,李耀辉,等,2015.中国西北地区干旱气象灾害监测预警与减灾技术研究进展及其展望[J].地球科学进展,30(2):196-213.

张强,邹旭恺,肖风劲,等,2006.气象干旱等级[S].GB/T 20481-2006,中华人民共和国国家标准.北京:中国标准出版社:1-17.

张森琦,王永贵,赵永真,等,2004.黄河源区多年冻土退化及其环境反映[J].冰川冻土,26(1):1-6.

张胜邦,2012.青海冰川[J].森林与人类,4:8-35.

张新时,杨奠安,倪文革,1993.植被的PE(可能蒸散)指标与植被气候分类(三)——几种主要方法与PEP程序介绍[J].植物生态学报与地植物学学报,17(2):97-107.

张艳林,常晓丽,梁继,等.2016.高寒山区冻土对水文过程的影响研究——以黑河上游八宝河为例[J].冰川冻土,38(5):1362-1372.

张永勇,张士锋,翟晓燕,等,2012.三江源区径流演变及其对气候变化的响应[J].地理学报,67(1):71-82.

张占峰,2001.近40年来三江源区气候资源的变化[J].青海环境,11(2):60-64.

张中琼,吴青柏,2012.气候变化情景下青藏高原多年冻土活动层厚度变化预测[J].冰川冻土,34(3):505-511.

赵芳芳,徐宗学,2009.黄河源区未来气候变化的水文响应[J].资源科学,31(5):722-730.

赵海燕,高歌,张培群,等,2011.综合气象干旱指数修正及在西南地区的适用性[J].应用气象学报,22(6):698-705.

赵静,2009.基于 RS 和 GIS 技术三江源生态环境演变及驱动力分析[D].长春:吉林大学.

赵静,姜琦刚,陈凤臻,等,2009.青藏三江源区蒸发量遥感估算及对湖泊湿地的响应[J].吉林大学学报(地球科学版),39(3):507-513.

赵魁义,1999.中国沼泽志[M].北京:科学出版社.

赵宗慈,罗勇,江滢,等,2008.未来 20 年中国气温变化预估[J].气象与环境学报,24(5):1-5.

郑景云,葛全胜,郝志新,2002.气候增暖对我国近 40 年植物物候变化的影响[J].科学通报,47(20):1582-1587.

郑元润,周广胜,张新时,等,1997.中国陆地生态系统对全球变化的敏感性研究[J].植物学报,39(9):837-840.

中国气象局国家气候中心,2009.全国气候影响评价 2008[M].北京:气象出版社.

周秉荣,李凤霞,颜亮东,等,2011.青海省太阳总辐射估算模型研究[J].中国农业气象,32(4):495-499.

周秉荣,李甫,胡爱军,等,2016.青海省气候资源分析评价与气象灾害风险区划[M].北京:气象出版社:62-67.

周秉荣,申双和,李凤霞,2006.青海高原牧区雪灾综合预警评估模型研究[J].气象,32(9):106-110.

周秉荣,颜亮东,校瑞香,2012.三江源地区太阳辐射与日照时空分布特征[J].资源科学,34(11):2074-2079.

周才平,欧阳华,王勤学,等,2004.青藏高原主要生态系统净初级生产力的估算[J].地理学报,59(1):74-79.

周广胜,张新时,1995.自然植被净第一性生产力模型初探[J].植物生态学报,19(3):193-200.

周广胜,郑元润,陈四清,等,1998.自然植被净第一性生产力模型及其应用[J].林业科学,34(5):3-11.

周陆生,李海红,汪青春,2000.青藏高原东部牧区暴雪过程及雪灾分布的基本特征[J].高原气象,19(4):450-458.

周陆生,汪青春,李海红,等,2001.青藏高原东部牧区大暴雪过程雪灾灾情适时预评估方法的研究[J].自然灾害学报,10(2):58-65.

周涛,史培军,孙睿,2004.气候变化对净生态系统生产力的影响[J].地理学报,59(3):357-365.

周长进,汪诗平,2000.考察长江源[N].科技日报,2000-10-04(4).

朱西德,李林,秦宁生,等,2004.青藏高原年降水量分区及变化特征[J].青海环境,14(1):124-129.

朱志辉,1993.自然植被净第一性生产力估计模型[J].科学通报,38(15):1422-1426.

邹旭恺,任国玉,张强,2010.基于综合气象干旱指数的中国干旱变化趋势研究[J].气候与环境研究,1(4):371-378.

Braswell B H, Schimel D S, Linder E, et al., 1997. The response of global terrestrial ecosystems to inter-annual temperature variability[J]. Science, 278:870-872.

Brown L R, Halweil B, 1998. China's water shortage could shake world food security[J]. World Watch, 11(4):10.

Cao M K, Woodward F I, 1998. Dynamic responses of terrestrial ecosystem carbon cycling to global climate change[J]. Nature, 393:249-252.

Che T, Dai L Y, Zheng X M, et al, 2016. Estimation of snow depth from WMRI and AMSR-E data in forest regions of Northeast China[J]. Remote Sensing of Environment, 183: 334- 349.

Dai L Y, Che T, Wang J, et al, 2012. Snow depth and snow water equivalent estimation from AMSR-E data based on a porior snow characteristics in Xinjiang, China[J]. Remote Sensing of Environment, 127(12):

14-29.

Dai L Y, Che T, Ding Y J, 2015. Inter-calibrating SMMR, SSM/I and SSMI /S data to improve the consistency of snow-depth products in China[J]. Remote Sensing, 7: 7212-7230.

Ding Y H, Ren G Y, Zhao Z C, et al, 2007. Detection, causes and projection of climate change over China[J]: An overview of recent progress[J]. Adatoms Sci, 24(3):954-971.

Fang J Y, Chen A P, Peng C H, et al, 2001. Changes in forest biomass carbon storage in China between 1949 and 1998[J]. Science, 292:2320-2322.

Fuhrer J, 2003. Agroecosystem responses to combinations of elevated CO_2, ozone, and global climate change [J]. Agric Ecosyst Environ, 97:1-20.

Giorgi F, Mearns LO, 2002. Calculation of average, uncertainty range and reliability of regional climate changes from AOGCM simulations via the 'Reliability Ensemble Averaging (REA)' method[J]. Journal of Climate, 15(10):1141-1158.

Giorgi F, Mearns L O, 2003. Probability of regional climate change based on the Reliability Ensemble Averaging (REA) method[J]. Geophysical Research Letters, 30(12):1629.

Harrison S, Kargel J, Huggel C, et al, 2018, Climate change and the global pattern of moraine-dammed glacial lake outburst floods[J]. Cryosphere, 12(4):1-28.

Hitz S, Smith J, 2004. Estimating global impacts from climate change[J]. Glob Environ Change, 14:201-218.

Houghton J T, Ding Y, Griggs D J, et al, 2001. Climate Change 2001: The Scientific Basis, A Report of the Working Group I of the Intergovernmental Panel on Climate Change[M]. Cambridge: Cambridge University Press.

Immerzeel W W, Van Beek L P H, Bierkens M F P, 2010. Climate change will affect the Asian Water Towers[J]. Science, 328(5984):1382-1385.

IPCC, 2012. Summary for Policymakers[M]. Managing the Risks of Extreme Events and Disasters to Advance Climate Change Adaptation. A Special Report of Working Groups I and II of the Intergovernmental Panel on Climate Change. Cambridge, UK, and NewYork, NY, USA: Cambridge University Press;1-19.

Izrael Yu A, Anokhin Yu A, Pavlov A V, 2002. Permafrost evolution and the modern climate change[J]. Meteorol Hydrol, 1:22-34.

Jiang D B, Wang H J, Lang X M, 2005. Evaluation of East Asian climatology as simulated by seven coupled models [J]. Adv Atmos Sci, 22:479-495.

Wang J S, Wang S P, Zhang Q, et al, 2015. Characteristics of drought disaster-causing factor anomalies in Southwestern and Southern China against the background of global warming[J]. Pol. J. Environ. Stud. 24 (5):2241-2251.

Katz R W, Brown B G, 1992. Extreme events in a changing climate: Variability is more important than averages [J]. Climatic Change, 21(3):289-302.

Lieth H, 1972, Modeling the primary productivity of the world[J]. Nature and Resources, 8(2):5-10.

McCarthy J J, Canziani O F, Leary N A, et al, 2001. Summary for Policy Makers in Climate Change 2001: Impacts, adaptation and vulnerability[M]. Cambridge: Cambridge University Press.

Meehl G A, Stocker T F, Collins W D, et al, 2007. Climate Change 2007: The Physical Science Basis[M]. In: Solomon S, Qin D, Manning M, et al, eds. Contribution of Working Group 1 to the Fourth Assessment Report of the Intergovernmental Panel on Climate Change. Cambridge, United Kingdom and New York: Cambridge University Press;1-18.

Meinshausen M, Meinshausen N, Hare W, et al, 2009. Green-house-gas emission targets for limiting global warming to 2 ℃[J]. Nature, 458:1158-1162.

Minnen J G, Onigkeit J, Alcamo J, 2002. Critical climate change as an approach to assess climate change impacts in Europe: Development and application[J]. Environ Sci Pol,5:335-347.

Nelson F E,2003. Geocryology: Enhanced: (Un) frozen in time[M]. Science,2003, 299: 1673-1675.

Osterkamp T E, Vierek L, Shur Y, et al, 2000. Observations of thermokasrt and its impact on boreal frosts in Alaska USA[J]. Arct Antarct Alp Res, 32: 303-315.

Schimel D S, House J, Hibbard K, et al, 2001. Recent patterns and mechanisms of carbon exchange by terrestrial ecosystems [J]. Nature, 414(6860): 169-172.

Schneider S H, Semenov S, Patwardhan A, et al, 2007. Assessing key vulnerabilities and the risk from climate change. In: Parry M L, Can zian, Palutik of J P, et al, eds. Climate Change 2007: Impacts, Adaptation and Vulnerability. Contribution of Working Group II to the Fourth Assessment Report of the Intergovernmental Panel on Climate Change. Cambridge: Cambridge University Press: 779-810.

Uchijima Z, Seino H,1985. Agroclimatic evaluation of net primary productivity of natural vegetations: Chikugo model for evaluating net primary productivity[J]. Journal of Agricultural Meteorology, 40 (4): 343-352.

Wilhite D A,2000. Drought as A Natural Hazard: Concepts and Defitnitions[M]. Wilhite D A. Drought: A Global Assessment. London & New York: Routledge: 3-18.

Xu Y, Gao X J, Giorgi F, 2010. Upgrades to the REA method for producing probabilistic climate change projections[J]. Climate Research,41:61-81.